Matthias zur Bonsen

Leading with Life

Matthias zur Bonsen

Leading with Life

Lebendigkeit im Unternehmen freisetzen und nutzen

Unter Mitwirkung von
Jutta I. Herzog
und
Myriam Mathys

GABLER

Bibliografische Information der Deutschen Nationalbibliothek
Die Deutsche Nationalbibliothek verzeichnet diese Publikation in der Deutschen Nationalbibliografie; detaillierte bibliografische Daten sind im Internet über <http://dnb.d-nb.de> abrufbar.

1. Auflage 2009

Lektorat: Ulrike M. Vetter

Gabler ist Teil der Fachverlagsgruppe Springer Science+Business Media
www.gabler.de

Umschlaggestaltung: Nina Faber de.sign, Wiesbaden
Foto Umschlag: Myriam Mathys, Zürich
Illustrationen: Markus Wortmann
Druck und buchbinderische Verarbeitung: Krips b.v., Meppel
Gedruckt auf säurefreiem und chlorfrei gebleichtem Papier
Printed in the Netherlands

ISBN 978-3-8349-1353-1

Für unsere Kolleginnen und Kollegen im Genuine Contact™-Netzwerk in aller Welt

Inhaltsverzeichnis

Einführung: Leading with Life

Das Lied wurde schon so oft gesungen, dass wir es kaum mehr hören mögen: das Lied von der Globalisierung, vom zunehmenden Wettbewerb, von den immer besser informierten Kunden, von der zunehmenden Geschwindigkeit der Veränderungen, vom steigenden Kostendruck und so fort. Wir kennen den Refrain schon im Schlaf. Und doch ist dieses Lied weiterhin wahr und erinnert uns daran, dass wir vor einer formidablen Aufgabe stehen: Unternehmen zu schaffen, die eine enorme Leistungsfähigkeit an den Tag legen, die ihr Potenzial wirklich zur Entfaltung bringen, in denen alle mit ganzer Kraft an gemeinsamen Zielen arbeiten und die voller Vitalität, Dynamik und Innovationskraft sind.

Das ist die eine Seite.

Auf der anderen Seite fragen sich nicht nur Mitarbeiterinnen und Mitarbeiter, sondern auch Führungskräfte häufiger als früher, was ihnen wirklich wichtig ist und wie sie ihre Vorstellungen von Lebensqualität in ihrer Arbeit verwirklichen können. Wenn wir ein wenig reflektieren, dann kommen wir schnell darauf, was wir uns wünschen: zum Beispiel mehr Autonomie, die Balance zwischen Anspannung und Entspannung, vertrauensvolle, herzliche Beziehungen, die Möglichkeit, wir selbst sein zu können, das Einbringen unserer Talente und Neigungen, eine angstfreie Atmosphäre und Gelassenheit selbst in Situationen, in denen es auf Tempo ankommt. Und natürlich wollen wir für ein bedeutsames Ziel und nicht nur für den Gewinn arbeiten. In einem: Menschen wünschen sich Lebensfreude - und das nicht erst nach Feierabend.

Lässt sich beides unter einen Hut bringen? Die dynamische, innovative und lernfähige Hochleistungs-Organisation, die uns viel abverlangt, und die Lebensfreude? Auf den ersten Blick scheint das nicht der Fall zu sein. Und doch will dieses Buch zeigen, dass dies nicht nur möglich, sondern geradezu geboten ist. Denn in den meisten Unternehmen schlummert immer noch ein riesiges Potenzial, das nicht genutzt wird. Fast überall werden die vorhandenen Energien nicht so freigesetzt und ausgerichtet, wie es möglich wäre. Und wenn wir sie freisetzten, würden unsere Unternehmen nicht nur in vielen Dimensionen leistungsfähiger werden, sondern zugleich mehr Lebensqualität bieten. Beides, die Leistungsfähigkeit wie die Begeisterung der Beteiligten, lässt sich auf ein ganz neues Niveau heben. Davon handelt dieses Buch.

Auf den Punkt gebracht, besteht unser Vorschlag an die Leiter und Lenkerinnen von Unternehmen oder Unternehmensteilen darin, *mit dem Leben zu arbeiten* oder *mit dem Leben zu führen - Leading with Life*. Unsere Aussage ist, dass sich das große in unseren Unternehmen schlummernde Potenzial freilegen lässt, wenn wir *mit der Energie und Dynamik des Lebens* arbeiten und nicht dagegen. Auf diese Weise können wir lebendige Unternehmen voller Energie schaffen. Und so können wir mit weniger Anstrengung mehr erreichen. Doch was bedeutet es überhaupt, *mit der Energie des Lebens zu arbeiten*? Lassen Sie uns mit einem einfachen Beispiel beginnen.

Erinnern Sie sich an eine Zeit, in der Sie wirklich inspiriert waren. Eine Zeit, in der Ihnen alles leicht von der Hand ging. In dieser Situation haben Sie vielleicht bis in die Nacht gearbeitet, ohne zu ermüden. Sie haben möglicherweise Ihren Hunger vergessen und Mahlzeiten übersprungen, ohne es zu merken. Oder Sie sind mitten in der Nacht aufgestanden, um etwas zu tun, das aus Ihnen heraus wollte. In dieser Phase haben Sie keinen Gedanken daran verschwendet, warum Sie das tun, was Sie tun, und ob Sie damit erfolgreich sein werden oder dafür belohnt werden. Das Tun selbst motivierte und beflügelte Sie. In dieser Zeit konnten Sie sich wahrscheinlich überaus gut konzentrieren. Nichts konnte Sie ablenken. Falls Ihre Tätigkeit aus Schreiben bestand, flogen Ihre Finger nur so über die Tastatur. Ihre ganze Energie und Aufmerksamkeit stand für Ihr Tun in diesem Moment zur Verfügung. Sie wurden von einer Art Welle erfasst und getragen. Sie haben wahrscheinlich sehr produktiv gearbeitet, doch es fühlte sich leicht, fast wie ein Spiel, an. Sie waren im Flow. In kurzer Zeit haben Sie wahrscheinlich etwas für Sie Wertvolles vollbracht.

In diesem Moment haben Sie *mit dem Leben* gearbeitet. Während dieser Zeit waren Sie viel intensiver als sonst mit dem Strom des Lebens in Kontakt. Sie waren mit der Energie des Lebens verbunden, mit der dynamischen Kraft, die alles Lebendige inspiriert und bewegt. Sie haben mit der gleichen schöpferischen Energie gearbeitet, die schon seit Milliarden von Jahren die Evolution unseres Universums vorantreibt und die immerfort danach strebt, reichhaltigere, raffiniertere, besser vernetzte und bewusstere Lebensformen hervorzubringen. Sie haben mit der dynamischen Kraft gearbeitet, deren Fähigkeit zu schöpferischem Ausdruck und zum Schaffen neuer, energiereicherer Ordnungen und Formen von der Wissenschaft etwas trocken als „Selbstorganisation" bezeichnet wird und ohne die es nur eine Zunahme von Entropie - also Zerfall - gäbe. Es ist dieselbe Kraft, ohne die wir unseren nächsten Atemzug nicht tun würden.

Mit diesem Buch wollen wir zeigen, was es heißt, *mit dem Leben* und nicht gegen das Leben zu führen. Wir wollen zeigen, was es heißt, unsere Unternehmen und Organisationen so zu lenken und zu gestalten, dass wir uns mit der unendlich schöpferischen Energie und selbstorganisierenden Dynamik des Lebens verbinden, ihr bewusst Raum geben und sie für uns arbeiten lassen, anstatt uns von ihr abzutrennen und sie so einzuengen, dass sie kaum mehr spürbar ist. Wir wollen darstellen, was nötig ist, damit Menschen in Unternehmen sich lebendig und zu hohen Leistungen inspiriert fühlen. Wir wollen deutlich machen, was es bedeutet, *mit den* und nicht *gegen die* Gesetzmäßigkeiten und Muster des Lebens und lebendiger Systeme zu führen und zu organisieren. Diese Muster sind von den großen Geistern der Geschichte immer wieder intuitiv erkannt und in den letzten Jahrzehnten auch systematisch erforscht worden.

Das Leben ist eine schöpferische Energie, die nicht nur die Natur, sondern auch Menschen, Organisationen und Nationen inspirieren kann. Wir arbeiten oft nicht bewusst mit dieser Kraft und geben ihr nicht bewusst Raum, weil wir sie selbst nicht intensiv genug spüren. Wir mögen Erfahrungen ähnlich der eingangs beschriebenen gehabt haben, doch sie sind vielleicht wieder verblasst und haben nicht nachhaltig genug die Art und Weise geprägt, wie wir das Leben wahrnehmen. Was *Working with Life* oder *Leading with Life* bedeutet, kann deutlicher werden, wenn wir die besten Momente von uns selbst, von Organisationen und sogar von Nationen näher untersuchen. Denn sie öffnen uns die Augen für das Potenzial, zu dem wir fähig sind.

In unseren besten Momenten spüren wir, dass das Leben uns trägt. Für den Künstler bedeutet das vielleicht, dass er sich bei seinem kreativen Schaffen geführt fühlt. Zahlreiche Künstler haben bezeugt, dass sie sich bei ihrem Tun oft durch eine größere Kraft geführt fühlen. „Es" schreibt oder malt durch sie. Und hinterher wissen sie oft selbst nicht, wie sie ihr Werk gebären konnten. Die vor Publikum auftretende Interpretin erlebt den Strom des Lebens dadurch, dass sie auf der Bühne voll und ganz in ihrer Darbietung aufgeht, in Kontakt mit sich, mit anderen Darstellern und mit dem Publikum ist, dabei völlig spontan und sicher handelt und damit die Zuschauer in den Bann gesteigerter Intensität zieht. Der Sportler erlebt diese Lebensenergie vielleicht als die Fähigkeit, in einem als magisch empfundenen Moment die eigenen Grenzen zu überschreiten und dabei selbst das Empfinden von Schmerz zu überwinden. Er erbringt eine übermenschlich anmutende Leistung und hat doch kein Gefühl von Anstrengung. Wenn er für seinen Sport einen Gegenstand benötigt, meint er, mit diesem eins zu werden - eins mit dem Kajak, dem Rennwagen oder dem Berg. Der Unternehmer schließlich ist dann mit dem Strom des Lebens verbunden, wenn er einen wagemutigen, weitreichenden Schritt mit dem sicheren Gefühl tut, dass das, was er tut, das einzig Richtige ist. Ihre grundlegendste Entscheidung - die Entscheidung, ein Unternehmen zu gründen - treffen Unternehmer unserer Beobachtung nach nicht aus wohlüberlegtem Kalkül, sondern weil sie in einem gewissen Sinne gar nicht anders können. Ein innerer Sog zieht sie in eine bestimmte Richtung, und genau der lässt sie in einem Maße mutig handeln, das oft für viele andere unvorstellbar und unverständlich ist. Dieser Sog ist nichts anderes als das Leben, das durch sie wirkt.

Die Energie des Lebens macht sich in unterschiedlichen Situationen also unterschiedlich bemerkbar. Sie kann als Kreativität, Tatkraft, Ausdauer, Intelligenz, Intuition, Präsenz, Spontaneität, Freude, Entschlossenheit, Mut und Demut sichtbar werden. Mal wird sie als sprudelnde Lebendigkeit, mal als ruhige Gelassenheit sichtbar. Mihaly Csikszentmihalyi hat diese Zustände, in denen wir eins mit unserem Tun werden, intensiv untersucht und ihnen den Namen „Flow" gegeben. Er fand sie bei der italienischen Bergbäuerin Serafina aus Pont Trenaz genauso wie bei dem Fabrikarbeiter Joe Kramer aus dem Süden Chicagos. Csikszentmihalyi hat beobachtet, dass wir in unseren besten Momenten kohärenter, also in einem höheren Maße „ganz" sind. Die „Teile" unseres Bewusstseins wirken besser als sonst zusammen und unser ganzes Sein und Tun ist auf einen Zweck ausgerichtet. Wir sind *ein* Strom, *eine* Kraft.

Man mag nun denken, dass es sich dabei um rein individuelle Phänomene handelt, dass diese von einzelnen Menschen in ihren besten Zeiten erlebt werden, dass das Ganze jedoch mit dem Alltag von Organisationen und Unternehmen nicht viel zu tun hat. Ist das wirklich so? Oder können auch Gruppen und Organisationen inspiriert oder zumindest deutlich lebendiger als üblich sein, eine neue Ebene kohärenten Handelns erreichen und dadurch Höchstleistungen erbringen? Und wenn ja, geht das nur kurzzeitig oder kann ein Unternehmen dies auch über einen längeren Zeitraum erfahren? Würde es nicht zu Chaos führen, wenn viele Menschen in einer Organisation spontan so handelten, wie es der Moment ihnen eingibt? Und lässt sich überhaupt etwas tun, um die Lebendigkeit einer Organisation signifikant zu steigern?

Nähern wir uns diesen Fragen mit dem Bericht eines Psychiaters, den Aldous Huxley in seinem Buch *Die ewige Philosophie* erwähnt.[1] Dieser Psychiater hatte im Zweiten Weltkrieg als ärztlicher Beobachter fünf Kampfeinsätzen der in England stationierten Achten Amerikanischen Luftflotte beigewohnt und war auf B-17-Bombern mitgeflogen. Er war bei einem Einsatz zugegen, in dessen Verlauf der Bomber und seine Mannschaft so stark mitgenommen wurden, dass eine Rettung nicht mehr möglich zu sein schien. Er hatte bereits die „Boden"-Persönlichkeiten der Mannschaft studiert und gefunden, dass sie eine große Vielfalt menschlicher Typen darstellten. Über ihr Verhalten im entscheidenden Augenblick berichtete er:

„Ihre Reaktionen waren bemerkenswert ähnlich. Während des heftigen Kampfes und in den dringenden Notfällen, die sich in seinem Lauf ereigneten, sprachen sie alle ruhig und genau am Bordtelefon und handelten entschlossen. Der Heckschütze, der rechte Mittelbordschütze und der Navigator wurden am Anfang des Kampfes schwer verwundet, alle drei erfüllten aber ihre Pflichten weiter, und zwar wirksam und ohne Unterbrechung. Die Hauptlast der Notarbeiten fiel dem Piloten, dem Mechaniker und dem Bugschützen zu. Sie arbeiteten alle rasch, leistungsfähig und ohne überflüssige Bewegungen. [...] Während man jede Minute die Katastrophe erwartete, wurden alternative Pläne klar festgelegt. Einziger Zweck derselben war die Sicherheit der gesamten Mannschaft. Alle waren jetzt ruhig, unauffällig munter und auf alles gefasst. Keinen Augenblick gab es Lähmung, Panik, unklares Denken, fehlerhaftes oder konfuses Urteilen, oder Eigennutz unter ihnen. Man hätte unmöglich aus ihrem Verhalten ableiten können, dass dieser ein Mensch wechselnder Stimmungen und jener sonst scheu, ruhig und introvertiert war. Sie wurden alle äußerlich ruhig, klar im Denken und rasch im Handeln."

Die Mannschaft dieses Flugzeugs war ganz klar in einer Ausnahmesituation - völlig fern von dem, was wir als Alltag in Unternehmen erleben. Den möglichen Tod vor Augen konzentrierten sich alle Mitglieder der Crew mit ihrer gesamten Energie auf das, was *jetzt* wichtig war. Alles andere war vom einen auf den anderen Moment unwesentlich. Und durch genau diese ungeteilte Aufmerksamkeit wurde die Verbindung mit der Energie geschaffen, die wir hier „Leben" oder „Strom des Lebens" oder „Spirit" oder „Lebensenergie" nennen. Durch diese Energie wurde die Gruppe mehr als eine Gruppe. Sie wurde zu einem kohärent handelnden Organismus, in dem jeder spontan genau das Richtige zur richtigen Zeit tat. Alle seine Teile wirkten optimal zusammen.

Es gibt eine Reihe von Berichten über Gruppen, die Ähnliches erlebt und auf die ein oder andere Art und Weise Höchstleistungen - inspirierte Leistungen - erbracht haben. Die Musiker eines Symphonieorchesters fühlen dann eine magische Verbindung untereinander, mit dem Dirigenten und mit dem Publikum. Mannschaftssportler können vorausahnen, was ihre Mitspieler tun werden und wo der Ball als Nächstes sein wird, sie spielen in diesen Momenten perfekt zusammen, geben ihr Bestes und spüren dennoch kein Gefühl des Wettbewerbs. Schließlich haben Katastrophen immer wieder dazu geführt, dass Helfer eine außergewöhnliche Energie, Hilfsbereitschaft und Bereitschaft zur Kooperation an den Tag legen und dass sich wie von unsichtbarer Hand geführt ein bemerkenswert koordiniertes Handeln ergibt. Wenn Gruppen in eine solche Intensität hineinwachsen, berichten sie regelmäßig auch von einer Veränderung der Beziehungen untereinander. Verbundenheit, Gemeinschaft und Liebe sind Worte, die dann benutzt werden.[2] So wie einzelne Menschen nach der Beobachtung von Mihaly Csikszentmihalyi im energiereichen Zustand des „Flow" in einem höheren Maße „ganz" sind, so werden auch Gruppen in diesem Zustand zu einer optimal zusammenwirkenden Ganzheit, deren Denken und Handeln kohärent auf einen gemeinsamen Zweck ausgerichtet ist.

Lauter Anekdoten? Gibt es auch systematische Untersuchungen? Es gibt sie. Schon in den frühen 1970er Jahren, zehn Jahre bevor Tom Peters und Bob Waterman ihre berühmte Studie exzellenter Unternehmen durchführten, machte sich Peter Vaill daran, High Performing Systems (HPS) zu untersuchen.[3] Unter HPS verstand er Organisationen, die außergewöhnlich gute Leistungen erbringen. Vaill untersuchte so unterschiedliche Systeme wie Notaufnahmen und Schock-Trauma-Einheiten in Krankenhäusern, einen Kutter der Küstenwache (der innerhalb von sechs Monaten von einem der schlechtesten Plätze auf den besten Platz in der Rangliste aufstieg), Start-up-Unternehmen, einen Aktienbroker, ein Drogen-Rehabilitationszentrum und militärische Einheiten. In HPS, so fand er heraus, kann man regelmäßig so etwas wie ein „Gefühl von Rhythmus" beobachten. Die Mitglieder dieser Organisationen geraten in ihren besten Phasen in einen „Groove". („Groove" ist die Bezeichnung für einen Zustand improvisierender Musikbands, in dem deren Mitglieder perfekt aufeinander eingeschwungen sind und diese Welle auch die Zuhörer ergreift.) Vaill legte dar, dass HPS „geliert" seien und dass es schwierig sei, über dieses Phänomen zu schreiben. Er meinte, weder mechanistische noch organische Metaphern würden adäquat wiedergeben, auf welch unnachahmliche Weise die verschiedenen Elemente und Praktiken von HPS zusammenwirken. In diesem Zustand würden Organisationen mit weniger Anstrengung mehr erreichen. Vaill hat auch untersucht, welche Art von Führung das Entstehen von HPS begünstigt. Seine Erkenntnisse sind in nachfolgende Kapitel dieses Buches eingeflossen. Hier sei nur noch festgehalten, dass seiner Beobachtung nach eine außergewöhnliche Leistung mit einer außergewöhnlichen Lebendigkeit einhergeht. Was er „Groove" oder „Gefühl von Rhythmus" nennt, sind nur andere Ausdrucksweisen dafür, dass HPS von einer intensiven Vitalität erfüllt sind und dass Organisationen zu einer Art Organismus verschmelzen können und dann weit besser als üblich zusammenarbeiten. Organisationen sind in ihren besten Momenten ein *kohärenter Energiestrom.* In diesen Momenten organisiert keiner das ganze Geschehen, und doch läuft ein sehr organisiertes Geschehen ab. In diesen Momenten fügen sich alle Beteiligten optimal in das größere Geschehen ein, bringen aber zugleich ihre Individualität und ihre Stärken in hohem Maße zum Ausdruck.

Man mag nun denken, dieses Phänomen sei nur in kleineren Gruppen zu beobachten. Doch auch Nationen oder gar große Teile der Menschheit können zeitweise in einen Zustand kommen, in dem sie viel mehr als im üblichen, grauen Alltag mit der Energie des Lebens in Kontakt sind. Der Auslöser dafür kann ein freudiger oder ein tragischer sein, die Wirkung ist jedoch die gleiche: Eine wirklich große Zahl von Menschen ist durch diesen Auslöser so berührt, dass ihre normalen, beengenden Alltagssorgen und -gedanken ihre Wichtigkeit verlieren und sie zugleich intensiver als sonst *fühlen.* Unweigerlich entsteht eine feierliche, gehobene Stimmung.

Der Mauerfall in Berlin war ein solcher Auslöser, der nicht nur das deutsche Volk für eine kurze Zeit in einen gehobenen, festlichen Zustand versetzte. Auch die Zerstörung des World Trade Centers im September 2001 in New York und der gewaltige Tsunami im Dezember 2004 bewirkten bei einer noch viel größeren Zahl von Menschen in der ganzen Welt Ähnliches, wenn auch unter ganz anderem Vorzeichen. Viele von uns haben an den Tagen dieser Ereignisse und in den Wochen danach intensiver gefühlt als sonst. Es war, als wäre eine Saite in uns zum Schwingen gebracht worden, deren Vibration erst nach ein, zwei oder noch mehr Wochen wieder abklang. Über Not- und Kriegszeiten wurde oft berichtet, dass sie Menschen in eine positive, ja heitere Stimmung versetzt haben. Es erscheint paradox, doch in solchen Zeiten jammern wir weniger, sehen den Tatsachen ehrlicher ins Auge, gehen aufrechter, handeln mutiger und empfinden mehr Mitgefühl mit anderen. In Zeiten der Not sind wir zu selbstlosem Handeln in einem Maße bereit, das in anderen Zeiten nicht zur Verfügung steht. Wir vergessen unsere Selbstbezogenheit - die Eigenheiten, mit denen wir uns sonst identifizieren - und sind mit dem Leben in und um uns mehr in Kontakt. Es ist die intensiver als sonst gefühlte Lebensenergie, die uns dazu inspiriert, Unbequemlichkeiten zu ertragen und Opfer zu erbringen, die wir sonst nicht erbringen würden, und sie dabei nicht einmal als Opfer zu empfinden.

Wenn nun in Organisationen viele, nur ein wenig mehr als sonst, mit dem dynamischen Strom des Lebens in Kontakt sind, können diese eine neue Ebene der Leistungs-, Innovations- und Wandlungsfähigkeit erreichen. Daher lohnt es sich zu untersuchen, wie man mit der Dynamik und Energie des Lebens und nicht gegen sie führen kann. Eine Kernfrage in jedem Unternehmen und jeder Organisation sollte deshalb lauten: Was fördert und nährt hier das Leben, Lebendigkeit, Lebensenergie - und was schwächt sie? Wie können wir dafür sorgen, dass menschliche Energie und menschlicher Geist sich ausdehnen und nicht zusammenziehen? Wie können wir mit den Mustern des Lebens und lebendiger Systeme im Einklang sein? Wie können wir zu einem kraftvolleren, kohärenteren und fokussierteren Energiestrom werden? Und wie können wir mehr als bisher in eine Richtung gehen, die vom Leben unterstützt wird? Es gibt viele interessante Antworten auf diese Fragen und wir werden diese noch erörtern. Doch wo werden diese Fragen schon bewusst gestellt? Wo werden solche Worte und Bilder verwendet? Seit fast drei Jahrzehnten ist uns der Begriff „Unternehmenskultur" geläufig. Doch wer spricht von „Unternehmensenergie"[4]?

Brauchen Unternehmen wirklich diese dynamische Energie des Lebens, von der wir hier schreiben? Trägt sie zu ihrem Erfolg bei? Macht sie Unternehmen finanziell erfolgreicher? Oder ginge es auch ohne sie? Der Zusammenhang zwischen Spirit und Erfolg ist bei einem Unternehmen sicher nicht so direkt und kurzfristig sichtbar wie bei einer Fußballmannschaft. Wenn die Spieler auf dem Feld völlig präsent und auf ein gemeinsames Ziel fokussiert sind, wenn keine zweifelnden Gedanken oder kein Ärger über den Trainer, Mitspieler oder anderes ihre Energie zerstreuen, wenn sie an ihre Fähigkeiten glauben und „gut drauf" sind und wenn sie diese geistige Ausrichtung schließlich bis zur letzten Sekunde der neunzigsten Minute durchhalten, stehen die Chancen gut, auch eine technisch bessere und erfahrenere Mannschaft zu schlagen. In Unternehmen ist die Wirkung auf die „bottom-line" nicht ganz so direkt. Es gibt genügend Beispiele für Unternehmen, deren Führungskräfte und Mitarbeiter nur mäßig „gut drauf" sind und die dennoch glänzend verdienen. In der Vergangenheit erworbene Verdienste können in dieser Hinsicht lange nachwirken. Doch den Gipfel an Leistungsfähigkeit in Bezug auf Innovation, Schnelligkeit, mutiges Handeln, Flexibilität, Anpassungsfähigkeit, Qualität und Service werden auch Unternehmen nur erklimmen, wenn sie ihre Energiepotenziale freisetzen, sich mit dem Strom des Lebens verbinden und im Einklang mit den Mustern des Lebens arbeiten.

Mit dem Leben zu arbeiten und die selbstorganisierende Dynamik des Lebens zu nutzen, ist immer der einfachere und elegantere Weg. Es ist der Weg, der am wenigsten Energie verbraucht. Ökologen sagen uns, dass wir Systemen desto weniger Energie zuführen müssen, je mehr sie mit dem Leben im Einklang sind. Wer einen makellosen und unkrautfreien Rasen in seinem Garten haben will, muss regelmäßig mähen, düngen, vertikutieren und das Unkraut entfernen - also Energie zuführen. Wer aber ein Schaf auf seine Wiese stellt, kommt dem Leben bereits ein Stück näher und kann sich das Mähen sparen. Margaret Wheatley und Myron Kellner-Rogers haben 1996 ein Buch mit dem Titel „A Simpler Way" veröffentlicht.[5] Sie stellen darin ebenfalls die These auf, dass Organisationen einen einfacheren Weg gehen können, indem sie mit den Mustern des Lebens arbeiten. Unser Buch könnte fast als eine Fortsetzung von „A Simpler Way" verstanden werden. Denn wir möchten darin konkret zeigen, wie der einfachere Weg in Unternehmen und Organisationen gegangen werden kann.

Bei allen Erfolgsversprechungen sei jedoch eine Warnung ausgesprochen: Wir können uns mit dem Leben verbinden und auf seiner Welle surfen, doch wir können die Welle nicht kontrollieren. Das Leben lässt sich nicht steuern, dominieren, im Griff oder unter Kontrolle haben. Dabei ist das genau das, was wir oft so gerne hätten: Macht *über* das Leben, statt Ermächtigung *durch* das Leben. Wir würden die Unsicherheiten gerne ausschließen, die Zukunft planen und dann genauso umsetzen. Doch wenn wir uns ehrlich beobachten, dann hapert es schon im Allerkleinsten. Wir haben nicht einmal wirklich im Griff, welchen Gedanken wir als Nächstes denken. Der nächste Gedanke entsteht spontan. Und selbst wenn wir uns vornehmen, im nächsten Moment einen bestimmten Gedanken zu denken, kann doch ein an-

Kontrolle haben wollen

derer dazwischenkommen. Mit anderen Worten: Wir haben unser eigenes System nicht im Griff. Wir wissen nicht, wann die nächste Phase der Inspiration oder die nächste gute Idee kommt. Wir haben es nicht im Griff, ob wir selbst - im landläufigen Sinne - zu jeder Zeit „funktionieren". Dem Leben Raum zu geben, bedeutet deshalb auch, unserer Seele Raum zu geben. Und die hat manchmal andere Ziele als unser Verstand. Sie will und kann nicht in jedem Moment funktionieren. Sie will vielleicht mal eine Zeit innehalten - um den nächsten Schritt wahrzunehmen, sich auf Wachstum und Veränderung vorzubereiten oder um schlichtweg einmal zu ruhen. Oder sie hat das Interesse an einer Tätigkeit, einer Firma oder einem Partner verloren, an dem unser Verstand, der Sicherheit vorzieht, noch hängt. Doch es hat keinen Sinn, sich gegen das Leben aufzulehnen. Als Mensch, wie als Unternehmen können wir uns auch nicht jedes Ziel zu jedem Zeitpunkt setzen, sondern wir müssen erspüren, was das Leben von uns jetzt will.

Auch Organisationen können wir als lebendige Systeme nicht so unter Kontrolle haben, wie wir uns das manchmal erhoffen. Die meisten Leiter von Unternehmen wünschen sich sicher auf den ersten Blick, dass ihre Organisation auch eine Hochleistungsorganisation wird. Peter Vaill allerdings hat festgestellt, dass die meisten High-Performing Systems von den größeren Organisationen, deren Teil sie sind, abgelehnt werden, insbesondere wenn es sich um Bürokratien handelt. Denn HPS lassen sich nicht leicht steuern. Sie wollen nach ihren eigenen Maßstäben erfolgreich sein und sich nicht Maßstäbe aufzwingen lassen, die sie für sinnlos halten. Eine ausgezeichnete Schule möchte sich vielleicht nicht sklavisch an den Lehrplan halten, den ein Kultusminister vorgegeben hat.

Sie müssen sich also entscheiden: Wollen Sie herausragende Leistung oder wollen Sie die Kontrolle behalten? Dieses Buch wendet sich an diejenigen, die herausragende Leistung wollen. Ihnen möchte es zweierlei bieten: einen erweiternden Kontext sowie konkrete Wegweisungen und Werkzeuge, die es ermöglichen, die Dynamik des Lebens zu nutzen.

Mit Kontext meinen wir eine neue Sichtweise, ein neues Verständnis von Organisationen, vom Führen und vom Organisieren. Wir meinen damit nichts weniger als eine neue Theorie der Organisation selbst - eine Theorie, in der die Dynamik des Lebens und der Faktor Energie eine dominierende Rolle spielen. Denn alle noch so raffinierten Werkzeuge nützen nichts, wenn sie nicht in einen förderlichen Kontext eingebettet sind. Das hat sich bereits in der Vergangenheit gezeigt. Manche Unternehmen erzielen mit Methoden wie TQM erstaunliche Ergebnisse, andere nicht. Die Qualität der Ergebnisse hängt vom Kontext ab, in dem die Methoden eingesetzt werden. Wenn das Grundverständnis nicht stimmt, dann zeigen auch die besten Werkzeuge nicht die erwünschte Wirkung.

Der weise König der Wüste spricht

„Im Laufe meiner langen Wanderungen habe ich klar erkannt, dass der Wert der Kultur meines Reiches nicht auf der Güte der Nahrung beruht, sondern auf der Höhe der gestellten Forderungen und der Inbrunst der Arbeit."

„Ersinne dir nur kein Reich, in dem alles vollkommen ist. [...] Ersinne ein Reich, in dem schlechthin alles von Inbrunst erfüllt ist."

„Denn wenn meine Logiker mit mir stritten, ist es von jeher mein Leitsatz gewesen, dass ich mein Land in seiner Inbrunst betrachtete."

Antoine de Saint-Exupéry, Die Stadt in der Wüste „Citadelle"

Eine letzte Bemerkung in dieser Einführung gilt unserer Wortwahl. Wir benutzen in diesem Buch die Begriffe Leben, Lebensenergie, Spirit, Flow, Energie, Energiefeld, selbstorganisierende Dynamik des Lebens und Strom des Lebens. Wir hätten auch exotischere Worte wie Eros, Tao oder Qi verwenden können. Manchmal werden wir von Leidenschaft oder Begeisterung schreiben, denn das sind Aspekte der Energie, die wir meinen. Antoine de Saint-Exupéry lässt den weisen Herrscher eines Wüstenreiches (den wir noch häufiger zitieren werden) oft von der „Inbrunst" sprechen.

In der Essenz meinen wir mit all diesen Begriffen das Gleiche. Doch wir können dieses Gleiche nicht präzise definieren. Es ist ein Mysterium - doch eines, das für Unternehmen von erheblicher Bedeutung ist. Wir meinen, dass das Leben (oder wie immer wir es nennen wollen) die dynamische, schöpferische und intelligente Kraft ist, die alles - und eben auch Menschen, Organisationen und Unternehmen - durchdringt und belebt, auch wenn bei manchen Menschen und Organisationen davon nicht so viel zu erkennen ist. Wenn Sie nun präzise Begriffe und logische Argumentationen suchen, sind wir wahrscheinlich nicht in der Lage, Sie zufriedenzustellen. Wir sind eher Geschichtenerzähler. Und wenn wir Glück haben, erzeugen unsere Geschichten eine Resonanz mit Ihrem inneren Wissen, das Sie schon lange haben - weil wir alle es schon haben. So tritt letztlich Ihr eigenes Wissen zutage.

Kapitel 1: Moderne Zeiten

> *Das mechanistische Paradigma hat effiziente Organisationen überhaupt erst ermöglicht. Doch einseitig und übertrieben angewendet erstickt es Lebendigkeit und verhindert Innovation und Flexibilität. Das Denken in Unternehmen - wie auch in Organisationen, in der Politik und in unserer Gesellschaft überhaupt - ist noch viel zu stark von Abtrennung und Gegnerschaft geprägt.*

Im Jahr 1936 eroberte Charly Chaplins Stummfilm „Moderne Zeiten" die Leinwände der Welt. Zu Beginn des Films erscheint der Zeiger einer Uhr, der kurz vor der vollen Stunde steht. Dann kommt eine Herde von Schafen, die dicht gedrängt nebeneinander her trotten. Und gleich danach sieht man eine Herde von Arbeitern, die in ebenso gleichförmigem Trott ihrem Arbeitsplatz zustreben. Bei diesem handelt es sich um eine Fabrik, in welcher es sichtlich geordnet und organisiert zugeht. Alle arbeiten emsig, nur der Boss sitzt an seinem Schreibtisch, vertreibt sich seine Zeit mit einem Puzzle und lässt sich von einer gut gekleideten Sekretärin mit Kaffee bewirten. Das scheint ihm dann jedoch zu langweilig zu werden. Also drückt er auf einen Knopf auf einem mysteriösen Schaltkästchen und schon sieht er auf einer großen Leinwand, was unten in der Fabrik geschieht. Offenbar weiß er genau, was dort jetzt getan werden muss, denn er bellt ein paar Befehle ins Mikrofon, woraufhin unten eilfertige Arbeiter die entsprechenden Hebel umlegen. Die Arbeiter können ihren Boss ebenfalls sehen - nicht auf einem kleinen Monitor, sondern überlebensgroß auf einer deckenhohen Leinwand, und nur dann, wenn der Boss es will. Im Laufe des Tages, der natürlich mit allerlei Chaplinschen Lachnummern gefüllt ist, meldet sich der Boss immer mal wieder, erscheint urplötzlich auf der Leinwand vor einem erschreckten Arbeiter und verlangt, dass die eine oder andere Produktionslinie beschleunigt wird. Das geschieht dann auch prompt, und alle Arbeiter schrauben drei Takte schneller.

Dieses Schauspiel war natürlich schon 1936 absurd. Und doch zeichnet der Film ein Bild von einer Organisation, das die meisten von uns - wenn auch neben anderen Bildern - unbewusst im Kopf haben. Es ist das Bild einer gut geölten Maschine oder eines präzisen Uhrwerks. Jeder hat seine spezielle Aufgabe, jeder erledigt sie immer genau gleich, jeder arbeitet höchst zuverlässig, und die Steuerung kommt allein von oben. Der allwissende, omnipotente Boss überwacht alles, er weiß, was wo notwendig ist, er entscheidet, und seine Entscheidungen werden prompt und ohne Widerspruch an der Basis umgesetzt. So einfach ist das ... Und weil es denn so „einfach ist" und weil es uns ein Gefühl von Kontrolle gäbe, wenn wir der Boss wären, und weil es uns Sicherheit gibt, wenn wir der Mitarbeiter sind, halten wir auch gerne an diesem Bild fest.

In diesem von steriler Perfektion geprägten Bild von Organisationen spielt das Leben keine Rolle. Dass es entstehen konnte, hat seine Wurzeln viel früher in der Geschichte, als nämlich Wissenschaftler begannen, die Welt als Maschine zu sehen. Gott hatte sie demnach einmal geschaffen und ordentlich aufgezogen, und seitdem tickt und läuft sie unverdrossen und stabil nach immer gleichen Gesetzen ... so das damalige Bild. Es geht zurück auf große Geister, denen wir viel verdanken. Galileo Galilei beispielsweise, der der Legende nach die Fallgesetze und anderes am schiefen Turm von Pisa erforschte, dabei das Messen und Wiegen in die Wissenschaft einführte und diese so auf eine neue Ebene von Objektivität und Präzision hob - der sie damit aber zugleich auf das Messbare reduzierte. Was sich nicht quantifizieren ließ, war für ihn wissenschaftlich nicht relevant. Es folgte René Descartes, der Geist und Materie zwei völlig unterschiedlichen Reichen, die nichts miteinander zu tun haben sollten, zuordnete und postulierte, dass die aus Materie bestehende Welt sich vollständig als Maschine erklären lasse, wenn man deren kleinste Einzelteile untersuchte. Selbst der menschliche Körper war für Descartes eine Maschine. Schließlich Isaac Newton, der die Gesetze der Mechanik entdeckte und damit weiter die Sichtweise stärkte, dass die Welt sich aus linearen Ursache-Wirkungs-Zusammenhängen zusammensetze und mit mathematischen Gesetzen erklären lasse.

Diese und andere Wissenschaftler haben für unser Verständnis eines Teilbereichs der Welt Großartiges geleistet. Doch zugleich wurde die Welt in der Folge für uns etwas Mechanisches, Lebloses, Nüchternes und Fremdes. Es wurde die grundlegende Annahme eingeführt, dass es „da draußen" eine objektive, von uns getrennte Welt gibt, die sich unbeeinflusst von uns beobachten und beschreiben lässt. Das Leben aber wurde so fast vollständig aus unserer Welt verbannt. Es galt nur noch als schmaler Überbau über einer ansonsten toten, aus Dingen bestehenden Welt. Selbst Tiere und Organismen wurden lange als Maschinen gesehen, deren kleinste Teile und Gesetzmäßigkeiten man zu erforschen trachtete. Denn man glaubte eine Zeit lang, dass sich die Biologie und die Chemie auf die Gesetze der Physik zurückführen ließen, dass letztlich also alles aus Dingen und deren Bewegungen bestünde.

In der zweiten Hälfte des 19. Jahrhunderts wurde die mechanistische und das Leben verneinende Sichtweise noch akzentuiert. Rudolf Clausius entdeckte den zweiten Hauptsatz der Thermodynamik. Damit entstand und verbreitete sich das Bild einer Welt, in der die Entropie zunimmt, die sich also unweigerlich auf Chaos und Zerfall zubewegt. Und Charles Darwin entwickelte seine Evolutionstheorie. Er beschränkte sich nicht auf die wissenschaftlich beobachtbaren Prinzipien der Mutation und Selektion, sondern postulierte darüber hinausgehend, dass Individuen und Arten gegeneinander ständig einen Kampf ums Überleben („struggle for life") führen und dass nur dieser Kampf die Triebfeder für die Entwicklung der Arten sei.[6] Darwin schrieb von einem Krieg der Natur („war of nature") und förderte so eine Sicht der Welt, in der nur der Beste überlebt, der Zweitbeste bereits ausgesiebt wird und in der es immer nur eine optimale, überlebensfähige Lösung gibt. Konkurrenz - die fraglos nützliche Aspekte hat - wurde zu einem zerstörerischen Dogma erhoben.

Obgleich es innerhalb der Wissenschaften wie auch außerhalb - in der Literatur oder in der Religion - immer auch Gegenströmungen zu diesem mechanistischen Weltbild gab, ist es doch seit langem die Hauptströmung, die mit wuchtiger Kraft unser Denken in eine Richtung schwemmt. Und der Einfluss dieser Strömung geht weit über die Welt der Wissenschaft hinaus. Sie ist zumindest in der westlichen Hemisphäre zur dominierenden Geschichte geworden, die wir uns über das Wesen der Welt erzählen. Es ist keine Mut machende, inspirierende, Sinn gebende Geschichte. Es ist keine Geschichte von einer Welt, in der uns das Leben trägt und hilft. Sie lehrt uns nicht, uns mit dem Leben zu verbinden und dem Leben zu vertrauen. Wir sind in ihr nicht Teil eines umfassenden, sinnvollen Stroms. Vielmehr handelt sie nur von einer Welt, in der das Leben als zufällige Laune der Natur entstand, als äußerst unwahrscheinliches Ereignis, das sich auf unserem Planeten so ergeben hat. Sie erzählt von einer Welt, die keinen inhärenten Sinn hat und deren Schicksal auf lange Sicht darin besteht, im Chaos der Entropie zu versinken. Sie porträtiert das Leben als einen Kampf ums Überleben, als ständigen Wettbewerb, den nur der Beste gewinnen kann. Sie erzählt von einer Welt voller Objekte, der wir uns nicht angehörig, sondern in der wir uns fremd fühlen. Und obwohl sich im Bereich der Wissenschaften in den letzten Jahrzehnten neue Erkenntnisse ergeben haben (z. B. in der Quantenphysik und in der Evolutionstheorie), haben diese die Dominanz mechanistischen Denkens noch nicht angetastet. Es ist immer noch eine machtvolle Unterströmung, die unser Denken und Handeln und vor allem unsere Art zu führen und zu organisieren stark beeinflusst.

Ein frühes und prominentes Beispiel dafür war Friedrich der Große. Er soll von mechanischen, sich automatisch bewegenden Spielzeugen fasziniert gewesen sein - so auch von aufziehbaren „Menschen". Dies, sowie die in seiner Zeit allgemein große Begeisterung für Naturwissenschaften und Mechanik, dürfte die Art und Weise geprägt haben, wie Friedrich der Große die preußische Armee organisierte und damit ein Erfolgsmodell schuf, das weltweit Nachahmer fand. Wenn ein Wort die Organisationsform dieser Armee gut beschreibt, dann ist es *Standardisierung*. Standardisiert wurde nämlich alles: Positionen (Füsilier, Kanonier ...), militärische Einheiten (Regiment, Bataillon ...), Ränge (Corporal, Fähnrich ...), Uniformen, Waffen, die technische Ausrüstung, die Sprache, Ausbildung, Vorschriften und, und, und.

Der weise König der Wüste spricht

„Wenn ich in die Vergangenheit zurückgehe, zerlege ich den Tempel in seine einzelnen Steine. Und dieses Verfahren ist einfach und vorhersehbar. Es ist das Gleiche, wie wenn ich die Knochen und Eingeweide des entseelten Körpers, den Schutt des Tempels ausbreite oder das Landgut in Ziegen, Hammel, Häuser und Berge aufteile ... Schreite ich aber auf die Zukunft zu, muss ich stets mit der Entstehung neuer Wesenheiten rechnen, die zu den Baustoffen hinzutreten [...] Diese Wesenheiten nenne ich einheitlich und nicht zusammengesetzt, da sie sterben und verschwinden, wenn man sie zerlegt. Denn die Stille ist etwas, was zu den Steinen des Tempels hinzutritt, was aber stirbt, wenn man diese voneinander trennt. [...] Und das Landgut ist etwas, das zu den Ziegen, den Häusern, den Hammeln und Bergen hinzutritt ...“

Antoine de Saint-Exupéry, Die Stadt in der Wüste „Citadelle“

Selbst welches Vergehen mit wie viel Mal Spießrutenlaufen bestraft wurde, war minutiös festgelegt. Auf dem Exerzierplatz wurden endlos immer gleiche Abläufe gedrillt, damit sie auch in der Hitze des Gefechts dem Standard gemäß durchgeführt werden konnten. Die im Gleichschritt marschierende Kompanie ist ein starkes und anschauliches Bild für den Grad der Standardisierung, der angestrebt wurde. Die Armee sollte sich in jeder Situation normgerecht, wie eine stabil laufende Maschine, verhalten und den Befehlen der Kommandeure gehorchen.

Die preußische Armee war bis auf wenige Ausnahmen sehr erfolgreich und erlangte weltweites Ansehen. Vermutlich hat das dazu beigetragen, dass grundlegende Prinzipien ihrer Organisation unser Denken über das Organisieren auch heute noch prägen. Frederick Taylor darf als einflussreicher Exponent dieses Denkens hier natürlich nicht unerwähnt bleiben. Nach diesem Denken gibt es genau eine perfekte Struktur, die es zu finden gilt (Darwin lässt grüßen) und die stabil gehalten wird, bis dann eine neue für noch perfekter gehalten wird. Es ist wichtig, spezialisierte Aufgaben zu schaffen, diese voneinander abzuteilen (in Abteilungen) und zu standardisieren. Alles muss effizient laufen - ohne Redundanzen. Menschen werden wie Dinge betrachtet, die in vorgestanzte Schablonen passen müssen. Sie sollen ihre Aufgaben genau wie vorgegeben und immer gleich erfüllen. Es gibt ein zentrales Management, das alles vorgibt und alles unter Kontrolle hat. Im Großen und Ganzen also das Bild, wie es Charlie Chaplin in „Moderne Zeiten" überzeichnet dargestellt hat.

Nun könnte man meinen, wir hätten diese mechanistische und tayloristische Sicht der Organisation längst überwunden. Denn bereits in den späten 1940er Jahren hat Eric Trist vom Londoner Tavistock-Institut in einem englischen Kohlenbergwerk Gruppen von Arbeitern entdeckt, die keinen Chef hatten, in denen jeder mehrere oder alle Aufgaben des Teams beherrschte und je nach Erfordernis ausführte, und in denen alle zusammen die Arbeit planten und einteilten.[7] Trist erforschte die Vorzüge dieser ganz untayloristisch arbeitenden „teilautonomen Arbeitsgruppen" und machte sie bekannt. Nachdem Jahrzehnte später, in den 1980er Jahren, deutlich wurde, dass die Produktivität japanischer Unternehmen ganz wesentlich auf solcher Gruppenarbeit beruhte, wurde sie in größerem Stil in unseren Produktionsbetrieben eingeführt. Auch sind eindimensionale Hierarchien zumindest in Großunternehmen kaum mehr zu finden. Sie sind vielfach ersetzt durch multiple Machtzentren bestehend aus Matrixstrukturen, Projektorganisationen und Boards für die verschiedensten Zwecke. Also, könnte man schließen, sind wir über das mechanistische Paradigma doch längst hinaus, zumal sich eine maßvolle Spezialisierung, Standardisierung und Hierarchie unbestritten als sehr sinnvoll erwiesen haben.

Und doch hat dieses Denken auch heute noch ungute Auswirkungen in vielerlei Hinsicht:

Mitarbeiter werden als nur ausführende Teile gesehen

Wir sehen Mitarbeiter zu sehr als funktionierende „Maschinenteile“ denn als lebendige Elemente eines Organismus. Wir nehmen oft an, dass sie sich nicht für das Ganze interessieren und zum Ganzen beitragen wollen, oder trauen ihnen nicht zu, dass sie das auch können. Daher geben wir uns nur selten genug Mühe, ihnen den großen, gemeinsamen Daseinszweck vor Augen zu führen, sie für gemeinsame, herausfordernde Ziele zu gewinnen, ihnen die Situation des ganzen Unternehmens und die Entwicklungen in Markt und Wettbewerb zu verdeutlichen, ihr Verantwortungsbewusstsein für das Ganze zu wecken und ihre Initiative zu aktivieren. Wir haben unbewusst immer noch eine Art Maschinenmodell vor Augen und nehmen an, dass es reicht, wenn jede Führungskraft die großen Ziele auf die nachgelagerte Ebene herunterbricht, so dass jedes Teil der Maschine am Ende genau weiß, was es an seinem Platz - und nur dort - zu tun hat. Wir geben oft nur die Informationen weiter, die unbedingt zum Ausführen der jeweiligen Aufgabe gebraucht werden. Doch so gestatten wir jedem einzelnen Mitarbeiter nur einen sehr eingeengten Blickwinkel. Auf diese Weise kommt das Verständnis für das Ganze, das in der Geschäftsleitung vorhanden ist, auf den unteren Hierarchieebenen nie an. Die Leidenschaft und Lebendigkeit, die oben oftmals spürbar sind, erreichen nicht die Mitarbeiter an der Basis. Und dort drehen sich dann - im schlechtesten Fall - die Zahnräder nur die vorgegebenen Male um die vorgegebenen Achsen.

Separierung verhindert Zusammenarbeit für das Ganze

Wir schaffen Strukturen, die Arbeitsbereiche in übertriebenem Maße voneinander trennen, und fördern damit das Phänomen, dass die Arbeit dort, wo die eigene Zuständigkeit endet, „über den Zaun geworfen wird“, ohne dass man sich dafür verantwortlich fühlt, ob die anderen jenseits des Zauns mit dem Ergebnis der eigenen Arbeit auch etwas anfangen können. Der Begriff „Silo“ ist das Synonym dafür geworden, dass Bereiche sich voneinander abgrenzen. Doch nicht nur organisatorische, sondern auch physische Strukturen fördern die Separierung. Wir bauen beispielsweise hohe Bürotürme mit kleinen Etagen und müssen dann feststellen, dass die Mitarbeiter über diese Etagen hinweg weniger miteinander kommunizieren. Vorzimmer und geschlossene Türen verstärken ebenfalls die vielen unsichtbaren Mauern, die unsere Organisationen durchziehen. Wir pochen zu häufig auf formelle Kommunikations- und Dienstwege, statt den separierten Einheiten und Menschen nicht nur zu erlauben, sondern sie sogar zu ermutigen, sich auch jenseits formeller Prozesse über alle Grenzen und Ebenen hinweg miteinander zu vernetzen, miteinander zu reden und voneinander zu lernen. Wir sagen häufig, dass Mitarbeiter sich wie Unternehmer verhalten und neue Ideen entwickeln sollen, doch bitteschön nur in ihrem zugewiesenen Arbeitsbereich. Und wenn sie dann doch eine Idee haben, die über das ihnen zugewiesene Gärtchen hinausreicht, dann sollen sie die Idee ihrem Vorgesetzen mitteilen, und der wiederum seinem Chef und so fort, bis die Idee vielleicht an der richtigen Stelle ankommt ... wenn sie dort je ankommt.

Stabilisierung verhindert Flexibilität

Obwohl wir schon lange von flexiblen Strukturen reden, gibt es doch in fast jedem Unternehmen machtvolle Tendenzen zur Stabilisierung und Institutionalisierung. Prozesse sollen unter Kontrolle und absolut vorhersagbar sein. Außerdem sind sie perfekt zu dokumentieren. Die Prozesse werden dann zwar selten tatsächlich so gelebt, wie sie fixiert und zertifiziert wurden, lassen sich aber auch nur umständlich offiziell ändern. Immer noch werden mit großem Aufwand Stellenbeschreibungen erstellt und Arbeitsplätze bewertet ... wenn auch die Begeisterung für solche starren Systeme vielerorts schon merklich nachgelassen hat. Mitarbeiter sollen sich an eine vorgegebene Position anpassen, statt dass sie die Position (zumindest teilweise) an ihre besonderen Talente und Interessen anpassen können. Großraumbüros, die ein Spielfeld flexiblen Arbeitens sein könnten, werden mit starren Stellwänden und schwer zu bewegenden Möbeln so zugestellt, dass jede Veränderung zu einem Kraftakt wird. Stabilisierung ist immer noch ein heimliches Ideal in vielen Organisationen und fördert nicht selten deren Erstarrung.

Spezialisierung lässt Potenziale der Mitarbeiter brach liegen

Auch wenn es in der Produktion vielfach schon teilautonome Arbeitsgruppen gibt, in denen jeder mehrere Aufgaben beherrscht, sind in anderen Bereichen Prozesse oft so gestaltet, dass die daran Beteiligten sehr spezialisiert sind. Die Mitarbeiter bekommen dann eine präzise Aufgabenbeschreibung und erwerben eine hohe Fachkompetenz in ihrem Gebiet. Doch vom Nachbargebiet verstehen sie nicht viel. Beispiel: Als vor einigen Jahren ein französisches Unternehmen ein deutsches kaufte, verglich ein Beteiligter die Philosophien der beiden Unternehmen wie folgt: „Bei uns hat jeder Mitarbeiter eine Qualifikation, die einem drei Kilometer tiefen Bohrloch entspricht. Jeder ist sehr spezialisiert. Bei den Franzosen ist die Qualifikation der Mitarbeiter oft nur einen Spatenstich tief, doch so breit wie ein Fußballfeld. Nur für wenige Gebiete haben die Franzosen ‚Bohrloch-Mitarbeiter' (Spezialisten), die dann von vielen genutzt werden. Bei uns macht jeder nur seinen Job, bei den Franzosen unterstützt jeder Kollegen auch im Nachbarbereich. Bei uns bekommt der Kunde mehr Sicherheit und Stabilität, doch die ist mit hohen Kosten erkauft. Bei den Franzosen muss der Kunde weniger bezahlen, das ganze System ist flexibler und für die Mitarbeiter zwar anspruchsvoller, doch auch menschlicher."

Standardisierung schränkt den Handlungsspielraum ein

Seit Friedrich dem Großen ist Standardisierung ein wichtiges und zweifelsohne auch sinnvolles Charakteristikum großer Organisationen. Doch wir treiben sie auch oft zu weit, was sich vor allem in filialisierten Organisationen beobachten lässt. Beispiel: Der Barkeeper in einer Hotelkette darf nur solche Drinks mixen, die in der Kasse einprogrammiert sind. Wenn ein Gast seinen Lieblingsdrink mit eigener Rezeptur wünscht, muss er passen. Denn nur so kann die verbrauchte Menge der Alkoholika exakt berechnet und gebucht werden, so dass später eine Bestandskontrolle möglich ist. Das ist ein System, das auf der Annahme basiert, dass man dem Barkeeper nicht vertrauen könne. Zweites Beispiel: Auszubildende werden nach standardisierten Kriterien ausgesucht. Das gilt insbesondere für Großunternehmen, die hohe Bewerberzahlen bewältigen müssen. Wer diese Kriterien nicht erfüllt, wird gar nicht erst zu einem Gespräch eingeladen. Doch dann fallen diejenigen durchs Raster, die zwar Schwächen in den üblichen Anforderungen, aber auch ausgeprägte Stärken in einem Gebiet haben, das die Kriterien gar nicht erfassen. Solche Mitarbeiter können sehr wertvoll sein. Peter Vaill hat herausgefunden, dass High Performing Systems (HPS) oft Mitarbeiter haben, die woanders abgelehnt wurden, weil sie nicht ins Raster passten. Denn HPS sehen sich nicht als gleichförmige Ziegelsteinwand, in der jeder Stein exakt gleich groß sein muss, sondern als Natursteinmauer, deren Steine alle unterschiedlich groß und anders geformt sind und sich dennoch optimal zu einem Ganzen zusammenfügen.

Die Suche nach der einen richtigen Struktur lähmt die Organisation

Wir suchen oft immer noch nach der einen richtigen Struktur und verkennen, dass es eigentlich darum geht, einen lebendigen, vernetzten Organismus zu schaffen, der die Schwächen einer nur näherungsweise guten Struktur ausgleicht. Das verleitet uns dazu, zu oft sehr umfassende, große Reorganisationen durchzuführen, statt auf ständige kleine Anpassungen zu setzen. Damit zerreißen wir mit einem Schlag die sozialen Netzwerke, die eine jegliche Struktur erst funktionsfähig machen und die dann viel Zeit brauchen, um wieder zu wachsen. Ein Finanzdienstleister war beispielsweise mit einer Produktlinien-bezogenen Profit-Center-Organisation groß geworden. Mit der Zeit wurden deren Schwächen immer offensichtlicher. Vertriebsmitarbeiter der verschiedenen Profit-Center gingen beispielsweise unkoordiniert zum gleichen Kunden. Also wechselte man zu einer funktionalen Organisation, in der es dann nur noch einen Vertrieb gab. Diese hatte natürlich auch Schwächen. Die Verantwortung für Kosten nahm beispielsweise ab. Also kehrte man nach ein paar Jahren zurück zur Profit-Center-Organisation. Jede dieser Reorganisationen absorbierte die Energien eines Großteils der Führungskräfte für ein ganzes Jahr.

Performance-Management-Systeme mindern die Performance

Wir glauben oft, dass Mitarbeiter nur dann richtig handeln, wenn wir sie mit präzisen Zielvorgaben, detaillierten Budgets, finanzorientierten Kennzahlen und ausgetüftelten Vergütungssystemen steuern. Es ist sicher richtig, Menschen entsprechend ihrer Leistung zu honorieren. Und es gibt Bereiche wie den Vertrieb, wo es sehr sinnvoll sein kann, finanzielle Anreize an die Erreichung eines oder weniger Ziele zu knüpfen. Doch in vielen anderen Bereichen sind solche Systeme, die vorgegebene Ziele mit einer Leistungsbeurteilung und mit Bezahlung verbinden, viel zu unflexibel und geben der Wirklichkeit des Lebens keinen Raum. Sie verhindern beispielsweise, dass Mitarbeiter sich für eine Idee einsetzen, die ihnen erst in der Mitte des Jahres einfällt, die jedoch mit ihren Zielvorgaben nichts zu tun hat. Diese Idee ist möglicherweise für das Unternehmen sehr wertvoll, doch wenn sie nicht auf die Ziele des Mitarbeiters einzahlt, wird er keine große Motivation verspüren, sich dafür einzusetzen. Das, was heute oft unter dem Begriff Performance Management zusammengefasst wird, ist ein Ausdruck des Glaubens, dass sich menschliches Verhalten und lebendige Systeme wie eine Maschine steuern lassen. Doch diese Steuerungsversuche haben einen gegenteiligen Effekt. Sie unterbinden innovative Initiativen, sie verleiten Mitarbeiter dazu, ihren Blickwinkel darauf einzuengen, wie sie die mögliche Belohnung bekommen, und sie vermindern das Interesse der Mitarbeiter an den größeren Zielen des Unternehmens. Es gibt höchst sinnvolle Alternativen und wir werden in Kapitel 12 darauf zurückkommen.

Einschränkende Vorgaben ersticken menschliche Energie

Wir engen Handlungsspielräume von Mitarbeitern oft unnötig stark ein - durch Vorschriften, durch Budgets, durch zu viel Hierarchie und durch ein Führungsverhalten, das eher Anweisungen gibt, als Fragen zu stellen und Herausforderungen zu formulieren. In den Ergebnissen einer Mitarbeiterbefragung lasen wir kürzlich folgende Sätze, die ein Mitarbeiter geschrieben hatte: „Mir kommt unser Unternehmen immer häufiger so vor, wie ich mir die Verhältnisse in der früheren DDR vorstelle: Die Führungskader machen Pläne und bekommen die Rückmeldungen, die sie hören wollen. Die ausführende Ebene tut so, als ob sie alle Vorgaben gehorsam befolgte, und hält im Übrigen durch pragmatische Auslegung der Regeln den Laden am Laufen, statt durch striktes Befolgen deren partielle Absurdität zu beweisen." Ein fast überall anzutreffendes Beispiel für einengende Vorgaben besteht darin, dass wir die zeitliche und räumliche Autonomie von Mitarbeitern einschränken. Wir sagen ihnen, wann sie wo wie lange zu arbeiten haben, obwohl das bei heutiger Technologie längst nicht mehr überall notwendig wäre. Wenn es nicht am offiziellen Arbeitsplatz und während der offiziellen Arbeitszeit ist, ist es keine Arbeit. Wir vermitteln ihnen ein schlechtes Gewissen, wenn sie Pausen machen und miteinander reden. Manchmal verbieten wir das sogar. Wir halten es für eine unproduktive Tätigkeit - wie Henry Ford, der sagte, dass Mitarbeiter nicht denken und nicht reden, sondern arbeiten sollten.

Veränderung mit Kraftaufwand statt mit den richtigen Impulsen

Wir sehen die Veränderung einer Organisation nicht als einen sich organisch entwickelnden Prozess, sondern als ein „Verschieben von Dingen". Wir machen einen Plan, der zeigt, wo die „Dinge am Ende stehen" sollen, und versuchen dann, diesen Plan auszuführen - was oft so nicht klappt. Wir fühlen uns weniger wohl damit, nur eine große Richtung vorzugeben, Experimente zuzulassen und aus diesen zu lernen und Mitarbeiter in unsere Überlegungen einzubeziehen (denn vielleicht wollen die ja das Falsche). Wir fühlen uns weniger wohl mit einer Frage und wollen lieber gleich die Antwort vorgeben. Wir sehen Veränderung folgerichtig auch als etwas, wofür wir Kraft einsetzen müssen. Wir müssen „schieben, stoßen, ziehen", damit die „Dinge", aus denen die Organisation besteht, sich in Bewegung setzen. Viel Veränderung braucht - entsprechend der Newtonschen Bewegungsgesetze - viel Kraft. Dieses Denken wird auch das Billardkugel-Modell der Veränderung genannt. Wir glauben oft nicht, dass die Veränderung mit den richtigen Impulsen mit weniger Kraftaufwand in die richtige Richtung gehen könnte. Wir glauben zu selten, dass es sich lohnt, Energie aufzuwenden, damit bei den beteiligten Mitarbeitern zuerst die richtigen Erkenntnisse wachsen und das Bewusstsein entsteht, das die Veränderung hinterher einfach macht.

Überzogenes Streben nach Effizienz unterminiert die Voraussetzungen für Erfolg

Mit dem Bild der Maschine ist die Vorstellung von Effizienz verknüpft. Und so wollen wir auch in Organisationen kein einziges Teil zu viel haben. Das Streben nach Effizienz ist im Grundsatz richtig, doch oft übertreiben wir es so, dass wir den Wert aller Aktivitäten, die nicht unmittelbaren Nutzen stiften, negieren. In der Folge minimieren wir die Experimente, aus denen sich die wenigen herausragenden Lösungen und Erfolge herauskristallisieren. Projekte für neue Produkte werden schon in einem frühen Stadium stark ausgedünnt, um kein unnötiges Risiko einzugehen. Unser Effizienzstreben lässt uns Mitarbeiter für „ewig" auf dem Platz halten, für den sie angelernt wurden. Denn Job Rotation würde ja zuerst eine Investition bedeuten, bevor die Früchte geerntet werden können. Und unter Effizienzgesichtspunkten verzichten wir allzu oft auf die Rituale, die Gemeinschaft stiften und in Zeiten starken Wandels den Veränderungsschmerz verarbeiten helfen.

Diese Liste ließe sich noch deutlich verlängern. Sie zeigt, dass sich das lineare und mechanistische Paradigma wie ein machtvoller Grundton durch unser alltägliches Denken und Handeln zieht. Es ist ein Denken, das uns leichtfällt und in dem wir uns zuhause fühlen. Es ermöglicht uns, mit weniger Ambivalenzen und Nuancen auszukommen. Es gibt uns das trügerische Gefühl, eine Organisation besser unter Kontrolle zu haben. Wir glauben dann, dass Kontrolle über die Hierarchie und mit Anweisungen möglich ist. Wir wünschen uns die Kontrolle (Macht über das Leben), weil wir das Leben im Grunde als feindlich ansehen, und gestalten unsere Unternehmen daher oft so, dass sie, wie Margaret Wheatley es formuliert, an eine „Festung" erinnern.[8] Doch diese Kontrolle ist ein Mythos. Wir haben beispielsweise überhaupt nicht unter Kontrolle, welchen Informationen die Menschen in einem Unternehmen welche Bedeutung zumessen und welche Sichtweisen sich dadurch verstärken oder abschwächen. Dabei ist das für den Erfolg des Unternehmens von großer Bedeutung. Wir können das Leben nicht im Griff haben, und je mehr wir es versuchen, desto mehr Kraft müssen wir dafür aufwenden und desto mehr wecken wir Gegenkräfte oder ersticken Lebendigkeit.

Selbst dann, wenn wir als Führung unsere Organisation nur mit dem notwendigen Minimum an Hierarchie, Zentralisierung, Spezialisierung, Separierung, Stabilisierung, Standardisierung und Effizienz ausstatten und wenn wir die besten Intentionen haben, dass alle Mitarbeiter wirklich unternehmerisch und im Sinne des Ganzen handeln sollen, müssen wir dennoch damit rechnen, dass die Führungskräfte und Mitarbeiter in ihren Köpfen das Bild einer mechanistischen Organisation verfestigen, das wir nie hervorrufen wollten.

Der weise König der Wüste spricht

„So gewahrte ich, dass es gefährlich und vergeblich ist, die Widersprüche auszuschließen. Solches antwortete ich meinen Generälen, die zu mir kamen, um von der Ordnung zu reden, aber die Ordnung, die Macht ist, mit der Aufstellung eines Museums verwechselten.

Denn ich erkläre, dass der Baum Ordnung ist. Ordnung aber ist hier die Einheit, die das Zusammenhanglose beherrscht. Denn der eine Zweig trägt ein Vogelnest und der andere keines. Dieser Zweig steigt zum Himmel empor und jener neigt sich zur Erde. Meine Generäle aber werden von dem Bilde militärischer Paraden beherrscht, und so sagen sie, dass allein bei den Dingen, die sich nicht voneinander unterscheiden, Ordnung herrsche. Und wenn ich sie gewähren ließe, würden sie die heiligen Schriften, deren Ordnung auf der Weisheit Gottes beruht, dadurch verbessern, dass sie die Buchstaben […] in Ordnung brächten. So würden sie alle A und alle C aufreihen und hielten dann ein herrlich geordnetes Buch in Händen. Ein Buch für Generäle.“

Antoine de Saint-Exupéry, Die Stadt in der Wüste „Citadelle“

Denn Führungskräfte und Mitarbeiter machen sich gleichermaßen ein begrenzendes Bild von ihrer Rolle, das dann wiederum ihr Handeln begrenzt. „Ich darf doch mit meiner tollen Idee jetzt nicht da und da hingehen, das wird doch gar nicht von mir erwartet“, denken sie dann, obwohl es vom obersten Management vielleicht sogar erwartet wird. „Ich darf doch als Führungskraft nicht zulassen, dass meine Mitarbeiter Dinge tun, die zwar sinnvoll sein mögen, jedoch mit vorgegebenen Zielen nichts zu tun haben; ich soll doch den Laden hier unter Kontrolle haben“, denken die Führungskräfte. Und so bauen Menschen in Organisationen in vorauseilendem Gehorsam gläserne Wände um sich herum, die die formale Organisation vielleicht gar nicht vorgesehen hat, in deren engem Rahmen sie sich dann jedoch bewegen. Sie begrenzen sich freiwillig auf die Funktion eines Maschinenteils, weil sie sich so sicherer fühlen. Dass die informelle Organisation die Schwächen der formalen ausgleicht, ist eben nur ein Teil der Wahrheit. Die informelle Organisation, die allein in den Köpfen der Menschen entsteht, verstärkt die formale oft noch und macht sie noch mehr zu einer Maschine, als die Führungsspitze das vielleicht wollte. Diese muss die Mitarbeiter also immer wieder auffordern, die gläsernen Wände zu zerschlagen, aus den selbst-konstruierten einengenden Rollen auszubrechen, immer das zu machen, was man im Sinne des Ganzen wirklich für sinnvoll hält, und mit Ideen dorthin zu gehen, wo diese gehört werden müssen, auch wenn das drei Etagen höher oder drei Abteilungen weiter rechts ist. Und sie muss sich dessen bewusst sein, dass sich jedes zusätzliche Quantum an Hierarchie, Zentralisierung, Spezialisierung, Separierung, Stabilisierung und Standardisierung in den Köpfen der Mitarbeiter nochmals potenziert, zu einem einschränkenden Bild von Organisation verdichtet und Lebendigkeit erstickt.

Eine Welt voller Gegner oder ein Lebensstrom, der uns unterstützt

In der mechanistischen Sichtweise fühlen wir uns nicht vom Leben unterstützt und haben nur wenig Grundvertrauen in die schöpferische Dynamik des Lebens, von der wir ein Teil sind. Wir sehen die Welt vielmehr als Dinge, die „Nicht-Wir“ sind. Wir sehen uns abgetrennt von anderen und halten unsere Organisationen für abgetrennt von ihrem Umfeld. Diese Separierung begünstigt die Vorstellung, dass die „Dinge da draußen“, die außerhalb von uns selbst liegen, uns nicht nur nicht unterstützen, sondern unsere *Gegner* sind - Objekte, die nicht das wollen, was wir wollen. In der Tat können wir immer wieder beobachten, dass wir unsere Mitarbeiter unbewusst oder bewusst als Gegner ansehen. Wir halten sie dann für träge, desinteressiert, egoistisch oder uneinsichtig (was einige wenige auch sind) und suchen nach Wegen, sie in die aus unserer Sicht richtige Richtung zu dirigieren. Wir glauben, mit Druck motivieren zu können. Wir bombardieren sie endlos mit Phrasen vom „zunehmenden Wettbewerb“ und von den „härter umkämpften Märkten“.

Wir arbeiten mit einem engen Maßnahmen-Controlling. Ampeln werden von Kontrolleuren des Maßnahmenfortschritts auf Gelb oder Rot gestellt. Wir ersinnen Performance-Management-Systeme, deren Komplexität zuweilen aberwitzig ist.

Kunden, Lieferanten und Wettbewerber trifft oft das gleiche Schicksal. Auch sie werden nicht selten als Gegner statt als natürliche Verbündete betrachtet. Der Kunde interessiert als Käufer, jedoch nicht als Mensch, dem man helfen könnte. Er ist als anonyme Zielgruppe von Belang, nicht als ein Wesen, das ähnliche Hoffnungen und Bedürfnisse hat wie wir selbst und mit dem wir uns identifizieren. Er ist nur Objekt unserer Marktforschung, nicht aber unser Freund. Lieferanten und Wettbewerber werden unter den Generalverdacht gestellt, nur ihre eigenen Ziele zu verfolgen und an einer fairen Zusammenarbeit kein Interesse zu haben. Diese Sichtweisen verhindern produktive Partnerschaften, intensiven Austausch und langfristige Geschäftsbeziehungen. Diese vorherrschende Einstellung spürte eine Pharma-Managerin in Österreich, als sie sich mit einem Wettbewerber zusammentat, dessen Produkt 25 Prozent Marktanteil hatte, während das Produkt ihres Arbeitgebers auf 75 Prozent kam. Gemeinsam mit dem Wettbewerber initiierte sie eine PR-Kampagne, die für die Presse glaubwürdig war, weil sie von zwei Wettbewerbern kam und daher aufgegriffen wurde. In der Folge weitete sie den Markt für beide Unternehmen deutlich aus. Doch in ihrem Konzern stieß die innovative Managerin auf größtes Unverständnis und tut es immer noch, wenn sie heute Ähnliches vorschlägt. Wettbewerber sind Feinde - basta.

Die Idee, dass die Welt aus von uns getrennten „Dingen" besteht, die unsere Gegner sind und zu denen wir in Gegnerschaft treten müssen, ist in unserem Denken tief verwurzelt - ein spätes Erbe von Darwin. Wir finden sie nicht nur in der Wirtschaft, sondern auch im politischen Leben der fortschrittlichsten westlichen Länder. Barack Obama sagte dazu in einem Interview: „Die politische Kultur betont Konflikt, die Medien betonen Konflikt, und die Struktur unserer Kampagnen belohnt das Negative."[9]

Das mechanistische Denken verleitet uns dazu, auf eine Weise zu handeln, die uns vom Leben abtrennt. Es lässt uns Gegner sehen, wo es Kräfte gibt, die uns unterstützen wollen. Es verleitet uns dazu, dem Leben künstliche Überformungen überzustülpen: zu detaillierte Budgets, einengende Vorschriften, unflexible Zielvereinbarungs- und Vergütungssysteme, starre Wände und Möbel, Titel, die zu stark das hierarchische Gefälle betonen, vernetzungsfeindliche Gebäude, separierende Strukturen. Die gleichförmigen, monotonen, meist grauen und fast immer rechtwinkligen Zellen, in denen heutige Büromenschen einen großen Teil ihrer Arbeits- und Lebenszeit verbringen, sind ein Teil dieser Überformung und zugleich sichtbares Symbol unserer dominierenden Denkweise.

Kapitel 2: Die äußeren Muster des Lebens

> *Unternehmen sind Ausdruck des Lebens, das nach permanenter Weiterentwicklung strebt und dafür seine Fähigkeit zur Selbstorganisation nutzt. Entscheidende Aspekte in Unternehmen sind ein Produkt der Selbstorganisation. Das Leben setzt dabei auf Prinzipien, die sich von einem mechanistischen Organisationsverständnis merklich abheben: Diversität, Vernetzung, Ordnung „am Rande des Chaos" und mehr Kooperation als Wettbewerb.*

Die Geschichte unseres Universums ist eine faszinierende Reise hin zu immer reichhaltigeren, vernetzteren, strukturierteren und bewussteren Formen des Lebens.[10] Seit dem Urknall vor 15 Milliarden Jahren, als das schöpferische Leben wie aus dem Nichts hervorbrach, haben wir Wellen von Transformationen durchlaufen, die eine unermessliche Fülle an Formen erzeugten. Es begann mit einem Billionen Grad heißen „Schaum" höchst erregter, immer nur kurz aufblitzender und gleich wieder verschwindender Teilchen, die sich im Raum ausbreiteten. Doch mit der Zeit organisierten sich diese - ein erstaunliches Wunder - zu Wasserstoff- und Heliumatomen. Damit hatten sich im Universum erstmals „Wesen" gebildet, die eine innere Ordnung besaßen und die trotz höchst dynamischer Prozesse in ihrem Innern nach außen hin ihre Identität bewahrten. Wasserstoff und Helium verteilten sich nun - anders als der zweite Hauptsatz der Thermodynamik es erwarten lassen sollte - nicht gleichmäßig im Raum. Vielmehr begann ihre Dichte zu fluktuieren, die Fluktuationen wurden stärker und schoben die Gase zu Wolken zusammen. Die Wolken drifteten im Weltall auseinander, behielten jedoch ihre Größe bei. Im Zentrum dieser Wolken bildeten sich „schwarze Löcher" mit gigantischer Masse. Diese lösten weitere Dichtewellen aus, welche die wabernden Wolken zu stabilen Sternen gerinnen ließen. Das Universum hatte nun Milliarden von Galaxien, in denen Sterne um ein Zentrum kreisten und die selbst um größere Zentren kreisten. Haufen von Galaxien organisierten sich zu größeren Haufen von Haufen von Galaxien. Alle waren sie durch die Schwerkraft so miteinander verbunden, dass ihre ellyptischen Bewegungen umeinander wie ein großer gemeinsamer Tanz im Weltall erschienen. Die hellsten Sterne explodierten zuweilen in gewaltigen Supernovae, heller als Tausend Sonnen, und gebaren dadurch komplexer strukturierte Sterne der zweiten Generation, die nun schon über eine Vielzahl von Elementen verfügten. Ein solcher Stern war auch unsere Sonne; sie begann als gigantische Wolke, zog sich in der Folge zusammen und formte ein Planetensystem.

Das Universum hatte bis hierher bereits einen enorm hohen Grad an Organisation und Reichhaltigkeit erreicht - unterschiedlichste Galaxien, unterschiedlichste Sterne, unterschiedlichste Planeten und Planetensysteme. Diese Entwicklung machte auf unserem Planeten nicht halt. Nach und nach entstanden, angeregt durch die starken elektrischen Stürme der damaligen Atmosphäre, die unterschiedlichsten Moleküle. Und als eine hinreichend große Diversität verschiedener Moleküle an einem Ort unter günstigen Bedingungen (Wärme, Licht, Blitzschlag) zusammentraf, kamen sich autokatalytisch verstärkende, selbst erhaltende Netzwerke chemischer Reaktionen in Gang. Aus diesen wiederum entstand eines Tages die erste lebende Zelle. In der Folge entwickelten sich immer „höhere", komplexere und organisiertere Formen des Lebens: Amöben, Bakterien, Vielzeller, Pflanzen, Tiere, der Mensch. Aber auch Systeme aus diesen: Herden, Schwärme, Kolonien, symbiotische Lebensgemeinschaften, Ökosysteme und schließlich auch die Stämme, Gesellschaften und Organisationen, die Menschen geschaffen haben.

Betrachtet man diese äußerst geraffte Darstellung der Entwicklung vom Urknall bis heute, dürfte deutlich werden, dass das Leben nicht nur der schmale Überbau über einer ansonsten leblosen, maschinengleichen, aus stabilen Systemen bestehenden oder gar dem Chaos der Entropie zustrebenden Welt ist. In den Reichen dessen, was wir bislang als nicht-lebendig betrachten, scheint es dieselben Muster zu geben wie in denen, die wir konventionell als lebendig ansehen. Wenn wir uns diese Muster vergegenwärtigen und uns klarmachen, wonach das Leben drängt und strebt und wie es das tut, dann ist das kein müßiges Unterfangen. Wir können so wertvolle Hinweise für das Führen und Gestalten von Organisationen gewinnen. Denn die Unternehmen und Organisationen, um die es uns hier ja geht, sind Teil des Lebens, sind Ausdruck seiner kreativen Energie und gehorchen seinen Mustern.

Das Leben strebt nach Innovation und schöpferischem Ausdruck. Das Leben will überleben und passt sich daher an Veränderungen im Umfeld an. Doch es sehnt sich noch nach mehr: nach Entwicklung, nach Neuem, nach Innovation, nach der Entfaltung seiner Möglichkeiten. Das Leben kennt keinen Stillstand. Die Welt ist nicht die einmal von Gott aufgezogene, stabil laufende Maschine, in der sich alles im Gleichgewicht hält. Sie besteht aus Ungleichgewichtssystemen, die Energie aufnehmen und ihren „Müll" abgeben und die dabei ihre Strukturen und ihre Identität erhalten, doch nicht notwendigerweise für immer. Eine Zeit lang bleiben die Strukturen stabil, doch dann werden sie wieder von einer Welle der Veränderung ergriffen, Bestehendes wird schöpferisch zerstört und bisher nicht gekannte Formen tauchen auf. Das Leben ist ein ständiges Werden.

Das Leben strebt nach Unterschiedlichkeit. Es sehnt sich nach einem immer größer werdenden Reichtum verschiedenster Formen. Aus Elementarteilchen sind zuerst Wasserstoff, dann Helium, dann alle anderen Elemente entstanden. Die Elemente haben sich zu unzähligen Molekülen verbunden. Die galaktischen Wolken haben Myriaden von Galaxiensystemen, Galaxien, Sternen und Planeten gebildet, von denen es unzählige Typen gibt und letztlich keiner dem anderen gleicht. Die Vielfalt biologischer Formen auf der Erde ist immens groß. Jede einzelne Form besteht wiederum nicht aus identischen Klonen, sondern ist - wenn auch nur minimal - anders als alle anderen. Durch die Menschen hat sich die Vielfalt weiter vervielfacht. Aus wenigen Berufen wurden viele, aus wenigen Technologien unzählige. Das Leben ist eine nicht-endende Feier der Diversität.

Das Leben strebt nach Organisation. Es bildet ganz von alleine Ordnungen. Es bildet Systeme, die aus geordneten, kohärenten und vernetzten Prozessen bestehen. Galaxien, Sonnen-Planeten-Systeme, Ökosysteme und Termitenkolonien sind Beispiele dafür. Indem das Leben nach Systemen strebt, erhält es sich selbst.[11] Systeme schaffen stabilere Bedingungen, sie schirmen gegen Einflüsse von außen ab und erhöhen dadurch die Lebensfähigkeit. Schon Atome sind stabiler als Elementarteilchen. Ein Sonnen-Planetensystem erzeugt stabile Tag-Nacht-Rhythmen und Jahreszeiten. Das System Erde hält seine Atmosphäre in einer bestimmten Zusammensetzung stabil und sorgt so dafür, dass die Temperaturen innerhalb einer begrenzten Bandbreite bleiben und die Erdbewohner verlässlich mit Sauerstoff und Kohlendioxid versorgt werden. Der menschliche Körper erhält eine Temperatur von etwa 37 Grad Celsius und (bei richtiger Ernährung) ein leicht basisches Milieu und schafft damit ein stabiles Umfeld für zahlreiche in ihm ablaufende Prozesse. Ein Wald kann Wasser speichern und macht seine Bewohner unabhängiger von Witterungseinflüssen. Bakterien organisieren sich auf unseren Zähnen und in Wasserleitungen so, dass sie einen strukturierten Biofilm bilden, der sie vor Antibiotika und anderen Giften schützt. Bienen bauen Behausungen und verhalten sich als Schwarm so, dass die Luftfeuchte und Temperatur im Inneren des Bienenstocks sehr konstant bleiben.[12] Pinguine leben in großen Kolonien und rücken bei eisigem Wind ganz dicht zusammen, die Äußeren immer wieder nach innen lassend, um sich zu wärmen. Familien ernähren den Nachwuchs, Raubtierrudel jagen gemeinsam und beteiligen alle an der erlegten Beute ... Eine zentrale Methode des Lebens, das Leben zu fördern, besteht darin, immer raffiniertere Organisationen zu schaffen.

Das Leben strebt nach Kooperation. Die genannten Beispiele zeigen auch, dass wir irren, wenn wir wie Darwin das Leben vor allem als Kampf gegen andere ums Überleben sehen. Es gibt in der Natur in erheblichem Maße Kooperation. Joachim Bauer schreibt: „Allein durch Darwins Prinzipien der Variation und Selektion lässt sich weder die Entstehung der Zelle noch die Bildung mehrzelliger Lebewesen, noch die Entwicklung höherer (komplexer) Lebensformen aus einfachen Vorstufen erklären. Alle drei Phänomene hätten ohne Kooperation als primärem, eigenständigen biologischen Prozess nicht zustande kommen können."[13] Das Leben wird viel mehr durch Kooperation als durch den - ebenso vorhandenen - Wettbewerb geprägt. Die Teile einer Zelle kooperieren und erhalten damit die Zelle. Und Gleiches lässt sich von jedem System sagen, das sich selbst erhält. Der „Müll" des einen Wesens ist die Lebensgrundlage eines anderen. Die Tierwelt kennt zahlreiche Beispiele der Kooperation. Gänse fliegen in V-Formation, da sie aufgrund der erzeugten Luftwirbel so weniger Kraft zum Fliegen brauchen. Und sie wechseln sich mit der anstrengendsten Rolle des Führers an der Spitze ab. Die Neurobiologie hat nachgewiesen, dass Botenstoffe, die uns sowohl Antrieb zum Handeln wie Wohlgefühl verschaffen (Dopamin, Endorphine, Oxytozin), dann in erhöhtem Maße ausgeschüttet werden, wenn wir gelingende Beziehungen und soziale Gemeinschaft erleben. „Wir sind - aus neurobiologischer Sicht - auf soziale Resonanz und Kooperation angelegte Wesen", folgert Joachim Bauer.[14]

Die Natur lässt sich also viel eher als eine große Gemeinschaft denn als Wettbewerb verstehen. Jedes Teil trägt in ihr zum Wohlergehen des Ganzen bei. Und zugleich gibt es schwierige oder unwirtliche Bedingungen, gibt es Wettbewerb um knappe Ressourcen, gibt es Jäger und Opfer. Diese Widerstände sind vor allem Anstoß und Ansporn für die weitere Entwicklung des Lebens. Unwirtliche Bedingungen bringen besondere Arten hervor, die mit diesen gut zurechtkommen, was sich in den Gebirgs-, Polar- und Wüstenregionen gut beobachten lässt. Jäger-Opfer-Beziehungen setzen einen Kreislauf der Weiterentwicklung in Gang. Die Gazelle wäre nicht so schnell, wenn sie nicht gejagt würde, und der Leopard wäre nicht so schnell, wenn er nicht Gazellen jagen müsste. Es gäbe keine Giraffen mit langen Hälsen, wenn weit oben nicht wohlschmeckende Blätter wachsen würden. Und so sind die schwierigen Bedingungen, die das Leben schafft, nur der fruchtbare Boden für seine weitere Entfaltung. „Der Drache steigt dann besonders hoch, wenn der Wind stark bläst", schrieb Churchill und machte damit deutlich, dass er die äußerst schwierigen Bedingungen, denen seine Nation 1940 gegenüberstand, vor allem auch als Chance sah, in ihre eigentliche Größe hineinzuwachsen. Das Leben ist trotz Wettbewerbs kein Kampf, wie Darwin es behauptete, sondern ein Prozess, in dem alles alles andere anspornt, über sich hinauszuwachsen. Denn das Leben will vor allem das Leben fördern.

Der weise König der Wüste spricht

„Aber die Bäume, die ich am aufrechtesten wachsen sah, sind nicht solche, die in der Freiheit gedeihen. Denn diese haben keine Eile größer zu werden, sie trödeln bei ihrem Aufstieg und steigen nur in Windungen hoch. Während der Baum des Urwaldes, von den Feinden bedrängt, die ihm seinen Platz an der Sonne rauben, mit der Dringlichkeit eines Anrufs in senkrechtem Schwunge den Himmel erstürmt.“

„Und deine Feinde arbeiten mit dir zusammen, denn es gibt keinen wahrhaften Feind in der Welt. Der Feind begrenzt dich, er gibt dir daher deine Form und begründet dich.“

Antoine de Saint-Exupéry, Die Stadt in der Wüste „Citadelle“

Das Leben trachtet mit seiner unbändigen schöpferischen Energie nach immer besseren Bedingungen für das Leben und nach einem immer weiteren Aufblühen seiner selbst. Es strebt nach Neuem, nach reichhaltigeren Formen, nach Organisation, nach Vernetzung und nach Kooperation. Doch wie tut es das? Von welchen Prinzipien lässt es sich dabei leiten? Gibt es eine Schaltzentrale? Gibt es einen großen Plan? Führen die Teile nur die Vorgaben der Zentrale aus? Nein, es gibt keine Zentrale. In keinem Organismus, keiner Galaxie, keiner Kolonie, keinem Ökosystem wurde eine zentrale Stelle gefunden, die alle Prozesse orchestriert. Im Gehirn gibt es kein Meisterneuron, im Embryo keine führende Zelle, und die Entwicklung der Zelle selbst wird nicht durch ihre Gene „befehligt". Die unterschiedlichsten Zellen eines Organismus haben alle eine identische genetische Ausstattung. Sie würden sich identisch entwickeln, wenn es allein die Gene „zu sagen" hätten. Die Zellen stehen im Austausch mit ihren Nachbarn und wissen erst dadurch, ob sie sich zu einer Leber- oder einer Hautzelle entwickeln müssen. Das Leben kennt keine Hierarchie, sondern ist eher als Holarchie zu verstehen, in der jedes Teil innerhalb der Rahmenbedingungen seiner „Ebene" autonom im Sinne des Ganzen handelt. „Führung" ist nicht auf eine Spitze begrenzt, sondern im ganzen Gewebe des Lebens verteilt. Neue Impulse können von vielen Stellen ausgehen. Entsprechend kennt das Leben keinen Masterplan. Es macht zahllose kleine Experimente, von denen nur wenige gelingen und sich ausbreiten und durchsetzen. Es lernt in zahllosen Iterationen. Es tastet sich suchend vor, entdeckt Neues und verstärkt das, was funktioniert.

Die meisten der vielen kleinen Abweichungen oder Fluktuationen, die in jedem komplexen, dynamischen System immer wieder auftauchen und die wir „Experimente" genannt haben, verschwinden ohne weitere Auswirkungen wieder von der Bildfläche. Doch dann schaukelt sich eine solche Abweichung auf. Sie setzt einen sich selbst verstärkenden Prozess in Gang, der schließlich das bestehende System destabilisiert und in eine neue dynamische Ordnung überführt, die dann wiederum eine Zeit lang stabil bleibt. Da in diesem Prozess die Wirkungen auf ihre Ursachen zurückwirken und diese verstärken, können kleinste Auslöser enorme, völlig unberechenbare Auswirkungen haben. (Es kann ein Quanteneffekt sein, der eine Mutation auslöst, die wiederum einer neuen Art zur Verbreitung verhilft.) Die Entwicklung des Neuen kann gleichmäßig verlaufen, oft beginnt sie jedoch erst langsam, bis es zu einem Punkt des Umkippens kommt, ab dem das Neue das Alte wie eine Lawine überrollt. Dieser Prozess wird Selbstorganisation genannt. Es ist der Prozess, mit dem das Leben der Zunahme von Entropie nicht nur entgegenwirkt, sondern neue energiereichere Ordnungen erschafft und diese anschließend erhält. Selbstorganisation ist aber nicht nur ein Phänomen der (im konventionellen Sinne) belebten Welt. Atome, Galaxien, Sterne, Planeten und ihre Hydro-, Geo- und Atmosphären wären ohne sie nicht entstanden und würden ohne sie nicht weiter bestehen. Und man kann mit einigem Recht fragen, warum diese nicht auch zu den lebenden Systemen gezählt werden. Stuart Kauffman hat die Berechtigung dieser Frage am Beispiel des Großen Roten Flecks auf dem Planeten Jupiter, der von unseren Astronomen schon seit ein paar Hundert Jahren beobachtet wird, deutlich gemacht.[15] Dieser ovale Fleck besteht aus einem System von Wirbelstürmen in der oberen Atmosphäre dieses riesigen Planeten, das sich zwar selbst bewegt, aber nicht seinen Standort verändert. Wie ein Organismus nimmt dieses Wirbelsystem ständig Materie und Energie auf und gibt sie wieder ab. Es erhält sich selbst, während sich sein Umfeld und seine Bestandteile beständig ändern. Es gebiert sogar neue Babywirbel. Wer will hier eine klare Grenze ziehen zwischen Leben und Nicht-Leben?

Das Leben schafft sich im Zuge seiner Entfaltung die Bedingungen, die es braucht, um sich weiter zu entfalten. Das, wonach es strebt und was es ständig erschafft - Diversität, geordnete Ganzheiten, Vernetzung, Kooperation und Wettbewerb - sind zugleich genau die Qualitäten, die die Lebensfähigkeit und die weitere Entwicklung fördern. Die geordneten Ganzheiten müssen allerdings auch ein gewisses Maß an Unordnung zulassen, sonst wäre keine Entwicklung mehr möglich.

Diversität: Wenn es eine große Reichhaltigkeit von Elementen gibt, dann sind vielfältigere Kombinationen und Interaktionen möglich. Das steigert die Chance, dass sich daraus etwas Neues ergibt. Es wird angenommen, dass Leben im Sinne von Organismen auf unserem Planeten erst entstanden ist, als eine kritische Anzahl unterschiedlicher Moleküle an einem Ort zusammenkam. Stuart Kauffman hält es für wahrscheinlich, dass die plötzliche Explosion der Artenvielfalt, die zu Beginn des Kambriums vor 570 Millionen Jahren einsetzte, darauf zurückzuführen ist, dass die Diversität der im Meer lebenden Vielzeller nach vielen Millionen Jahren ihrer Existenz plötzlich eine kritische Schwelle überschritt.[16] Es gibt Hinweise darauf, dass auch menschliche Gesellschaften von Diversität profitieren. Nachdem die Menschen in genügend großer Anzahl unterschiedliches Wissen und unterschiedliche Technologien entwickelt hatten, entwickelten sie beispielsweise in schnellerer Folge weiteres Wissen und weitere Technologien. Ökonomen haben festgestellt, dass sich Regionen dann schneller entwickeln, wenn eine große Anzahl unterschiedlicher Produkte und Dienstleistungen in ihnen hergestellt wird.[17] Und das Institut für Arbeitsmarkt- und Berufsforschung der Bundesagentur für Arbeit zeigte in einer Studie, dass Unternehmen in Regionen mit einem hohen Anteil ausländischer Beschäftigter mehr Patente anmelden als Unternehmen in anderen Regionen.[18] Es ist daher sinnvoll, qualifizierte Ausländer ins Land zu holen.

Ordnung und Chaos: Wissenschaftler sagen uns, dass komplexe Systeme sich weder dann am besten entwickeln, wenn sie völlig chaotisch, noch dann, wenn sie völlig geordnet sind. Vielmehr haben sie dann das größte Entwicklungspotenzial, wenn sie sich „am Rande des Chaos" oder nicht weit davon entfernt befinden. Computersimulationen haben gezeigt, dass sowohl reines Chaos wie rigide Ordnung Entwicklung verhindern. Es braucht eine Ordnung und es braucht in ihr die Möglichkeit, dass unerwartetes Neues entstehen kann. Das Leben schafft und erhält nun genau solche Systeme, die die richtige Balance zwischen Ordnung und Chaos halten. Denn das sind die Systeme, die als die lebensfähigen selektiert werden.

Vernetzung: Gesunde Systeme zeichnen sich durch dichte Vernetzung aus und diejenigen Systeme entwickeln sich am besten, deren Teile vielfältig miteinander verbunden sind. Das Leben auf unserem Planeten entstand vermutlich auf der Grundlage dicht verwobener, chemischer Reaktionsketten. In den komplexeren Organismen, die später entstanden, kommunizieren deren Teile durch ein aus zahlreichen Botenstoffen bestehendes Kommunikationssystem, das jede Zelle erreicht. Hochentwickelte Ökosysteme haben vielfältigere Austausch- und Kommunikationsbeziehungen als weniger entwickelte. Ein gut ausgebildetes Gehirn hat mehr und stärkere Verbindungen zwischen den Nervenzellen und ist dadurch besser zu intelligenten Ordnungsbildungen fähig.[19] Der Grad an möglicher Vernetzung wird deutlich, wenn man sich bewusst macht, dass Tausende von Dendriten von einer einzigen Nervenzelle verzweigen können. Vernetzung findet man überall. Ihr Sinn liegt vor allem im Austausch von Informationen. Dichte Vernetzung fördert diesen Austausch und trägt damit dazu bei, dass neue Impulse verbreitet werden und den Anstoß zu Entwicklung und Innovation geben. Augenfällig wird das bei Bakterien, die irgendwann im Laufe der Geschichte die Fähigkeit zur Photosynthese entwickelten. Diese Fähigkeit wurde nicht nur durch Zellteilung unter den Nachkommen verbreitet, sondern direkt von Bakterium zu Bakterium mit Hilfe einer winzigen Röhre.[20] So geschieht es in der Welt der Bakterien immer noch mit nützlichen Mutationen. Diese Vernetzung ist natürlich für die Bakterien ein enormer Vorteil, denn sie erlaubt ihnen eine rasche Anpassung an neue Gegebenheiten.

Die Muster des Lebens in Organisationen

Stellen wir die Muster des Lebens den Maximen gegenüber, die in der Vergangenheit die Gestaltung und Führung von Organisationen geprägt haben, stehen diese in deutlichem Kontrast zueinander.

Mechanistische Maximen des Organisierens und Führens	Muster des Lebens
Trennung von Führung und Ausführung	Handeln aller im Sinne des Ganzen, verteilte Führung
Separierung, Spezialisierung	Vernetzung und Informationsfluss
Stabilisierung	Streben nach Innovation
Standardisierung	Diversität
Hierarchie, Zentralisierung, Kontrolle	Holarchie, Ordnung am Rande des Chaos, Selbstorganisation
Planung	Lernen und Entwicklung durch Experimente und Iterationen
Wettbewerb wichtiger als Kooperation	Kooperation wichtiger als Wettbewerb

Das heißt nicht, dass die bisherigen Muster grundfalsch sind. Im richtigen Maß haben sie ihre Berechtigung. Im übertriebenen Maß ersticken sie das Leben. Und tatsächlich finden wir in unseren Organisationen oft nicht die Lebendigkeit vor, die wir brauchen. Statt Innovationsfreude erleben wir vielleicht tagtäglich Trägheit, Desinteresse oder Frustration und statt Kooperation anzutreffen sind wir möglicherweise mit Konflikten konfrontiert. Und daher können wir kaum glauben, dass das Leben mit seinem Streben nach Innovation und nach neuen, besseren Ordnungen immer in unseren Unternehmen und Organisationen und in ihren Menschen vorhanden sein soll. Doch so ist es. Der Strom des Lebens ist latent immer da und wirksam, und wir wollen mit diesem Buch die Frage beantworten, wie man ihm bestmöglich Raum geben und für ihn die richtigen Rahmenbedingungen schaffen kann. Noch sehr abstrakt gesprochen, lautet ein Teil der Antwort, dass wir unsere Unternehmen so gestalten sollten, dass sie Diversität beinhalten und fördern, Vernetzung und den freien Fluss von Informationen ermöglichen und die Ordnung offen genug halten, so dass das Leben schöpferisch experimentieren und neue Ordnungen schaffen kann. Es gilt auch, Veränderungsprozesse so anzulegen, dass die selbstorganisierende Dynamik des Lebens genutzt wird und man nicht kräftezehrend gegen sie anarbeiten muss - was viel zu häufig geschieht.

Wir wollen erst in späteren Kapiteln darstellen, wie diese Qualitäten konkret in Organisationen eingebracht werden können. Es gibt hier vielfältige Möglichkeiten, die es zu betrachten lohnt. Zunächst ist es uns wichtig, einen näheren Blick auf das Phänomen der Selbstorganisation zu werfen.

Der weise König der Wüste spricht

„Ich begründe die Liebe zum Landgut, und schon ordnet sich alles in der Stufenfolge der Pächter, der Hirten und Schnitter, mit dem Hausvater an der Spitze. So ordnen sich auch die Steine rings um den Tempel, wenn du sie der Lobpreisung Gottes dienen lässt. Dann wird die Ordnung aus der Leidenschaft der Baumeister geboren werden.

Strauchle also nicht in deiner Sprache! Wenn du das Leben einführst, begründest du die Ordnung, und wenn du die Ordnung einführst, führst du den Tod herbei."

Antoine de Saint-Exupéry, Die Stadt in der Wüste „Citadelle"

Wie wirkt Selbstorganisation in sozialen Systemen und Unternehmen? Denn einerseits entfaltet sich diese ordnungsuchende Dynamik des Lebens in sozialen Systemen auf vielen Ebenen, die nicht immer offensichtlich sind, und dafür wollen wir sensibilisieren. Andererseits kommt hier auch etwas ganz Neues ins Spiel. In Menschen und in sozialen Systemen hat Selbstorganisation nicht nur positive, lebensfördernde Wirkungen, sondern kann auch das Gegenteil hervorrufen. Menschen können die Dynamik des Lebens pervertieren - und es sich damit sehr schwer machen. Das ist auch ein Grund dafür, weshalb wir die positiven Qualitäten des Lebens in so vielen Organisationen vermissen.

Zunächst ist Selbstorganisation in sozialen Systemen genauso zu beobachten wie in der Natur, nämlich als ein Prozess, der zu innovativen neuen Ordnungen und zu neuen Ebenen kohärenter Aktivität führt. Dafür lassen sich zahllose Beispiele anführen. Manche sind unspektakulär, weil sie sehr langsam ablaufen. Wenn etwa der erste kleine Impuls ein Bauernhof ist, den jemand an einem bisher nicht besiedelten Ort erstellt und sich daraus dann über Jahrhunderte zunächst ein Weiler, dann ein Dorf und später eine Stadt entwickelt. Andere sind spektakulärer, da es sich um soziale Umwälzungen in relativ kurzer Zeit handelt. Die Montagsdemonstrationen in Leipzig im Jahre 1989 waren erste kleine Impulse (neben anderen), die sich relativ schnell selbst verstärkt haben und zu einer großen Bewegung wurden, deren Resultate hinlänglich bekannt sind. Wenn sich neue wissenschaftliche Erkenntnisse durchsetzen, ist das ebenso ein Prozess der Selbstorganisation, wie wenn eine neue Rechtsprechung Platz greift, die englische Sprache sich zur Weltsprache entwickelt oder wenn das Internet als weltweites Netzwerk ohne zentrale Steuerung entsteht. Es beginnt mit einem ersten kleinen Impuls, der anfangs oft sogar bekämpft wird und es schwer hat. Doch mit der Zeit sammelt er weitere Kräfte und setzt sich schließlich durch - manchmal plötzlich und wie ein Erdrutsch, wenn ein Punkt des Umkippens überschritten ist.

Wenn wir nun Unternehmen oder Organisationen betrachten, lassen sich darin ebenfalls viele Beispiele für Selbstorganisation finden. Das sei an drei wichtigen Themen veranschaulicht: Innovationen, Prozesse und Kern-Kompetenzen.

Innovationen: Manche Innovationen werden von der Leitung initiiert. Andere Innovationen entstehen durch einen systematischen Such-, Entwicklungs- und Bewertungsprozess, der in vielen Unternehmen nach einer ausgefeilten Methodik abläuft. Doch gerade die Unternehmen mit den rationalen Innovationssystemen geben auch zu, dass die Durchbruchsinnovationen bei ihnen meist ganz anders entstehen und durch diese Systeme eher gestört werden. Ein Gespräch mit einem Kunden löst beispielsweise bei einem Mitarbeiter eine neue Idee aus, die sich fundamental von allem bisherigen unterscheidet. Er spricht vielleicht mit weiteren

Kunden und Kollegen über diese Idee und in ihm selbst wachsen sowohl die Klarheit über das, was es braucht, wie auch die Leidenschaft, das Neue voranzutreiben - die Energie des Lebens beginnt, sich zu fokussieren. Er gewinnt erste Unterstützer, stößt auch auf Ablehnung, möglicherweise auch auf die Ablehnung des Vorgesetzten oder der Geschäftsleitung. Dennoch arbeitet er oder sie weiter an der Idee, „undercover", wie viele Innovatoren es tun. Sie kümmern sich nicht um Regeln. Sie zweigen notwendige Ressourcen ab. Sie umgehen die ausgetüftelten Prozesse, mit denen Innovationen gemanagt werden sollen. Sie nutzen ihre informellen Netzwerke. Sie tun das, was sie für richtig halten, weil sie nicht anders können. Wenn es gut geht, bekommt der Innovator mit der Zeit mehr Unterstützung und es entsteht ein neues Produkt, eine neue Dienstleistung oder etwas anderes Neues und Nützliches. Innovationen entstehen nicht selten wegen des Managements sondern trotzdem - weil das Leben sich Bahn bricht.

Prozesse: Johann Tikart, der frühere Geschäftsführer von Mettler-Toledo, beschreibt am Beispiel von Prozessen, wie er das Phänomen der Selbstorganisation für sich entdeckte:

„Lassen Sie mich Ihnen meinen persönlichen Wendepunkt in meiner Denkhaltung beschreiben: Als Ingenieur und Projektleiter bei Mettler-Toledo galt ich in den 80er Jahren als strenger Analytiker und scharfer Rationalist. Entsprechend war mein Problemlöseverhalten. Ich fand bei uns im Haus eine ganze Reihe von Abläufen, die mir reichlich unvernünftig erschienen, die ich dann neu ordnete, so ganz nach meiner eigenen Rationalität. Solange ich die Menschen zu deren Tun anleitete, funktionierte alles auch genau so, wie es meiner Rationalität entsprach. Doch zu meiner Überraschung musste ich erleben, dass diese Abläufe nur so abliefen, wie ich es mir ausgedacht hatte, solange ich meine Aufmerksamkeit auf sie richtete. Sobald ich mich abwandte, musste ich erkennen, dass dies wieder verfiel ... Interessant war auch, dass das System nicht in seinen Ausgangszustand zurückfiel, sondern meist in irgendeinen, nicht vorhersehbaren Zustand überging. Das machte mich stutzig. [...] Ich musste feststellen, dass diesen künstlich geschaffenen Organisationssystemen, die wir in unserer Rationalität konstruieren, etwas Elementares fehlt: die eigene Lebensfähigkeit."[21]

Kern-Kompetenzen: In einer Zeit technologieorientierter Produkte und intelligenter Dienstleistungen basieren die Kernkompetenzen von Unternehmen vor allem auf Wissen. Es ist wichtig, dass Mitarbeiter ihr Wissen weitergeben, voneinander lernen, sich helfen, Probleme zu lösen und gute Ideen und Best Practices im Unternehmen verbreiten. Mitarbeiter reagieren, wenn die Rahmenbedingungen stimmen, auch so und bilden Gemeinschaften, die sich gegenseitig helfen. Etienne Wenger hat dieses Phänomen näher untersucht und ihm den Namen „Community of Practice“ gegeben.[22] In solchen Gemeinschaften verbinden sich beispielsweise Ingenieure eines Unternehmens, die an ähnlichen Problemstellungenen arbeiten, oder Kundendiensttechniker, die geografisch weit verstreut in der gleichen Aufgabe tätig sind. Manche der Communities of Practice treffen sich jeden Mittwoch zum Mittagessen, andere nur telefonisch oder nur online und wiederum andere nutzen eine Kombination von allem oder treffen sich in Meetings. Das Interessante an Communities of Practice ist, dass sie sich nicht in konventionellem Sinne vorschreiben und organisieren lassen. Sie leben von der Leidenschaft ihrer Mitglieder für eine gemeinsame Sache. Die Mitglieder einer solchen Gemeinschaft tun etwas für ihre Kollegen, das sie nicht unbedingt tun müssten. Sie zweigen Zeit von ihren Hauptaufgaben ab, nach denen sie in der Regel beurteilt und bezahlt werden. Ihr unmittelbarer Vorgesetzter will vielleicht viel lieber, dass sie nur ihre eigenen Aufgaben erledigen. Communities of Practice sind ein Ausdruck der selbstorganisierenden Dynamik des Lebens. Man kann sie nur fördern, man kann für sie günstige Rahmenbedingungen schaffen (Budgets, Räume, Plattformen zur Online-Vernetzung, angepasste Beurteilungs- und Vergütungssysteme, Starthilfe durch Moderatoren) und hat damit eine wichtige Möglichkeit, die Vernetzung und den Informationsaustausch zu fördern, der lebende Systeme auszeichnet.

In den drei beschriebenen Beispielen hat die selbstorganisierende Dynamik des Lebens harte, greifbare Ordnungen wie neue Produkte oder Prozesse geschaffen. Doch sie wirkt auch auf vielen anderen und subtileren Ebenen und kann sich vor allem im Geiste der beteiligten Menschen abspielen. Kommen wir auf das in der Einführung beschriebene Beispiel des Bombers zurück. Als er angeschossen wurde, löste die plötzlich auftretende Todesgefahr bei den Mitgliedern der Crew einen Prozess aus, durch den sie schlagartig aufmerksamer wurden, rasch und entschlossen handelten und als Gruppe optimal zusammenarbeiteten. Die neue Ordnung war hier eine neue Ebene der Kohärenz im Denken, Fühlen und Handeln der Crew und beinhaltete ein signifikant höheres Energieniveau.

Wenn eine Gruppe von Menschen an einem schwierigen Thema arbeitet, für das es keine offensichtliche Lösung gibt oder bei dem die Beteiligten womöglich sehr unterschiedliche Ansichten haben und Emotionen im Spiel sind, und wenn dabei die Qualität des Dialogs hoch ist, dann kann es nach einem möglicherweise langen, zunächst ergebnislosen Gespräch zu einem plötzlichen Durchbruch kommen. Die Lösung ist dann offenkundig, sie wird von allen getragen, es wird gar keine Entscheidung mehr benötigt. Alle fühlen die veränderte Energie, Aufbruchstimmung liegt in der Luft und es geht für die Beteiligten im Weiteren nur noch darum, wie sich die Lösung konkret umsetzen lässt. Es ist diese geistige Klarheit und Energie in der Gruppe, die die kohärentere neue Ordnung darstellt. Auch hier bricht sich das Leben Bahn, wenn wir ihm die Chance dazu geben. Und das heißt vor allem, unterschiedliche Sichtweisen in den Raum zu holen (Diversität!), alle unterschiedlichen Sichtweisen und Gefühle zu ermutigen, sich zu äußern (Diversität und Vernetzung!), für eine hohe Qualität des Dialogs zu sorgen (Vernetzung!), den Prozess der Gruppe nicht zu dirigieren (Chaos!) und es auszuhalten, wenn das Gespräch eine Zeit lang keinerlei Fortschritt zu erzielen scheint (Chaos!). Wir werden auf dieses Thema in Kapitel 11 zurückkommen.

Die hier aufgezählten Beispiele für Selbstorganisation in Unternehmen sind keinesfalls abschließend. Und gerade das Unsichtbare, der Geist oder Spirit eines Unternehmens ist immer ein Ergebnis eines Prozesses, den man nicht unter Kontrolle haben, sondern nur indirekt beeinflussen kann. Die Beispiele machen deutlich, dass Führung in vielen Fällen nicht bedeutet, direkt etwas zu bewirken, sondern indirekt zuzulassen, dass die selbstorganisierende Energie des Lebens zur Wirkung kommen kann. Das bedeutet nicht, einfach nichts zu tun. Es bedeutet, sehr überlegt die richtigen Rahmenbedingungen zu schaffen. Und es erfordert, wie noch erläutert werden wird, eine sehr kraftvolle Führung.

Auch haben wir bisher nur Beispiele aufgezählt, bei denen das Leben zu neuen, besseren Ordnungen führte, zu Zuständen erhöhter Kohärenz, zu tragfähigen Innovationen und zu einer kraftvolleren Ausrichtung von Energie. Doch sobald Menschen und soziale Systeme im Spiel sind, muss die selbstorganisierende Dynamik des Lebens nicht mehr nur diese eine generative Richtung haben. Sie kann auch degenerativ wirken und zum Gegenteil führen, nämlich zu mehr Verfestigung und Erstarrung von Fronten, Dogmen und Urteilen, zu mehr Chaos, mehr Konflikt, mehr Polarisierung, mehr Inkohärenz, zu einer Zerfledderung und Zerstreuung von Lebenskraft. Zwei Beispiele sollen diese unterschiedlichen Wirkungen illustrieren:

Als sich am 1. Dezember 1955 Rosa Parks in einem Bus in Montgomery, Alabama, weigerte, ihren Platz für einen Weißen freizumachen, und der Busfahrer sie daraufhin verhaften ließ, war dies ein winziger Impuls (wahrscheinlich unter mehreren), der sich zur von Martin Luther King angeführten Bürgerrechtsbewegung aufschaukelte. Am Ende dieser Bewegung stand ein neuer gesellschaftlicher Konsens in Bezug auf das Zusammenleben der Rassen in den USA, der in neuen Gesetzen seinen Niederschlag fand - zweifellos eine tragfähige Innovation und eine neue Ebene gesellschaftlicher Kohärenz, auch wenn sich diese selbst heute noch deutlich steigern ließe. Fortan ging weniger Energie durch unnötige Konflikte verloren und stand für andere Aufgaben zur Verfügung.

Als am 2. Juni 1967 der Student Benno Ohnesorg bei einer Demonstration in Berlin gegen den Besuch des Schahs von Persien von einem Polizisten unter fragwürdigen Umständen erschossen wurde, war dies ein Impuls, der sich binnen kürzester Zeit zu enormen Studentenprotesten in vielen Städten ausweitete, die deutsche

Studentenbewegung fanatisierte, Gewaltbereitschaft förderte und schließlich dem Terrorismus der 1970er Jahre den Boden bereitete - ein selbstorganisierender Prozess, der zu Chaos, Konflikt, Verfestigung von Fronten und zur Zerfledderung von Energie führte.

Wir haben Konferenzen in Unternehmen erlebt, in denen ein Kunde vor einigen Hundert Mitarbeitern Aussagen machte, die diesen die Augen öffneten und die binnen weniger Minuten zu einem neuen gemeinsamen Verständnis der Realität und zu einem Schub von neuer Energie führten. Wir haben einmal auch eine Konferenz erlebt, wo einer der Vorstände vor einigen Hundert Mitarbeitern eine abfällige Bemerkung über den Betriebsrat machte. Und genau diese eine Bemerkung wurde nach der Konferenz um ein Vielfaches häufiger diskutiert und weitererzählt als eine Reihe sehr wichtiger Botschaften, die der gleiche Vorstand ebenfalls vorbrachte. Zwei kleine Impulse, die sich völlig unterschiedlich auswirkten - einmal hin zu einem neuen Konsens und neuer Energie, das andere Mal hin zu einer Verfestigung alter Urteile, die Mitarbeiter über diesen Vorstand bereits hatten.

Wenn Selbstorganisationsprozesse in sozialen Systemen nicht generativ, sondern degenerativ wirken, sind das Ergebnis immer verfestigte Sichtweisen. Urteile werden zementiert, Dogmen entstehen, Annahmen werden zur Realität erklärt, Glaubenssätze werden geglaubt, mit Identitäten wird sich identifiziert, mentale Modelle werden mentiert. Diese verfestigten Sichtweisen lassen sich als künstliche Überformungen des Lebens betrachten. Sie sind oft so geartet, dass ungute Gefühle mit ihnen verbunden sind. Sie können als Konflikte und Verhärtungen aller Art sichtbar werden. Es gibt in den meisten Unternehmen in erheblichem Umfang dysfunktionale, verfestigte Sichtweisen, die die Lebensfähigkeit und den Erfolg des Ganzen beeinträchtigen. Da unterstellt beispielsweise ein Ressort dem anderen negative Absichten. Oder die Mitarbeiter glauben, dass die Geschäftsleitung nur egoistische Interessen verfolgt. Oder die Geschäftsleitung glaubt, dass die Mitarbeiter grundsätzlich gegen Veränderung eingestellt sind. Oder Ansichten über den Markt und Erfolgsrezepte, die vor zehn Jahren gültig waren, werden zementiert, obwohl sie immer schlechter funktionieren. Und während es dem Unternehmen offensichtlich immer schlechter geht, behaupten alle, dass es sich nur um vorübergehende Schwierigkeiten handle und die Zukunft zeigen werde, dass man doch Recht hatte. Oder keiner außer dem CEO glaubt, dass sich ein bestimmtes Ziel erreichen lässt, das tatsächlich machbar wäre. Oder ein gekauftes Unternehmen sieht sich als Verlierer einer Fusion und ist voller Widerstand gegen jegliche Einmischung der neuen Mutter. Oder, wie im letzten Kapitel ausgeführt, die Mitarbeiter glauben fest daran, dass sie nur im begrenzten Rahmen ihres eigenen Kästchens innovativ sein dürfen - obwohl die Führungsspitze das gar nicht so meint. Oder, wie ebenfalls bereits dargestellt, man sieht Gruppen (Wettbewerber, Lieferanten ...) als Gegner, die eigentlich unterstützende Kräfte sind. Man könnte endlos Beispiele dafür finden, wie die selbstorganisierende Dynamik des Lebens in ihrer verzerrten, degenerativen Form nicht zu energiereicheren, besseren Strukturen führte, sondern zu verhärteten Sichtweisen und damit verhärteten Mustern des Denkens und Fühlens.

Und genau diese verhärteten Sichtweisen behindern dann den Fluss des Lebens. Sie trennen uns vom Leben ab. Als unsichtbare Strukturen behindern sie diesen Fluss genauso, wie dies häufig die handfesteren organisatorischen Strukturen tun, die wir im letzten Kapitel beschrieben hatten. Genauso wie diese sind sie künstliche Überformungen des Lebens und hemmen eine generative Selbstorganisation und die Entwicklung des Unternehmens.

Es gibt sicher vielfältige Gründe dafür, dass verfestigte mentale Modelle entstehen. Da Menschen dazu tendieren, verhärtete Sichtweisen zu bilden, können geringfügige Auslöser solche begünstigen. In Unternehmen und Organisationen liegen die Gründe häufig darin, dass man nicht mit den Mustern des Lebens gearbeitet hat, sondern dagegen. Man hat beispielsweise Druck ausgeübt. Die Polizei in Berlin ging seinerzeit mit übermäßigem Druck gegen die Studenten vor (de-eskalierendes Verhalten gehörte damals noch nicht zum Repertoire), und die Bemerkung des Vorstandes über den Betriebsrat hatte auch eine Qualität von „gegen“. Ein „gegen“ erzeugt eben mehr „gegen“ und das ist das, was viele Unternehmen bei ihren Veränderungsvorhaben spüren, wenn sie nicht mit dem, sondern gegen das Leben arbeiten.

Wenn die selbstorganisierende Dynamik des Lebens zu einer Verfestigung von Sichtweisen und Konflikten geführt hat, dann geht damit immer auch einher, dass die beteiligten Individuen, Gruppen oder Organisationen sich in mindestens einem Aspekt gegen neue Informationen verschließen. Es geht ihnen wie der Sekte, die den Weltuntergang für den Tag x vorausgesagt hat und fest daran glaubt. Dann kommt dieser Tag x, und die Welt geht tatsächlich nicht unter. Doch die Sekte zieht daraus keineswegs den Schluss, dass ihr die Welt erhalten bleibt. Vielmehr wird eine plausible, ins Sekten-Weltbild passende Erklärung gefunden und ein neues Datum für den Untergang festgelegt.

Sollen also Verhärtungen wieder aufgelöst werden, dann muss man dafür sorgen, dass wirksame Informationen fließen, wo vorher keine geflossen sind. Will man, dass sie gar nicht oder so wenig wie möglich entstehen, gilt das gleiche. Und die Wege dazu entsprechen genau den Mustern des Lebens: Diversität, Vernetzung, Kooperation, Ordnung mit Chaos. Diese Muster des Lebens sind Leitlinien in dreierlei Hinsicht: um der Dynamik des Lebens Raum zu geben, um entstehende Verzerrungen gering zu halten und um entstandene Verhärtungen wieder aufzulösen. Bisher sind das noch sehr abstrakte Prinzipien. Doch ab Kapitel 4 werden sie konkretisiert.

Kapitel 3: Felder, Geschichten und Energie – die innere Dimension des Lebens

Über die äußeren Muster hinaus hat das Leben auch eine innere Dimension. Die Quantenphysik zeigt, dass alles durch Wechselbeziehungen und Felder miteinander verbunden ist. Auch Unternehmen entstehen durch ein Feld, das vor allem der Unternehmer kreiert, wenn er oder sie eine Vision in sich und in anderen lebendig werden lässt. Es ist seine/ihre zentrale Führungsaufgabe, ein Energiefeld oder Bewusstsein zu erzeugen, das das gesamte Unternehmen zusammenhält, ausrichtet und inspiriert.

Am 14. Februar 1876 reichte Elisha Gray beim amerikanischen Patentamt einen Antrag für die Erfindung des Telefons ein. Doch er hatte Pech. Nur zwei Stunden vorher war schon jemand anderes da gewesen und hatte einen ähnlichen Antrag abgegeben: Alexander Graham Bell. Der erhielt dann auch das Patent und gründete die Bell Telephone Company. Zehn Jahre und einige Fusionen später wurde sie zur mächtigen ATT. Neben Gray und Bell haben zwischen 1860 und 1876 noch fünf weitere Forscher mehr oder weniger taugliche Apparaturen für die elektrische Übertragung von Stimme oder nur von Tönen entwickelt: Philipp Reis in Deutschland, Poul La Cour in Dänemark, Cromwell Varley in England, Antonio Meucci in New York, Innocenzo Manzetti in Italien. Und 1854 stellte bereits der Franzose Charles Bourseul die Möglichkeit eines elektrischen Telefons in einem französischen Magazin vor, verfolgte seine Idee dann jedoch nicht weiter.

Es gibt viele Beispiele dafür, dass Entdeckungen oder Erfindungen parallel von mehreren Menschen an ganz verschiedenen Orten gemacht wurden. Die erste Liste simultaner Entdeckungen wurde 1922 von William Ogburn und Dorothy Thomas zusammengestellt.[23] Sie kamen auf 148 solcher Simultanitäten. Beispielsweise wurde die Infinitesimalrechnung gleichzeitig von Gottfried Wilhelm Leibniz und von Isaac Newton entwickelt, die Evolutionslehre gleichzeitig von Charles Darwin und Alfred Wallace entdeckt. Sonnenflecken wurden im Jahr 1611 unabhängig voneinander von Galileo in Italien, Scheiner in Deutschland, Fabricius in Holland und Harriott in England gefunden. Das Gesetz der Energieerhaltung formulierten 1847 unabhängig voneinander Joule, Thomsen, Coulding und Helmholtz. Es gibt sechs unabhängige Erfinder des Thermometers und neun Erfinder des Fernrohrs. Diese Entdeckungen und Erfindungen geschahen, als sich Forscher und Erfinder noch nicht weltweit per Telefon oder E-Mail austauschen konnten.

Was hat bewirkt, dass in so vielen Fällen Menschen zur gleichen Zeit an verschiedenen Orten ganz unabhängig voneinander an der gleichen Sache arbeiteten? Reiner Zufall? „Nichts ist so stark wie eine Idee, deren Zeit gekommen ist", soll Victor Hugo geschrieben haben. Eine solche Idee sieht er als Attraktor, der alles an sich zieht, was zu ihrer Realisierung benötigt wird. Das Telefon wurde demnach nicht erfunden, weil verschiedene Forscher daran gearbeitet haben, sondern weil das Telefon eine Idee war, deren Zeit gekommen war, bestand eine Wahrscheinlichkeit, dass Forscher und Tüftler in verschiedenen Ländern sich unabhängig voneinander daran machten, es zu entwickeln.

Das ist mehr als die Selbstorganisation, die wir im letzten Kapitel beschrieben hatten. Die dort beschriebenen Prozesse, die sich von allein aufeinander abstimmen, stehen miteinander *in Kommunikation.* Wie Einzeller beispielsweise, die durch Botenstoffe miteinander kommunizieren, wenn sie sich bei Gefahr zu einem Schleimpilz zusammenschließen und so zeitweise einen größeren Organismus bilden. Im Falle der hier beschriebenen Entdeckungen jedoch fand keine offensichtliche Kommunikation statt. Nach unserem vorherrschenden Denken aber können parallele Ereignisse nur dann etwas miteinander zu tun haben, wenn sie einander nachvollziehbar beeinflusst haben. Sonst ist ihre Gleichzeitigkeit reiner Zufall.

Doch unser Denken ist nicht auf dem neuesten Stand. Die Quantenphysik ist seit Jahrzehnten schon weiter und hat gezeigt, dass Ereignisse sich beeinflussen können, wenn sie Tausende Kilometer entfernt voneinander ablaufen und dass diese Wirkung *sofort* geschieht. Es muss dafür kein Impuls von Ort zu Ort reisen. Die Lichtgeschwindigkeit stellt keine Schranke dar. Sofort ist sofort. Diese *nicht-lokalen* Wirkungen sind Alltag in der subatomaren Welt. In dieser Welt gibt es keine festen Objekte mehr. Es gibt nur noch Wellen oder Schwingungen - unbändiges Leben selbst in Gegenständen, die uns als leblos und statisch erscheinen. Doch das Bild der Schwingung hat auch eine Schwäche. Denn es ist nichts Materielles da, das schwingt. Die Wellen sind, wie Hans-Peter Dürr schreibt, nur ein „Erwartungsfeld, eine Art Potenzialität, die angibt, wie wahrscheinlich in Zukunft ein reales Ereignis auftreten kann"[24]. Diese wellenartigen Wahrscheinlichkeitsstrukturen sind auch keine Wahrscheinlichkeiten von Objekten, sondern Wahrscheinlichkeiten von Beziehungen. „Subatomare Teilchen sind keine ‚Dinge', sondern Verknüpfungen zwischen ‚Dingen', und diese ‚Dinge' sind ihrerseits Verknüpfungen zwischen anderen ‚Dingen' und so fort", schreibt Fritjof Capra.[25] Die Welt ist auf subatomarer Ebene (und damit überall) ein dichtes Gewebe von Wechselbeziehungen. Diese Wechselwirkungen sind sowohl lokaler wie nicht-lokaler Art, und das bedeutet, dass letztlich jedes Ereignis vom gesamten Universum beeinflusst wird. Zufall kann es also nicht geben - nirgendwo. Eine wichtige Erkenntnis der Quantenphysik, die in das Bewusstsein der Allgemeinheit bislang kaum vorgedrungen ist. Doch andererseits gibt es auch keinen Determinismus, sondern nur Wahrscheinlichkeiten. Es existiert „keine ‚hierarchisch' angelegte, befehlende Obrigkeit, welche die Koordination herbeiführt und oder gar bestimmte Formen erzwingt. Alles resultiert vielmehr aus einer Erinnerung an das für alle gedeihliche Ganze", schreibt Hans-Peter Dürr.[26]

Kommen wir zur Erfindung des Telefons zurück. Die Gleichzeitigkeit seiner Entwicklung an verschiedenen Orten war also kein Zufall, aber auch kein determiniertes Geschehen. Die Idee der Kommunikation über weite Entfernungen mittels elektrischer Übertragung lag, volkstümlich ausgedrückt, in der Luft. Sie war ein Erwartungsfeld, das die Erfindung des Telefons wahrscheinlich machte. Doch es bedurfte dann noch einiger Menschen, in denen dieses Feld eine Resonanz auslöste und die diese Resonanz wahrnahmen und zuließen. Es brauchte Menschen, die die Eingebung hatten, dass Telefonie möglich sein werde, die sich für diese Idee begeisterten und sich dazu entschieden, mit großer Ausdauer nach den geeigneten technischen Wegen dafür zu suchen.

Unternehmen entstehen durch Felder

„Es ist eine armselige Art von Gedächtnis, das nur rückwärts arbeitet", sagt die Königin zu Alice in Lewis Carrolls *Alice hinter den Spiegeln.* Die Königin erklärt Alice auch, dass „rückwärts leben" einen großen Vorteil hat: Das Gedächtnis arbeitet dann in beide Richtungen. Wer rückwärts lebt, verbindet sich mit einem Potenzial oder Erwartungsfeld, das bereits existiert. Wer rückwärts lebt, „er-innert" eine Zukunft, die geschehen kann, und lebt von dieser Zukunft her. Das ist genau das, was auch der Unternehmer tut. Er geht in Resonanz mit einem Feld, das bereits in der Luft liegt und sich manifestieren möchte. Denn wie die Telefonie, so entstehen auch neue Unternehmen, weil entsprechende Felder in der Luft liegen. Das Feld alleine führt noch nicht dazu, dass ein Unternehmen gegründet wird. Doch wenn ein Unternehmer dazukommt, der mit dem Feld in Verbindung tritt, einen Impuls in sich verspürt und sich dazu entscheidet, diesem inneren Ruf zu folgen, kann ein neues Unternehmen geboren werden.

Der Unternehmer begeistert sich für seine Idee, er stellt sich immer wieder vor, wie sie verwirklicht ist, er spricht häufig mit seiner Familie und mit Freunden darüber, er macht sich erste Aufzeichnungen, Skizzen und Pläne. Er erzählt sich und anderen seine Geschichte - die Geschichte, warum dieses Vorhaben so wichtig ist und wohin es führen soll. All das führt dazu, dass die Bilder der Zukunft in ihm immer lebendiger werden und seine Idee ihn immer mehr inspiriert und beseelt. Sie wird zu einer Vision, die ihn mit Lebensenergie erfüllt. Im besten Fall wird die Vision so stark, dass sie ihn nicht mehr loslässt.

Der weise König der Wüste spricht

„Denn es kommt allein auf die Neigung, die Richtung, das Streben an, die einem Ziele gelten. Darin allein äußert sich die Macht der Flut, die allmählich – ohne die Klugheit der Logiker – die Deiche zerstört und das Reich des Meeres ausbreitet. Ich sage dir: Jedes starke Bild wird Wirklichkeit."

Antoine de Saint-Exupéry, Die Stadt in der Wüste „Citadelle"

Der Unternehmer hat ein kraftvolles Feld geschaffen, das ihn selber beeinflusst und das in Einklang mit dem größeren Feld steht, das bereits in der Luft lag. In der Folge wirkt dieses Feld als selbstorganisierende Kraft und zieht die Ereignisse an, die zur Verwirklichung der Vision gebraucht werden. Das ist die Erfahrung, die Menschen mit einer kraftvollen Vision immer wieder machen: Sie sind ein starker Magnet für all die Ideen, Menschen und sonstigen Hilfsmittel, die sie benötigen, um ihre Vision zu realisieren. Immer wieder begegnen ihnen die passenden hilfreichen Ereignisse, die wir dann manchmal fälschlich als glückliche Zufälle bezeichnen.

Die Unternehmerin schafft ein Energiefeld, das den Aufbau des Unternehmens auf einer unsichtbaren Ebene orchestriert, und doch handelt es sich dabei keinesfalls um einen Spaziergang. Auf dem Weg können Hindernisse liegen, und manchmal handelt es sich dabei um richtig große Brocken, die der Unternehmerin ein enormes Durchhaltevermögen abverlangen. Vielleicht verstehen die Kunden den besonderen Nutzen, den sie zu bieten hat, zunächst nicht. Oder wichtige Lieferanten oder Kreditgeber springen ab. Oder Wettbewerber arbeiten mit unfairen Mitteln. Doch auch diese Hindernisse werden durch die Vision angezogen und haben ihren Sinn. Sie lassen die Unternehmerin lernen, stärken ihre Entschlossenheit und schweißen ihre Mannschaft zusammen. Schließlich zeigen sich die Wege, wie die Hindernisse überwunden werden können. Wenn die Vision kraftvoll ist, kann nichts geschehen, das das Unternehmen davon abhält, sie zu verwirklichen. Alles, was geschieht, so ungünstig es sich zu Beginn auch ausnehmen mag, trägt letztlich nur dazu bei, dass die Vision Wirklichkeit wird. Ein wichtiger Mitarbeiter kann beispielsweise weggehen und das mag zunächst als großer Verlust empfunden werden. Doch später stellt sich heraus, dass er nur Platz für einen noch besseren machte. Unternehmerisches Handeln ist daher kein Darwinscher Kampf ums Überleben. Natürlich sollten wir uns mit aller Kraft einsetzen und unser Bestes geben. Doch das sollte aus Begeisterung und nicht aus Angst, dass wir sonst verlieren könnten, geschehen. Das klingt nun so, als wäre der Erfolg zwangsläufig, und das auch noch auf lange Sicht. Doch bekanntlich können Unternehmen auch nur mäßig erfolgreich sein, sei es in der Gründungsphase oder später. Im schlechtesten Fall kommen sie erst gar nicht richtig auf die Beine. Wie passt das mit der soeben propagierten unbezwingbaren Kraft der Vision zusammen? Wenn man die Ursachen für mäßige Erfolge oder Misserfolge an der Oberfläche sucht, lassen sich unendlich viele Gründe finden: Falsche Entscheidungen wurden getroffen, das Timing stimmte nicht, wichtige Mitarbeiter waren nicht die richtigen und so fort. Doch schaut man unter die Oberfläche, dann liegen die tieferen Gründe dafür, warum eine Vision nicht realisiert wird, immer in der Person desjenigen, der an der Spitze steht. Sie haben mit der Vision zu tun, die in ihm tatsächlich wirkt und die oft nur eine verzerrte Version von der ist, die er zu haben glaubt.

Denn das Bild, das wir von der Entstehung einer Vision gezeichnet haben, war ein idealisiertes Bild. Unsere Vision besteht aus den inneren Bildern, die wir von unserer Zukunft haben, und aus den Gefühlen, die mit diesen einhergehen. Oder anders ausgedrückt: Unsere Vision besteht aus den Geschichten, die wir uns in unserem inneren Dialog selbst über unsere Zukunft erzählen. Genau genommen besteht sie jedoch zusätzlich auch aus allen anderen Geschichten, die wir uns immer wieder über uns selbst und über die Welt erzählen. Denn mit all diesen Geschichten oder inneren Bildern treffen wir eine Aussage darüber, was wir von der Zukunft erwarten. Und all das, was wir uns in unserem inneren Dialog immer wieder erzählen oder was in uns an Bildern abläuft, ist uns keinesfalls immer bewusst, drückt keinesfalls immer positive Erwartungen aus und setzt keinesfalls immer nur positive Energie in uns frei.

Die Vision eines Unternehmers oder eines Unternehmensleiters ist also immer eine Mischung aus bewussten Zielen für die Zukunft und aus einer Kakofonie an halbbewussten oder unbewussten Geschichten, die er sich auch noch erzählt. Diese inneren Geschichten reflektieren seine Glaubenssätze und Werte, seine Bedürftigkeiten und Ängste. Die bewusst geschaffenen Bilder von der Zukunft und die unbewusst erzählten Geschichten sind zusammen die Vision, die tatsächlich wirkt. Sie sind eine verzerrte Version der größtmöglichen Vision. Sie machen das Energiefeld aus, das tatsächlich wirkt. Sie prägen den Fokus und die Qualität der Energie, die in ihm freigesetzt wird. Lassen sie uns deshalb näher betrachten, wie negative Glaubenssätze und einschränkende Werte eine Vision deformieren können.

- **Negative Glaubenssätze:** Glaubenssätze sind Geschichten, die wir uns in unserem inneren Dialog unbewusst immer wieder erzählen, Gedanken, die wir quasi automatisch immer wieder denken. Sie sind wie ein Schwungrad, das sich in uns dreht und immer wieder die gleichen Bilder und Gedanken erzeugt - außer wir würden sehr bewusst eingreifen. Es gibt positive Glaubenssätze, die uns stärken. Und es gibt negative Glaubenssätze, die ungute Gefühle und innere Konflikte in uns erzeugen. Dann sind sie ein Schwungrad, das beständig unsere Energie reduziert. Ein negativer Glaubenssatz kann beispielsweise einen Unternehmensleiter überzeugt sein lassen, andere Menschen seien nicht wirklich vertrauenswürdig. Dieser Glaube hindert ihn dann vielleicht daran, sein Geschäft zu internationalisieren, obwohl es eigentlich das Potenzial dazu hätte. Der Unternehmensleiter ist nicht in der Lage, gegenüber Partnern in anderen Ländern, die sich ja nicht eng kontrollieren lassen, das nötige Vertrauen aufzubringen. Und so wird ein Teil des Potenzials des Unternehmens nicht realisiert.

- **Einschränkende Werte:** Sich bewusst mit hohen anstatt mit einschränkenden Werten zu verbinden, wirkt auch in hohem Maße unterstützend, wenn man eine Vision realisieren will. David Hawkins hat in seinen bahnbrechenden Forschungen gezeigt, dass Menschen mehr Lebensenergie zur Verfügung steht, wenn sie hohe Werte haben.[27] Wenn man einen Sportler beispielsweise auffordert, daran zu denken, dass er seine Gegner besiegen, ein Star werden und viel Geld verdienen will, dann reduziert das seine Lebensenergie und hat unmittelbare Auswirkungen auf seine Leistungsfähigkeit, was sich mit einem kinesiologischen Muskeltest gut nachweisen lässt. Fordert man den Sportler dagegen auf, an die Ehre seines Sports oder seines Landes zu denken oder an die Freude an herausragender Leistung (hohe Werte!), dann testet er bei dem gleichen Muskeltest stark - das heißt, seine Lebensenergie ist voll da. Das Gleiche gilt nicht nur für Sportlerinnen und Sportler, sondern für jeden anderen Menschen auch. David Hawkins sieht hohe Werte wie beispielsweise Exzellenz, Hingabe, Dienen, Verantwortung, Lernen, Mut, Demut, Echtheit, Zuhören, Mitgefühl, Respekt, Integrität, Wahrhaftigkeit und so fort als kraftvolle Attraktorfelder, mit denen man sich verbinden kann. Werte sind also nicht einfach nur Maßstäbe für eigenes Handeln. Sie in sich wachzurufen, bedeutet zugleich, Energiefelder zu nutzen, um die Vision zu realisieren, die man verwirklichen will. Hawkins weist interessanterweise auch darauf hin, dass wir dann, wenn der Erfolg eingetreten ist, allzu leicht von ihm korrumpiert werden und die Werte aufgeben, die uns groß gemacht haben. Wir werden dann vielleicht überheblich und schneiden uns damit von den Qualitäten ab, die unseren Erfolg mit geschaffen haben. Es gibt Unternehmer und Führungskräfte, denen es so ergangen ist.

Das Bewusstsein der Unternehmerin oder Unternehmensleiterin ist also ein machtvoller Hebel für die Realisation ihrer Vision. Von ihm hängt ab, wie sehr sie ihre größtmögliche Vision verkörpert. Sehr bewusst sollte sie es pflegen und entwickeln. Sie kann die Vision in ihrem Inneren mit positiven Bildern und den damit einhergehenden positiven Gefühlen lebendig erhalten, sie kann förderliche Glaubenssätze in sich wachsen lassen und sie kann sich mehr und mehr mit hohen Werten verbinden. Das stärkt ihre Energie und lässt in ihr eine kraftvolle Vision wachsen, deren Sog sie sich nicht mehr entziehen kann. Mit einer solchermaßen lebendigen Vision, mit förderlichen Glaubenssätzen und hohen Werten verbunden zu sein - das heißt im Übrigen zugleich, mit der Energie und Dynamik des Lebens verbunden zu sein.

Mit dem Leben verbunden zu sein, hat noch einen weiteren wichtigen Aspekt: nämlich immer mit der Realität verbunden zu sein. Nicht Ideen darüber zu haben, wie die Realität ist, sondern die Realität immer wieder neu und unmittelbar zu erfahren, so dass das eigene Bild der Realität immer wieder erneuert wird. Gerade wenn Unternehmen älter oder größer sind, haben sich beim Unternehmensleiter oft verfestige Sichtweisen darüber entwickelt, was sich die Kunden wünschen, wie die Mitarbeiter denken etc. Diese Ideen sind zuweilen fern von der Wirklichkeit. Was es vom Unternehmer braucht, ist die Bereitschaft, immer und immer wieder neu und unvoreingenommen wahrzunehmen, was jetzt ist. Im besten Fall beobachtet er mit hoher Wachsamkeit, hört aufmerksam zu, hat ein immer waches Interesse am Neu- und Andersartigen, sieht gerade dann genau hin und verschließt nicht die Augen, wenn ihm Informationen präsentiert werden, die er nicht mag, und nimmt nicht zuletzt auch seine eigenen Gefühle und Intuitionen wahr. Im besten Fall ist er dabei so offen, dass die Interaktion mit dem Umfeld ihn verändert. So wächst in ihm ein gutes Verständnis davon, was in ihm und um ihn herum vorgeht. Und wenn er daher sowohl die Realität wie die Vision klar und unverzerrt vor Augen hat, entsteht in ihm eine kraftvolle Spannung zwischen Vision und Wirklichkeit, die Energie freisetzt und zum Handeln motiviert.[28] Bei jedem Unternehmer oder Unternehmensleiter, der dagegen an verzerrten Ideen von der Realität festhält und der Aspekte der Realität nicht wahrhaben will, verliert die Vision enorm an Kraft.

Wie wir nachfolgend sehen werden, ist es auch für das ganze Unternehmen wichtig, dass die Vision in allen lebendig ist, dass hohe Werte in allen lebendig sind, dass alle in Kontakt mit der Realität sind, und dass das kollektive Bewusstsein nicht durch dysfunktionale Glaubenssätze und innere Konflikte getrübt wird. Auch das ganze Unternehmen muss mit dem Leben verbunden sein.

Visionen sind immer auch kollektive Visionen

Die Vision des Unternehmers ist einerseits seine persönliche Vision. Er hat es mit einer Kraft aufgeladen, die durch ihn kam und zugleich auf ihn zurückwirkt und ihn selbst beseelt. Die Vision ist ein Energiefeld geworden, das ihn anzieht. Doch dieses Feld zieht nicht nur ihn, es zieht auch andere an, die dann Mitarbeiter des Unternehmens werden. Diese Menschen stoßen nicht zufällig dazu. Etwas in ihnen geht mit dem Energiefeld, das der Unternehmer geschaffen hat, in Resonanz. Bewusst oder unbewusst fühlen sie sich zu genau diesem Unternehmen hingezogen und wollen Teil seiner sich entfaltenden Geschichte werden. Bewusst oder unbewusst lieben sie die Besonderheiten genau dieses Unternehmens und spüren sie eine Resonanz sowohl mit seinen Zielen und Werten wie auch mit seinen „Macken", den weniger förderlichen Teilen seines Energiefeldes. Wenn Mitarbeiter zum Unternehmer dazu stoßen, wird die Vision eine kollektive Vision, das Energiefeld wird ein kollektives Energiefeld. Denn beide werden von allen Mitarbeitern mit geprägt und genährt - ein Prozess, den wir später in diesem Kapitel noch beschreiben werden.

Natürlich ist der Unternehmer in der Regel derjenige, der die meiste Leidenschaft für die Vision hat und der sie am besten artikulieren kann. Er wird diese Leidenschaft bei einigen seiner Mitarbeiter manchmal schmerzlich vermissen. Dennoch ist der Unterschied zwischen ihm und seinen Mitarbeitern kein grundsätzlicher, sondern nur ein gradueller. Da seine Vision auch ein Stück weit die Vision der Mitarbeiter ist, ist es möglich, auch bei ihnen mehr Leidenschaft für sie zu wecken. Und wenn das Unternehmen später von Managern geführt wird, ist es nicht immer derjenige an der Spitze, der mit der gemeinsamen größtmöglichen Vision am meisten in Kontakt ist und sie am besten verkörpert und artikuliert. Es kann dann auch jemand in der zweiten oder gar dritten Reihe sein, in dem die Vision am lebendigsten ist. Und in vielen weiteren Mitarbeitern wird sie ebenfalls in unterschiedlichen Graden lebendig sein und sie entsprechend zu mehr oder weniger unternehmerischem Handeln inspirieren. So ist Führung, verstanden als Vorausgehen und mutiges Handeln im Sinne der gemeinsamen Vision, potenziell im ganzen Unternehmen verteilt. Und es ist diese verteilte Führung als Ganzes, die ein Unternehmen letztlich nach vorne bringt.

Die Vision, die der Unternehmer schuf, wächst also über ihn hinaus. Sie wird zu einem Feld, das bleibt, wenn er sich eines Tages zurückzieht. Daher sind die Mitarbeiter eines Unternehmens oder einer Organisation immer durch das unsichtbare Band einer gemeinsamen Vision miteinander verknüpft, auch wenn dieses Band zuweilen kaum spürbar ist, weil die größtmögliche Vision in zu wenigen Mitarbeitern lebt. Doch die größtmögliche Vision schwingt im Energiefeld des Unternehmens immer noch mit und stellt ein Potenzial dar, das erreicht werden kann. Daher lässt sich sagen: *Eigentlich* arbeiten alle Mitarbeiter und Mitarbeiterinnen begeistert an einer gemeinsamen größeren Aufgabe. *Eigentlich* sind sie eine lebendige, engagierte Gemeinschaft. *Eigentlich* kooperieren sie bestens miteinander für die großen gemeinsamen Ziele. *Eigentlich* sehen sie der Realität ins Auge. *Eigentlich* handeln sie unternehmerisch, innovativ und im Sinne des Ganzen. *Eigentlich* arbeiten sie sogar wie ein intelligenter Organismus zusammen, in dem jeder Teil intuitiv weiß, was der andere braucht und es dann auch tut.

„Eigentlich“ ist die Ebene der größtmöglichen Vision oder des Potenzials. In der uneigentlichen Alltagserfahrung sieht es allerdings oft ganz anders aus. Da erleben wir allzu häufig, dass die Vision nicht in den Mitarbeitern lebendig ist oder dass sie sich nur mit einem kleinen Ausschnitt aus ihr identifizieren - oft dem, der ihren eigenen Interessen dient. Da erleben wir oft, dass die Begeisterung nur sehr eingeschränkt vorhanden ist und bei manchen sogar ein ausgesprochenes Desinteresse herrscht. Da erleben wir manchmal einen kollektiven Realitätsverlust. Da erleben wir, dass es Gräben zwischen Gruppen der Belegschaft gibt, dass sich Konflikte festgefressen haben und dass der Grad der Zusammenarbeit weit unter dem bleibt, was möglich wäre.

Wir behaupten hier also nicht, dass sich absolut jeder Mitarbeiter für die gemeinsame Vision gewinnen ließe und zu einem Teil der verteilten Führung werden könne. Selbst ein Unternehmensleiter ist nicht immer in der Lage, das Potenzial seiner eigenen Vision zu jedem Zeitpunkt vollumfänglich zu verkörpern. Dennoch, das Potenzial zu dem viel Positiveren ist immer da. Und Unternehmen haben die inhärente Tendenz, in dieses Potenzial - ihre größtmögliche Vision - hineinzuwachsen und ein lebendiges, gesundes und erfolgreiches Unternehmen zu werden. Viele großartige Unternehmer und politische Führer handelten danach - für sie ist die Ebene des Potenzials oder der größtmöglichen Vision immer die realere Realität gewesen. Gottlieb Duttweiler beispielsweise, der legendäre Gründer des Schweizer Lebensmittel-Filialisten Migros, schrieb: „Die wahre Wirklichkeit, jene, die andere Fantasie nennen, ist von zuverlässigerer Dauer als das bloße geschäftliche Denken des Tages." Und als Willy Brandt einen Tag nach dem Mauerfall im Jahr 1989 mit Blick auf das noch geteilte Deutschland seine prophetische Aussage machte, dass nun wieder zusammenwachsen wird, was zusammengehört, war er in Kontakt mit der größtmöglichen Vision der deutschen Nation. In einer Zeit, als viele Menschen im Westen wie im Osten sich noch lange nicht sicher waren, ob sie sich eine Wiedervereinigung wünschen, und viele ablehnende Geschichten über die jeweils anderen kursierten, wusste er, dass sie sich unbewusst nach diesem Zusammenwachsen sehnen und dass man diese Vision nur in ihnen lebendig werden lassen musste.

Die wichtigste Aufgabe eines jeden Unternehmensleiters besteht daher darin, es herbeizuführen, dass die größtmögliche Vision in ihm und in allen lebendig wird und lebendig bleibt. Dass also inspirierende Bilder der Zukunft und positive Gefühle in allen lebendig sind. Dass hohe Werte in allen lebendig sind. Dass hinderliche Glaubenssätze aufgelöst werden. Dass alle die Realitäten, wie sie sich jetzt darstellen, klar vor Augen haben. Dass der Energie des Lebens Raum gegeben wird und der Geist in allen sich ausdehnen kann. Dass eine Gemeinschaft entsteht. In einem: dass ein kraftvolles Energiefeld entsteht, das alle und alles zusammenhält, ausrichtet und inspiriert.

Wenn das gelingt, wird ein Unternehmen wesentlich leistungsfähiger. Seine Vision hat dann eine große Kraft und zieht die Dinge an, die zu ihrer Realisierung gebraucht werden. Die inneren Prozesse richten sich dann auf gemeinsame Ziele aus. Produktive Verhaltensweisen nehmen zu, destruktive nehmen ab. Wir kennen es alle, wenn die Stimmung schlecht ist, trauen sich Menschen weniger, machen sie sich mehr Vorwürfe, reagieren sie leichter gereizt, spielen sie Kleinigkeiten hoch, suchen Schuldige, verteidigen sich, grenzen sich voneinander ab und so fort. All das passiert, wenn sich der Geist der Menschen zusammenzieht. Ist die Stimmung dagegen gut und die Energie auf gemeinsame Ziele ausgerichtet, dehnt sich der Geist also aus, dann tendieren solche Verhaltensweisen dazu zu verschwinden. Eine kraftvolle Energie wirkt als Treibstoff und als Klebstoff zugleich. Je stärker sie ist, desto mehr entstehen die von Peter Vaill beschriebenen High Performing Systems, die „geliert“ sind und ihren eigenen „Groove“ haben.[29]

Die Energie des Unternehmens strahlt auch auf die Kunden und alle anderen Externen ab. Kunden, die in Geschäfte oder Filialen kommen, spüren sie unbewusst und fühlen sich wohl - oder auch nicht. Die besten und unternehmerischsten Mitarbeiter fühlen sich von einem Unternehmen angezogen, das Lebendigkeit ausstrahlt. Einkäufer spüren es, ob ein Verkäufer aus einem Unternehmen mit viel oder wenig Selbstvertrauen kommt. Und ihre Instinkte werden sie den Preis drücken lassen, wenn es mit dem Selbstvertrauen nicht weit her und das Energiefeld dadurch geschwächt ist.

Die kollektive Energie eines Unternehmens ist wie eine Lichtquelle, die im besten Fall hell leuchtet und weithin ausstrahlt. Doch nicht jedes Unternehmen strahlt gleich. Um bei der Lichtmetapher zu bleiben: Frequenzen können in seinem Spektrum fehlen, oder die einen Frequenzen leuchten heller als die anderen. Manches Untenehmen strahlt sonnenhaft hell, andere wiederum geben nur ein schwächliches, verfärbtes Licht ab. Jedes Unternehmen hat (oder besser: ist) sein ganz eigenes Energiefeld - egal wie gut dieses Unternehmen geführt und egal wie bewusst dieses Energiefeld „gepflegt“ wird. Die Qualität dieses Energiefeldes ist von enormer Bedeutung. Denn was immer ein Unternehmen als Leitbild, Vision, Ziele, Werte oder anderes publiziert und auf Hochglanzpapier gedruckt haben mag, was tatsächlich wirkt, ist dieses Energiefeld. Es lenkt das Verhalten einer großen Zahl von Mitarbeitern. Es zieht Kunden, Bewerber und andere Partner an oder stößt sie ab. Es beeinflusst die Richtung, die Selbstorganisationsprozesse nehmen. Es erzeugt Synchronizitäten und manifestiert Realitäten - manchmal großartige, und manchmal unerquickliche. Lassen Sie uns also das Wesen dieses Energiefeldes näher untersuchen.

Unternehmen sind eine Geschichte, die die Mitarbeiter erzählen

Das kollektive Energiefeld eines Unternehmens ist eng damit verknüpft, wie die Mitarbeiter des Unternehmens - natürlich einschließlich der Führungskräfte - sich selbst, ihr Unternehmen und ihr Umfeld *wahrnehmen* - was sie für wahr halten. Es spiegelt, was die Mitarbeiter glauben (über sich, die Geschäftsleitung, das Umfeld, andere Ressorts etc.), welche Werte oder Unwerte in dem Unternehmen aus ihrer Wahrnehmung heraus Bedeutung haben, wie positiv oder negativ sie die Vergangenheit, Gegenwart und Zukunft des Unternehmens sehen.

Der weise König der Wüste spricht

„In ihrer hartnäckigen Dummheit kamen meine Generäle, um mir von der Tugend zu reden: Fürwahr sagten sie mir, ihre Sitten verwildern. Und deshalb zerfällt das Reich. Es ist nötig, die Gesetze zu verschärfen und grausamere Strafen zu ersinnen. Und denen die Köpfe abzuschlagen, die gefehlt haben. Ich aber dachte bei mir: [...] Die Tugend ist vor allem Folgeerscheinung. Die Fäulnis der Menschen ist in erster Linie Fäulnis des Reiches, auf dem die Menschen sich gründen. Denn wenn es gesund und lebendig wäre, würde es ihren Edelmut steigern."

Antoine de Saint-Exupéry, Die Stadt in der Wüste „Citadelle"

Wenn das Energiefeld die eine Seite der Münze ist, könnte man die andere Wahrnehmung oder Bewusstsein nennen. In diesem Bewusstsein kann es produktive Wahrnehmungen geben, jedoch auch - wie wir in Kapitel 2 bereits zeigten - verfestigte, dysfunktionale Sichtweisen, die für den gemeinsamen Erfolg alles andere als förderlich sind. Unternehmen sind aus unserer Sicht vor allem Energie und Bewusstsein.

Harrison Owen hat gezeigt, dass sich das Energiefeld/Bewusstsein eines Unternehmens verstehen lässt, wenn wir die Geschichten kennen, die die Mitarbeiter und Führungskräfte sich erzählen.[30] Denn sie erzählen einander ununterbrochen Geschichten. So wie ein einzelner Mensch mit sich einen permanenten inneren Dialog führt, so halten die Mitarbeiter als Kollektiv einen permanenten internen Dialog aufrecht. So wie bei einem einzelnen Menschen bestimmte Gedanken dazu passende Gefühle erzeugen und diese wiederum dazu passende Gedanken hervorrufen, so entstehen beim Erzählen der Geschichten unter den Mitarbeitern Gefühle, und diese lassen sie wiederum dazu passende Geschichten erzählen. Die immer gleichen Geschichten werden in Varianten immer wieder wiederholt, weil sie dem Lebensgefühl der beteiligten Menschen und dem, was sie über die Realität zu wissen glauben, entsprechen. Während die Geschichten erzählt werden, wird nicht über das Energiefeld geredet, sondern es wird unmittelbar gefühlt. Und beeinflusst.

Ein Beispiel: Im Zuge eines Change-Projekts untersuchten wir die Geschichten, die in einem Bereich eines Automobilunternehmens erzählt wurden. Eine dominierende Geschichte hatte den Tenor „... und es kommt ja doch nichts dabei heraus." Erzählt wurde wieder und wieder von etwa fünf Veränderungsoffensiven, die im Laufe mehrerer Jahre von der Konzernzentrale auf diese Einheit „herabgeregnet" waren. Vom lokalen Management wurden sie jedoch nur widerwillig und nur pro forma umgesetzt. Die Mitarbeiter hatten daher schon mehrfach erlebt, dass sie zwar nach ihren Ideen gefragt wurden, danach jedoch nichts damit geschah. Vielleicht geschah sogar etwas mit einigen der Ideen, doch die vorherrschende Geschichte war eine andere. Und es war eine Geschichte, die beim Erzählen keine guten Gefühle auslöste und sich mit jedem neuerlichen Erzählen noch stabilisierte.

Es gibt Geschichten, die wie die soeben angeführte die Atmosphäre verschmutzen. Dann gibt es Geschichten, die zwar ein Wohlgefühl, doch vermischt mit einer trotzigen Trägheit verbreiten. („Die Kunden werden schon wieder reumütig zu uns zurückkehren, wenn sie erst verstanden haben, dass die Leistungen der neuen Wettbewerber viel schlechter sind als unsere.") Diese Geschichten sind dissonant mit den Realitäten des Umfelds. Und schließlich gibt es Geschichten, die inspirieren. Im besten Fall werden überwiegend inspirierende Geschichten erzählt. Das können

Geschichten davon sein, wie Kunden das Unternehmen vor eine besondere Herausforderung stellten, weil sie binnen drei Wochen etwas kaum Machbares geliefert haben wollten, so dass alle mit anpacken mussten, damit der Auftrag rechtzeitig erledigt werden konnte. Oder Geschichten von einer plötzlich auftretenden Krise; vielleicht drohte der Stillstand der Produktion, alle waren ratlos und dann kam jemand aus den unteren Ebenen überraschend mit der rettenden Idee. Oder eine Geschichte davon, wie jemand nur Monate nach dem Fall der Mauer das erste Büro des Unternehmens in Leipzig eröffnete, lange Zeit in bescheidensten Räumen oder in einem Wohnmobil verbrachte, alle Regeln des Unternehmens brach, auf eigene Faust handelte, mutige Entscheidungen traf und schließlich damit Erfolg hatte. Oder jene Geschichte von dem Vorsitzenden der Geschäftsleitung, der nun schon seit Jahren vor Weihnachten durch das ganze Gebäude geht, bei jedem halt macht und sich mit einem symbolischen Geschenk bei jedem für seinen Beitrag bedankt. Bei Airbus in Hamburg haben wir eine Geschichte gehört, die mehr als 20 Jahre lang erzählt wurde und wahrscheinlich immer noch erzählt wird. Sie handelt von der großen Flut, die das Werk 1976 teilweise überschwemmte. Die Mitarbeiter leisteten in dieser Notlage Großartiges. Sie bauten Wälle mit Sandsäcken, sie trockneten Maschinen, sie hingen feuchte Dokumente auf Wäscheleinen, sie arbeiteten weit über das normale Maß hinaus. Noch zwei Jahrzehnte später gab es fast keine Rede vor Mitarbeitern, in der nicht auf dieses Ereignis Bezug genommen wurde. In Geschichten dieser Art wird eine positive Energie spürbar. Sie kommunizieren: Wir sind gut. Wir halten zusammen. Jeder zählt. Jeder kann die richtige Idee haben. Im Zweifel handeln. Mutig sein. Alles geben, wenn Not am Mann ist. Äußerer Komfort ist nicht so wichtig. Einander wertschätzen. Der Kunde kommt zuerst. Wir schaffen auch das Unmögliche. Das sind sehr positive Werte und Glaubenssätze.

Es gibt inspirierende und niederdrückende Geschichten. Es gibt kurze und lange Geschichten. Es gibt Ein-Wort-Geschichten, bei denen nur ein Wort fallen muss, und jeder weiß, was gemeint ist, weil die eigentliche Geschichte schon so oft erzählt wurde. (Jürgen Schrempp hat die Zwei-Wort-Geschichte „Bullshit Castle" weit über die Grenzen seines Unternehmens hinaus bekannt gemacht.) Es gibt Geschichten, die als Witz daherkommen. (In fusionierten Unternehmen wird oft der Witz von dem Huhn erzählt, das dem Schwein vorschlägt, die beiden Geschäfte zusammenzulegen. Das Huhn würde die Eier liefern, das Schwein solle den Speck beisteuern.) Andere Geschichten verkleiden sich als oft wiederholter Spruch. („Das haben wir doch noch immer geschafft.") Es gibt Geschichten, die einen realen Hintergrund haben. Es gibt Geschichten, die dieses Hintergrunds entbehren. (Sie sind dennoch real, da sie erzählt werden.) Es gibt Geschichten, die dissonant mit dem Umfeld sind und von einem kollektiven Realitätsverlust zeugen. (Dann erzählt man sich im Unternehmen, man sei „Weltmeister", doch die Kunden sehen das längst anders.)

Es gibt Geschichten, die vom Glauben an ein großes Ziel zeugen („Yes, we can."), und solche, die resigniert feststellen, dass mehr als das Erreichte nicht möglich ist („Gegen diesen Wettbewerber können wir einfach nicht ankommen."). Es gibt Geschichten, die im ganzen Unternehmen erzählt werden, und solche, die zu einem Ressort, einem Werk, einer Abteilung oder einer Hierarchieebene gehören. Es gibt Geschichten, die von der Mehrheit erzählt werden und mit denen sich die Mehrheit gerne identifiziert (die politisch korrekten Geschichten). Und es gibt die politisch unkorrekten Geschichten, mit denen sich die Mehrheit nicht so gerne identifiziert, da sie auf Ungeliebtes hindeuten. (Zum Beispiel Geschichten über Behandlungsfehler im Krankenhaus.) Aus den eigenen ungeliebten und oft unbewussten Seiten entstehen auch manchmal negative Geschichten, die man dann über Außenstehende oder die jeweils andere Abteilung erzählt. (Diese nennt man Projektionen.)[31] Es gibt auch Geschichten, die die eine Gruppe so und die andere genau anders herum erzählt. (Dann haben wir es mit einem polarisierten Energiefeld, also Konflikt, zu tun.) Es gibt Geschichten, die keine richtige Episode zum Inhalt haben, sondern in denen nur zum Ausdruck gebracht wird, wie eben dieser oder jener Aspekt des Unternehmens gesehen wird. („Die da oben sind doch nur auf ihren eigenen Vorteil aus.") Jede Geschichte, die häufiger erzählt wird und damit zum Glaubenskanon gehört, repräsentiert ein Sub-Feld im gesamten Energiefeld. Alle zusammen machen das Gesamte aus. Die Geschichten sind das, was die Alten den Jungen beim Mittagessen erzählen und mit denen sie weitergeben, wer und was wir hier sind, worauf es hier ankommt, wo wir hinwollen (wenn wir irgendwo hinwollen) und worum es uns geht (wenn es uns um etwas geht).

Wer nun das Energiefeld/Bewusstsein eines Unternehmens verstehen und entwickeln will, sollte die Geschichten/Sichtweisen kennen, die die Mitarbeiter erzählen. Es ist hilfreich zu verstehen, wie die Realität kollektiv konstruiert wird. In der Regel sind es weniger als zehn Geschichten, die das kollektive Energiefeld/Bewusstsein eines Unternehmens im Wesentlichen ausmachen und prägen.

Unternehmensenergie - Unternehmenskultur

Vielleicht fragen Sie sich, warum wir bisher nicht den Begriff Unternehmenskultur verwendet haben. Dies geschah bewusst, denn es gibt einen Unterschied zum Energiefeld/Bewusstsein, wie wir es hier beschrieben haben. Teilweise überschneiden sich zwar die beiden Begriffe. Denn die erzählten Geschichten stehen ja für bestimmte Werte oder Unwerte, die in einem Unternehmen gelebt werden, und für ein vorherrschendes Verständnis der Realität, also für kollektive Glaubenssätze. Beide sind auch Teil dessen, was normalerweise unter Unternehmenskultur verstanden wird. Die Unternehmenskultur enthält jedoch darüber hinaus viel Sichtbares und konkret Greifbares, das wir nicht zum Energiefeld/Bewusstsein rechnen, auch wenn sie Ausdruck dessen sind: Verhaltensmuster, Gebräuche, Rituale und physische Artefakte. Der Begriff Energiefeld enthält wiederum für uns Elemente, die üblicherweise nicht zur Kultur gerechnet werden, nämlich die vorherrschende Stimmung und das Wollen des Unternehmens. Energie im Unternehmen kann und sollte auf ein gemeinsames Ziel fokussiert sein. Unternehmenskultur wird so jedoch nicht verstanden.

Das Energiefeld verändern, die Energie erneuern

Ein kraftvolles Energiefeld ist ein kohärentes und fokussiertes Energiefeld. Im besten Fall unterstützen alle Energien die eine große Richtung, und es gibt keine Energien, die durch dysfunktionale Wahrnehmungen in unproduktive Richtungen abgelenkt werden. Die Energie wird nicht zerfleddert, sondern steht in Gänze für die eigentliche Arbeit zur Verfügung. Die Frage ist nun, wie sich das Energiefeld eines Unternehmens verändern lässt, so dass es kohärenter und fokussierter wird? Wie können das Energiefeld verschmutzende Geschichten/Sichtweisen durch inspirierende verdrängt werden? Wie kann die Geschichte, die die Mitarbeiter erzählen, mehr zu der Geschichte werden, die der Vision entspricht?

Die nachfolgenden Kapitel dieses Buches werden die Antwort geben. Daher beschränken wir uns hier auf nur wenige Gedanken.

Die Geschichten, die sich die Mitarbeiter erzählen, werden sich nicht ändern, weil wir ihnen sagen, dass sie sie ändern sollen. Denn die Mitarbeiter erzählen diese Geschichten ja, weil sie sie glauben. Und einen Glauben lässt man sich nicht so leicht nehmen. Eine neue Geschichte wird nur erzählt werden, wenn sie *erlebt* wird. Wenn wir es gut machen, werden die niederdrückenden Geschichten von inspirierenden Geschichten überlagert werden und dadurch an Kraft verlieren.

Natürlich wird es wichtig sein, die Führungsspitze und alle Mitarbeiter mehr mit der Vision des Unternehmens, mit hohen Werten, mit großen Zielen und mit den externen und internen Realitäten in Kontakt zu bringen. Es wird wichtig sein, allfällige Konflikte zu lösen und Gemeinsamkeiten in den Vordergrund treten zu lassen. Doch das sind die Dinge, die vor allem erlebt werden müssen. Wobei auch ein CEO, der mit einer neuen inneren Ausrichtung und Präsenz auftritt, ein solches Erlebnis sein kann, das hinterher weitererzählt und damit zu einer neuen Geschichte wird.

Vermutlich ist es schon deutlich geworden: Das Energiefeld/Bewusstsein eines Unternehmens ist nicht in konventionellem Sinne gestaltbar. Es ist das Ergebnis eines Selbstorganisationsprozesses, den man nicht unter Kontrolle hat. Aber man kann Impulse setzen, um das kollektive Bewusstsein zu erweitern und den Selbstorganisationsprozess in eine förderliche Richtung zu lenken. Schon kleine Anstöße können weitreichende Folgen haben, und zwar immer sowohl im positiven wie im negativen Sinne. So kann beispielsweise jede unbedachte Handlung oder Bemerkung eines Vorstandes bereits bestehende kollektive Geschichten/Sichtweisen weiter verfestigen. Denn Ereignisse, gleich von wem sie ausgehen, werden nicht objektiv aufgenommen, sie werden immer durch die Brille des schon bestehenden Energiefelds/Bewusstseins interpretiert - und zwar oft so, dass sie die Sichtweisen bestätigen, die es schon gibt. Gerade die Führenden müssen also sehr bewusst in ihrem ganzen Handeln sein, da sich kleine Handlungen in der Wahrnehmung aller anderen häufig enorm vergrößern.

Das, was wir hier als Energiefeld und Bewusstsein bezeichnet haben, mag in unserer Beschreibung stabiler erscheinen, als es tatsächlich ist. Sicher können sich Elemente davon über Jahrzehnte unverändert erhalten. Und zugleich kann es kurzfristige Schwankungen geben. Kollektive Energiefelder haben menschenähnliche Eigenschaften.[32] Menschen haben auf der einen Seite ihre recht stabilen „Macken", die sie durch ihr inneres Geschichten-Erzählen stabilisieren. Doch auf der anderen Seite erleben sie gelegentlich Phasen gesteigerter Intensität und Energie, in denen sie ihre Macken schlichtweg vergessen, über sich hinauswachsen und Großartiges vollbringen. Und natürlich durchleben Menschen manchmal auch Phasen der Energielosigkeit.

Unternehmen und Organisationen geht es nicht anders. In dem in der Einleitung berichteten Fall des angeschossenen B17-Bombers vergaßen die Mitglieder der Crew ihre Macken, stellten jegliches innere und äußere Geschichten-Erzählen ein und waren stattdessen hochgradig präsent und voller Energie. Wenn eine Gruppe oder Organisation in eine solche Intensität hineinwächst, werden alle die Atmosphäre verschmutzenden und Menschen voneinander trennenden Geschichten schlichtweg ausgeblendet. Dann ist da nur noch eine Gemeinschaft mit einer Intention - ein Erlebnis, das so großartig ist, dass man es nie mehr vergisst.

Am unteren Ende des möglichen Spektrums kann ein Unternehmen in schlechten Zeiten auch entmutigt sein. Dann vertiefen sich die Gräben, blühen die Schuldzuweisungen und zerfleddert die Energie. Das ist eine Situation, die Sanierer regelmäßig vorfinden und als erstes ändern sollten. Oder - nach Jahren des Erfolgs kann sich eine satte Zufriedenheit und Trägheit breitmachen. Nach einer Zeit großer Anstrengung kann in einem Unternehmen auch für eine Weile „die Luft raus" sein. Ein weltweit tätiges Beratungsunternehmen erlebte das. Nach einem erfolgreichen, doch aufreibenden Jahr haben ein Quartal lang alle erst einmal durchgeatmet, und das Geschäft ließ währenddessen merklich nach. Das passierte interessanterweise nicht nur in einem Land, sondern in fast allen Ländern, in denen dieses Unternehmen tätig war. Das Energiefeld/Bewusstsein ist eben eine Art kollektives Wesen, das als Ganzes reagiert. Wir bringen das auch in unserer Alltagssprache zum Ausdruck, wenn wir sagen, die Börse sei „nervös" oder „deprimiert".

Und ebenso, wie wir als Individuen gerade in solchen Zeiten immer wieder unsere Lebensenergie erneuern müssen, stehen auch Unternehmen vor dieser Aufgabe. Bei uns selbst geschieht das zum Teil ganz von alleine im Schlaf, am Wochenende und in den Ferien, wenn wir Abstand vom Getriebe des Alltags haben. Manche tun bewusst mehr und nehmen sich täglich eine Auszeit, in der sie den Strom der innerlich erzählten Geschichten beruhigen und still werden - sei es bei einem Spaziergang, beim Klavierspiel, in der Meditation, beim Malen oder beim Hören klassischer Musik. Alles, worin man sich vergessen kann und wobei man fühlt anstatt denkt, ist hilfreich.

Nicht viel anders sieht das für Unternehmen aus, da ihnen im Alltag der Kontakt mit der gemeinsamen Energie und der gemeinsamen großen Aufgabe allzu leicht verloren geht. Man könnte diesen Alltag mit einem brennenden Feuer vergleichen, das ständig Asche produziert. Nach einer Weile sieht man vor allem die Asche und das Feuer ist nur noch zu erahnen. Dann ist es Zeit, die Asche wegzublasen und das Feuer erneut anzufachen.

Einen ersten Hinweis darauf, wie das funktionieren kann, bekommen wir, wenn wir daran denken, was unseren eigenen Spirit erneuert. Wenn wir als Individuum gerade eine schlechte Zeit haben, hilft es uns, uns an unsere besten Zeiten und größten Erfolge zu erinnern, die wir je hatten. Das Erinnern an unsere vergangenen Erfolge und erfüllenden Momente bringt uns wieder mit dem Potenzial in Verbindung, das wir eigentlich sind, und ruft belebende Gefühle hervor.

Und der Belegschaft eines Unternehmens geht es genauso. Sie wird gerne an die besten Zeiten des Unternehmens erinnert. Besonders in kritischen Situationen wird sie gerne daran erinnert, wie sie schon früher schwierige Herausforderungen gemeistert hat. Womit wir wieder bei Geschichten wären. Jedes Unternehmen sollte sich der besten Geschichten bewusst werden, die es hat, sie bewusst pflegen und immer wieder erzählen. Geschichten von herausragenden Leistungen, Geschichten von der Bewältigung von Krisen, Geschichten von erfolgreich gemeisterten Veränderungen, Geschichten von ungewöhnlich guter Zusammenarbeit, Geschichten von innovativen Durchbrüchen, Geschichten von hervorragend abgewickelten Aufträgen, die die Kunden und uns selbst begeistert haben, und so fort. Im Alltag gehen diese Geschichten leicht unter. Sie werden überlagert durch die vielen „grauen" Geschichten, die man sich - besonders in Phasen der Erschöpfung oder

Frustration - auch erzählt und die das Bewusstsein des eigentlich großartigen Potenzials des Unternehmens wie ein grauer Film überdecken.

Die inspirierendste Geschichte eines jeden Unternehmens ist fast immer die Geschichte von der Gründung und der Idee, die den Gründer zu Beginn motivierte - seine Schöpfungsgeschichte. Marion Gräfin Dönhoff, Gründerin und langjährige Herausgeberin der Wochenzeitung „Die Zeit", hat deren Gründungsgeschichte wie folgt formuliert:

„Am 21. Februar 1946 erschien die erste Ausgabe der ‚Zeit' unter der ‚Zulassung Nr. 6' der britischen Militärregierung. Acht Seiten stark, in einer Auflage von 25.000 Exemplaren, für eine höhere Auflage reichte das rationierte Papier nicht. Jeder Artikel, der in der ungeheizten Redaktionsstube beim Schein selbstgebastelter Petroleumlampen geschrieben wurde, musste vor dem Druck von dem britischen Presseoffizier genehmigt werden, der häufig Artikel beanstandete. Der erste Artikel, den ich schrieb, wurde verworfen, weil ich es gewagt hatte, über ein zum Tabu erklärtes Thema zu schreiben. ‚Die Zeit' war damals die einzige Zeitung, die sowohl die alten Nazis wie auch die alliierten Machthaber gleichermaßen kritisierte. Heute erscheint ‚Die Zeit' in einer Auflage von fast einer halben Million, und aus einem Dutzend Redakteure wurde eine Hundertschaft ..."[33]

Die Geschichte der Gründung ist immer eine mythische Geschichte, in der der Held einem inneren Ruf folgt, schwierige Prüfungen besteht, gegen das „Böse" kämpft, um das „Gute" zu erreichen, und schließlich obsiegt. In ihr kommt immer der Kern der Vision eines Unternehmens zum Ausdruck. Dieser kann über Jahrzehnte oder länger aktuell bleiben und viele Generationen inspirieren.

Im übertragenen Sinne haben die inspirierenden Geschichten in Unternehmen oft mit Tod und Wiederauferstehung zu tun. Sie berichten von Zeiten, in denen es dem Unternehmen schlecht ging, in denen vielleicht sogar eine gravierende Notlage eingetreten und es in seiner Existenz bedroht war. Doch dann kam es zu einer großen gemeinsamen Anstrengung und das Unternehmen ist wieder „auferstanden". Die von Airbus erzählte Geschichte ist eine solche Legende von der Wiederauferstehung. Solche Geschichten machen deutlich, dass man auch schwierige Zeiten überleben kann und dass in solchen Zeiten besondere Kräfte geweckt werden. Außerdem halten sie im Bewusstsein, dass das Unternehmen nicht unfehlbar ist, dass schwierige Zeiten wiederkommen können und dass man nicht überheblich werden darf.

Unternehmen sind sich ihrer inspirierendsten Geschichten oft nicht bewusst genug. Das ist verständlich, denn nicht alle ergeben sich aus den großen transformativen Ereignissen wie Geburt oder Wiedergeburt. Es ist daher sinnvoll, diese Geschichten sorgfältig zu recherchieren und sie dann auf die unterschiedlichste

Weise immer weiter lebendig zu halten. So können die Vision und die Werte des Unternehmens - das, was dieses Unternehmen werden kann - immer wieder allen ins Bewusstsein gerufen werden. Mehr dazu, wie das gelingen kann, werden wir in Kapitel 9 berichten.

Die Führungsspitze - der entscheidende Faktor

Wir haben bereits darauf hingewiesen - das Energiefeld eines Unternehmens wird am stärksten von der Führungsspitze geprägt. Das Energiefeld/Bewusstsein des Unternehmens kann nicht besser werden als das Energiefeld/Bewusstsein der Spitze. Das Energiefeld/Bewusstsein der Spitze spiegelt sich unweigerlich im Ganzen. Wenn die Spitze Zweifel an der Zukunft hat und nicht ausreichend an ihren Erfolg glaubt, wird sich das auf alle übertragen. Wenn für die Spitze „Respekt“ oder „Permanentes Lernen“ keine wichtigen Werte sind, können diese im Unternehmen nicht zu voller Blüte gelangen. Wenn die Führungsspitze nicht in genügendem Kontakt mit der Vision und mit den Realitäten bei Kunden, Wettbewerbern, Mitarbeitern und anderen Partnern ist, wird sie das Unternehmen nicht in die richtige Richtung lenken. Wenn die Führung meint, alle Antworten zu haben und alles vorgeben zu müssen, wird sie nie eigenständige Mitarbeiter bekommen.

Die Arbeit am Energiefeld/Bewusstsein des Unternehmens beginnt mit der Arbeit am Energiefeld/Bewusstsein der Führungsspitze.

Zwischenstopp

Die ersten drei Kapitel dienten dazu, ein Fundament zu legen. Wir wollten darin grundlegende Bilder, die man von Unternehmen und Organisationen haben kann, deutlich machen. Ab dem vierten wollen wir konkreter zeigen, was es bedeutet, mit den Mustern des Lebens und mit der Energie des Lebens zu führen. Doch vorher sei rekapituliert, wo wir jetzt stehen.

Wir haben das Unternehmen als Ausdruck der schöpferischen Dynamik des Lebens dargestellt. Des Lebens, das ständig nach Neuem strebt, das sich kreativ ausdrücken will, das ohne Unterlass danach drängt, zu wachsen und aufzublühen. Des Lebens, dessen selbstorganisierende Dynamik ganz natürlich nach Zuständen höherer Ordnung und kohärenter Energie strebt. Des Lebens, das eher einer großen Gemeinschaft oder einem großen Tanz als einem Kampf à la Darwin ähnelt. Des Lebens, das immer wieder neue Felder entstehen lässt, die dann neue Entwicklungen nach sich ziehen.

Wir haben geschrieben, dass Unternehmen vor allem Energie und Bewusstsein sind. Sie sind ein Energiefeld mit spezieller Färbung, durch das Realitäten - positive und weniger positive - hervorgerufen werden. Sie sind die Geschichte, die seine Mitglieder über das Unternehmen erzählen.

Zugleich sind Unternehmen immer auch ein viel größeres Potenzial. In ihrem Energiefeld schwingt auch ihre größtmögliche Vision mit. Sie besitzen das Potenzial zu noch mehr Begeisterung, zu noch besserer Leistung, zu noch mehr Innovation und Lernen, zu noch mehr unternehmerischem Handeln auf allen Ebenen und zu noch mehr Gemeinschaft. Sie haben die inhärente Tendenz, in ihre größtmögliche Vision von sich selbst hineinzuwachsen. Doch natürlich müssen die Bedingungen dafür geschaffen werden, dass diese Tendenz sich entfalten kann.

Das Unternehmen, das Sie sich erträumen, ist also als Feld immer auch schon vorhanden. In Anlehnung an Migros-Gründer Gottlieb Duttweiler könnte man sogar sagen, dass das Potenzial - die größtmögliche Vision - eines Unternehmens der realste Teil des Unternehmens ist. Wenn wir genau hinsehen, erkennen wir, dass dieses Potenzial in jedem Unternehmen schon heute immer wieder aufscheint. In den besten Geschichten aus der Vergangenheit blitzt es auf. Es geht daher nicht darum, etwas hinzuzufügen. Im Gegenteil: Es geht darum, die Rahmenbedingungen dafür zu schaffen, dass alle erkennen, was und wer sie eigentlich sind. Und das bedingt eher ein Weglassen als ein Hinzufügen.

Die wichtigste Aufgabe eines Unternehmensleiters besteht darin, das Energie- und Bewusstseinsfeld des Unternehmens zu pflegen und zu entwickeln - zuerst im Team an der Spitze des Unternehmens, dann bei allen Mitarbeitern.

In einem hohen Abstraktionsgrad haben wir beschrieben, was dazu erforderlich ist.

In Kapitel 3:

- Die Vision des Unternehmens lebendig werden lassen
- Sich mit hohen Werten verbinden
- Die heutige, externe und interne Realität lebendig machen - verfestigte und dysfunktionale kollektive Sichtweisen auflösen
- Das Beste aus der Vergangenheit und Gegenwart lebendig halten und damit das Potenzial des Unternehmens bewusst machen
- Gemeinschaft erzeugen und Konflikte lösen oder in den Hintergrund treten lassen
- Den Kontakt zur Energie des Lebens immer wieder erneuern

In Kapitel 2:

- Diversität: Eine hohe Unterschiedlichkeit von Akteuren und Aktivitäten (Experimente) fördern
- Vernetzung: Ein dichtes Gewebe von Beziehungen intern sowie mit externen Anspruchsgruppen ermöglichen
- Ordnung am Rande des Chaos: Raum geben für Selbstorganisation
- Kooperation und Wettbewerb: Die Kooperation zwischen allen Beteiligten fördern; auch Wettbewerb fördern, jedoch nicht auf Kosten der Kooperation

Diese aus den äußeren Mustern des Lebens abgeleiteten Imperative unterstützen die Themen aus Kapitel 3. Indem wir ein dichtes Gewebe von Beziehungen intern im Unternehmen und mit Gruppen außerhalb des Unternehmens fördern, fördern wir auch den Kontakt mit der Realität, tragen wir zur Auflösung verfestigter Sichtweisen bei, lassen wir Gemeinschaft entstehen und Konflikte in den Hintergrund treten. Diversität hat die gleichen Wirkungen, auch wenn wir vielleicht vermuten, dass Gemeinschaft durch Diversität erschwert wird. Oberflächlich mag das so aussehen, doch tatsächlich ist eine hohe Diversität die Wurzel, aus der eine tiefere Gemeinschaft wachsen kann. Mehr Diversität macht mehr Ergänzung möglich. Und ein erfolgreich ausgetragener Streit führt zu größerer Verbundenheit.

In Kapitel 1:

- Befreiende Strukturen schaffen

Hierarchie, Separierung, Stabilisierung, Standardisierung, Spezialisierung und Effizienz sind nicht per se schlecht, doch wenn sie übertrieben werden, können sie zu einer künstlichen Überformung des Lebens werden und die Dynamik und Energie der Mitarbeiter ersticken. Befreiende Strukturen zu schaffen, ist eine paradoxe Forderung. Denn Strukturen engen immer ein. Doch auf der anderen Seite vermögen sie Energie zu kanalisieren und dadurch die Dynamik des Lebens zu unterstützen.

In Kapitel 1 bis 3 haben wir uns von außen nach innen bewegt. Vom vierten bis zum zwölften Kapitel bewegen wir uns wieder von innen nach außen. Es beginnt mit dem innersten Kern eines jeden Unternehmens. Am Ende wird dann eine uralte natürliche Ordnung enthüllt, der wir mit diesem Buch folgen.

Kapitel 4: Sich mit der Kern-Energie des Unternehmens verbinden

Die zentrale Energiequelle eines Unternehmens ist sein wahrer Wille - das, was die Menschen im Unternehmen von der Führungsspitze bis zur Basis wirklich wollen. In diesem Kapitel betrachten wir drei Aspekte davon: die Kern-Leidenschaft, den höheren Zweck und die Werte. Wichtig ist, die Leidenschaft hierfür immer wieder zu entfachen - in der Führungsspitze wie im gesamten Unternehmen.

In *Die unendliche Geschichte* von Michael Ende erhält der Protagonist Bastian von der kindlichen Kaiserin das Medaillon Auryn, auf dem geschrieben steht „Tu was du willst". Unter diesem Leitspruch soll er mit seinen Wünschen Phantásien schöner denn je neu erschaffen. Das Medaillon verleiht ihm die Macht, seine Wünsche Wirklichkeit werden zu lassen. Doch das vielversprechende Motto „Tu was du willst" war nicht gemeint als ein jeglicher Willkür Raum gebendes „Tu was dir beliebt". Von einem Überwesen in Gestalt des Löwen *Graógramán* erfährt Bastian seine Aufgabe: Er muss seinen *wahren Willen* finden, indem er den *Weg der Wünsche* beschreitet. Bastian versagt in dieser Aufgabe zunächst in großem Stil. Getrieben von Neid und Misstrauen wird er zum Tyrann, der sich dem Genuss seiner Macht und Herrlichkeit hingibt. Erst später erkennt und überwindet er seine Schwächen, findet seine wahren Wünsche, und die unendliche Geschichte gelangt zu einem glücklichen Ende.

Ein Unternehmen steht vor der gleichen Aufgabe. Es muss seinen *wahren Willen* finden und diesem folgen. Genauer: Die Menschen im Unternehmen, darunter vor allem die an der Führungsspitze, müssen ihren *wahren Willen* finden: das, was sie sich zutiefst für ihr Unternehmen und sein Umfeld wünschen, das, was ihnen tiefe Befriedigung geben würde. Denn genau das steht auch im Einklang mit dem größeren Feld, das sich manifestieren kann. Die Resonanz mit diesem Feld zeigt sich in uns als authentischer Wunsch oder, altmodischer ausgedrückt, als Herzenswunsch, der keine Kopfgeburt ist. Und nur ein solcher kann die Keimzelle einer kraftvollen Vision sein. Wie in der *Unendlichen Geschichte* hat auch ein Unternehmen große Macht, wenn es seinen authentischen Wünschen bzw. seinem *wahren Willen* folgt. Sein Weg mag mit Hindernissen gepflastert sein, doch es wird vom Leben synchronistisch unterstützt. Es kann allerdings auch sein, dass die Führung sich zunächst wie Bastian von Lastern trennen, charakterlich wachsen und noch besser erkennen muss, was ihr *wahrer Wille* überhaupt ist, damit er umfänglich realisiert werden kann.

Die wichtigste Frage in jedem Unternehmen lautet also: Was ist unser *wahrer Wille*?

Diese zentrale Frage lässt sich in vier Fragen aufteilen, die gleichwertig nebeneinander stehen:

- Wahrer Wille 1 - die Kern-Leidenschaft: Welchen einmaligen Nutzen wollen wir mit Leidenschaft welchen Kunden stiften?
- Wahrer Wille 2 - der höhere Zweck: In welcher Weise wollen wir mit Leidenschaft der Menschheit dienen?
- Wahrer Wille 3 - die Werte: Für welche Werte empfinden wir wirklich Leidenschaft?
- Wahrer Wille 4 - das nächste große Ziel: Welchem großen Ziel gilt zurzeit unsere ganze Leidenschaft?

Die Antworten auf die ersten drei dieser Fragen bilden den Kern des Unternehmens, der über lange Zeit stabil bleibt. Die Antwort auf die vierte Frage wird sich im Laufe der Zeit immer wieder verändern. In diesem Kapitel beschäftigen wir uns nur mit den ersten drei Fragen und lassen die vierte für das nächste.

Wahrer Wille 1 - die Kern-Leidenschaft: Welchen einmaligen Nutzen wollen wir mit Leidenschaft welchen Kunden stiften?

Im Jahr 1985 verließ Steve Jobs unfreiwillig das von ihm gegründete Unternehmen Apple. Der neue CEO John Sculley setzte zunächst den Kurs des Unternehmens fort und war damit erfolgreich. Doch mit der Zeit ging das Besondere dieses Unternehmens immer mehr verloren und die Gewinne sackten ab. Das einst wegweisende Betriebssystem MacOS bekam in den 1990er Jahren starke Konkurrenz von Windows und galt ab Mitte der 1990er Jahre als veraltet. Die Computer waren äußerlich ähnlich langweilig grau oder schwarz wie die der Wettbewerber. Sculley verließ Apple 1993, zwei weitere CEOs folgten und hielten sich nur kurz. 1997 übernahm Gründer Steve Jobs wieder die Leitung. Es folgte eine Serie „cooler", innovativer, design-orientierter Produkte: farbige iMacs, weiße und später metallische iBooks, der iPod, iTunes, das iPhone. Und es entstand eine Software-Familie (u. a. iLife), die Profis wie Laien das kreative Leben und Arbeiten mit Bildern, Musik und Filmen erleichtert. Das Unternehmen Apple blühte wieder auf.

Apple hatte ganz offensichtlich für eine Reihe von Jahren den Pfad seines *wahren Willens* verlassen. Denn, was die Mitarbeiter dieses Unternehmens mit Leidenschaft machen wollten und auch gut konnten, war, „coole", innovative und design-orientierte Produkte auf den Markt zu bringen - und zwar für urbane, design-orientierte Menschen mit einer kreativen Ader, die genau solche Produkte schätzen. Sie wollten nicht „grau" werden und das machen, was alle anderen auch machen. Sculley und seine Nachfolger hatten den Kontakt zu dem *wahren Willen* des Unternehmens verloren und konnten nicht erfolgreich sein. Selbst als Vorsitzender des Vorstands ist es nicht möglich, einem Unternehmen eine Richtung aufzupfropfen, die nicht organisch zu ihm passt. Man würde die Mitarbeiter verlieren. Man würde einen Weg gehen wollen, den das Leben mit diesem Unternehmen nicht gehen will. Jeder neue Vorstand, der von außen kommt, muss deshalb verstehen, was genau dieses Unternehmen in seinem Innersten will, sonst läuft er Gefahr, die „Seele" des Unternehmens zu verraten.

Diese „Seele" nennen wir die *Kern-Leidenschaft* des Unternehmens. Sie ist nicht seine einzige Leidenschaft und auch nicht sein gesamter *wahrer Wille*, denn das Unternehmen kann weitere wahre Leidenschaften haben - für einen höheren Zweck, für bestimmte Werte, für ein großes Ziel. Doch im Zentrum steht eine Kern-Leidenschaft, die Auskunft darüber gibt, welchen Nutzen in welcher besonderen Qualität das Unternehmen für welche Kunden stiften will, und die damit seine grundlegende strategische Richtung definiert. Man kann die *Kern-Leidenschaft* auch den *Kern-Zweck* des Unternehmens nennen, doch wir ziehen das Wort *Kern-Leidenschaft* vor. Denn es macht deutlicher, dass der innerste Kern jedes Unternehmens ein dynamischer Impuls des Lebens ist, der den ganzen Menschen erfasst und den es zu erkennen gilt. Bei dem Wort *Zweck* könnte man denken, dass er definiert wird, eine Leidenschaft jedoch wird gefühlt. Manchmal meldet sie sich deutlich, manchmal müssen wir erst wieder lernen, ihre Sprache zu verstehen.

Da die grundlegende strategische Richtung eines Unternehmens durch die Kern-Leidenschaft bestimmt wird, kann sie nie wirklich durch einen rationalen Prozess gefunden werden, wie es uns die vielen Bücher über Strategie weismachen wollen: Analyse der Stärken und Schwächen gegenüber dem Wettbewerb, Analyse der Kundenbedürfnisse und der Trends im Markt etc.

Die Kern-Leidenschaft, die die das Unternehmen definierende strategische Richtung vorgibt, kommt immer von innen. Sie wird gefunden, indem wir erforschen, wer wir wirklich sind: welche uns besonders auszeichnenden Eigenschaften wir haben und was uns selbst wirklich begeistert. Es kann sogar falsch sein, dabei dem Markt viel Beachtung zu schenken. Denn speziell in Gründungssituationen sind die Bedürfnisse, auf die man eine Antwort geben möchte, oft noch kaum vorhanden, sondern werden sich erst entwickeln. Wir sind auf so ganzheitliche Weise Teil des Lebens, dass unsere Kern-Leidenschaft einer Zukunft entspricht, die sich manifestieren kann. Und unsere besonderen Eigenschaften sind genau die, die gebraucht werden. Das Leben teilt uns durch die Leidenschaft, die wir empfinden, mit, welchen Weg wir gehen sollen. Und das heißt tatsächlich, dass der Markt sich, wenn wir als Gründer dieser Kern-Leidenschaft folgen, in unsere Richtung entwickeln wird.

Als die Modeschöpferin Jil Sander 1968 in Hamburg ihr Unternehmen gründete, wollte sie etwas, was die meisten Kundinnen damals noch nicht wollten. Sie wollte eine klare, einfache, zeitlos-elegante, qualitätvolle und das Weibliche nicht übermäßig betonende Mode machen - keine Schnörkel, keine Ornamente, keine Effekte. *Pureness* war der Begriff, in dem sie ihre Leidenschaft zusammenfasste. Und sie wollte ihre Mode für selbstbewusste Frauen gestalten, die sich nicht auf das Frau-Sein reduzierten und die *Pureness* und Qualität genauso schätzten wie sie selbst. Gab es diese Frauen schon, als sie 1973 ihre erste Kollektion auf den Markt brachte? Nur in geringer Zahl. Frauen begannen damals gerade erst, sich Führungspositionen und eine neue Stellung in der Gesellschaft zu erobern. Bei den Händlern stieß Jil Sander daher zunächst auf großes Unverständnis. Sie musste sich ihre Händler nach und nach erziehen. Doch Jil Sander stand zu ihren besonderen Eigenschaften. Sie folgte ihrer ureigensten, wahren Leidenschaft und war in Resonanz mit einem Feld, das sich durch sie manifestieren konnte.

Hätte Jil Sander auch ein anderes Unternehmen mit anderer Strategie gründen können? Hätte Steve Jobs ein Unternehmen gründen können, das auf Effizienz und niedrige Preise setzt und damit an seiner Kern-Leidenschaft vorbeigeht? Nein. Ein Unternehmer kann nur erfolgreich sein, wenn er er selbst bleibt und seiner tiefsten Leidenschaft folgt. Er will, schreibt der Unternehmer Paul Hawken, ein Unternehmen schaffen, das ein Ausdruck von dem ist, was *er ist* - und nichts anderes.[34] Genau das gibt ihm die tiefste Befriedigung. Und - es macht die Einzigartigkeit seines Unternehmens aus. Denn die besonderen Eigenschaften eines Unternehmens und seine Kern-Leidenschaft sind immer einmalig. Kein anderes Unternehmen hat eine völlig identische Leidenschaft. Und zugleich fühlen sich Menschen von seiner Kern-Leidenschaft angezogen, weil sie sich mit ihrer eigenen überschneidet, und stoßen dann zu ihm. Unternehmen ziehen Mitarbeiter an, die bewusst oder unbewusst genau das Einmalige dieses Unternehmens lieben.

Hin und wieder erzählt uns jemand eine Geschichte, wie er mit einem Team völlig begeistert an einem Produkt gearbeitet habe, doch dieses Produkt sei dann gefloppt, weil der Markt es nicht akzeptiert habe. Man müsse also doch auf den Markt achten, wird uns entgegengehalten.

Und ja - für Produkte stimmt das. Es kann natürlich passieren, dass einzelne Produkte nicht erfolgreich sind. Wenn das geschieht, sollte man dennoch seiner Kern-Leidenschaft treu bleiben und das Produkt oder andere Aspekte des Geschäfts so verändern, dass sie zu den Wünschen der Kunden passen. Jil Sander versuchte es zuerst auch mit einer sehr preiswerten Produktlinie, was nicht funktionierte und sie nicht befriedigte, da sie so nicht die von ihr gewünschte Qualität erreichen konnte. Der zweite Versuch war dann ihre erste hochpreisige Kollektion und erfolgreich.

Der weise König der Wüste spricht

„Deshalb sage ich dir, dass der Drang, selbst wenn er sich nicht in Worte fassen lässt, weil dafür die Sprache fehlt, mächtiger als die Vernunft ist und ganz allein den Ausschlag gibt. Und daher sage ich dir, dass die Vernunft nur eine Sklavin des Geistes ist und zunächst den Drang verwandelt und Beweisschlüsse und Maximen daraus fertigt, was dich dann schließlich zu der Meinung verführt, der Basar deiner Ideen habe dich geleitet. Während ich dir sage, dass nur jene Götter dich gelenkt haben, die Tempel, Landgut, Reich, Drang zum Meere oder Freiheitsdrang heißen."

Antoine de Saint-Exupéry, Die Stadt in der Wüste „Citadelle"

Beide angeführten Beispiele - Apple und Jil Sander - hatten mit Design zu tun, was zu der Vermutung verleiten könnte, dass design-orientierte Unternehmen irgendwie eine Ausnahme sein könnten. Doch eine Kern-Leidenschaft gibt es in allen Unternehmen, gleich ob sie mit Mode, mit Technik oder mit etwas anderem zu tun haben. Der derzeitige Vorstandsvorsitzende der Deutschen Lufthansa Wolfgang Mayrhuber sagte einmal, dass die Mitarbeiter der Lufthansa Komplexität lieben und es mit ihnen nie möglich wäre, eine Billig-Airline zu werden, bei der man nur das allereinfachste Produkt bekomme. Zur Kern-Leidenschaft der Lufthansa gehört wahrscheinlich, dass sie eine intelligente, komplexe Dienstleistung erbringen will, die das Reisen angenehm und leicht macht.

Jörg Sennheiser, Inhaber des gleichnamigen Unternehmens für Tontechnik, das einen Weltruf genießt, begeistert sich dafür, „auf dem Boden der Physik und des gewöhnlichen Ingenieurwissens das klanglich Außergewöhnliche zu schaffen". Seinen Kunden, darunter Künstler, die auf der Bühne stehen, will er akustische Brillanz und absolute Zuverlässigkeit bieten.

Die Kern-Leidenschaft hat immer damit zu tun, dass man eine bestimmte Qualität in die Welt bringen will - und das immer besser und besser. Sie enthält, welche Art von Nutzen man stiften will, aber auch in welcher ganz besonderen Qualität man diesen Nutzen stiften will. Und daraus ergibt sich dann auch, dass man für bestimmte Kunden arbeiten möchte, die genau diese Qualität schätzen. Die Kern-Leidenschaft determiniert nicht, dass man eine bestimmte Technologie oder einen bestimmten Vertriebsweg nutzt oder ganz bestimmte Produkte anbietet. Das alles sind nur äußere Manifestationen der Kern-Leidenschaft, die sich im Laufe der Zeit ändern werden. Wenn ein Unternehmen jung ist, wird es seine Kern-Leidenschaft zuerst in einem eng begrenzten Marktsegment ausleben. Später können andere Segmente dazukommen, wenn diese auch zur Kern-Leidenschaft passen.

Die Kern-Leidenschaft setzt den Rahmen für das, was ein Unternehmen tun und was es nicht tun sollte. Betrachten wir Amazon. Die Kern-Leidenschaft des Gründers Jeff Bezos waren nicht Bücher. Obwohl er mit Büchern angefangen hat, war er keinesfalls ein begeisterter Buchhändler. Ihn faszinierten die Möglichkeiten des Handels mit dem damals entstehenden Medium Internet. Den Verkauf von Büchern sah er nur als einen geeigneten Einstieg. Mit seiner Kern-Leidenschaft konnte er auch in vielen anderen Warenbereichen erfolgreich sein - solange sie mit Internethandel zu tun hatten. Ein weiteres Beispiel ist BMW. BMW kaufte im Jahr 1994 die britischen Automarken Rover und Mini. Der neue Mini wurde zu einem großen Erfolg. Rover wurde für BMW zum Desaster. Wir wagen die Behauptung, dass Mini mit der Kern-Leidenschaft von BMW kompatibel war, Rover jedoch nicht.

Die Kern-Leidenschaft eines Unternehmens und die sie stützenden besonderen Eigenschaften sind sein fundamentalster Wettbewerbsvorteil. Sie sind einmalig und können einfach nicht imitiert werden. Beide sind kein so greifbarer Vorteil wie eine technologische Kompetenz oder ein großer und gut ausgebildeter Außendienst. Alle greifbaren Alleinstellungsmerkmale sind immer Folgen der Kern-Leidenschaft des Unternehmens. Sie werden durch sie geschaffen. Das allerdings gilt nur, wenn die Kern-Leidenschaft tatsächlich bewusst ist und gefühlt wird.

Das aber ist nicht immer der Fall. Unternehmen können allzu leicht vom Weg der Kern-Leidenschaft abkommen. Oberflächliche und nur vom Ich geleitete Wünsche wie die nach noch mehr Größe, Prestige, Sicherheit, Gewinn oder auch nur Bequemlichkeit können uns von der Kern-Leidenschaft abtrennen und unstimmige Richtungen einschlagen lassen. Wer vor allem schnell wachsen will, investiert möglicherweise opportunistisch in Aktivitäten, die rasches Wachstum und Größe versprechen, doch mit seiner wahren Leidenschaft nichts zu tun haben. Wenn ein Unternehmen nach Prestige strebt, baut es vielleicht Aktivitäten auf, die in der eigenen Branche besonderes Ansehen genießen, und die es meint, einfach auch haben zu müssen, auch wenn sie mit der eigenen Kern-Leidenschaft nichts zu tun haben. Wer Sicherheit will, geht den Weg, den alle in der Branche gehen. Wer den kurzfristigen Gewinn anstrebt, dem ist dieser allzu leicht wichtiger als die Kunden und die besondere Qualität, die man in die Welt bringen will. Und wer Bequemlichkeit schätzt und Angst vor Veränderungen hat, bleibt oft bei einem altbewährten Erfolgsrezept, auch wenn sich die Marktbedingungen längst geändert haben.

Im letzten Fall identifizieren sich die Menschen im Unternehmen nicht mit der gemeinsamen Kern-Leidenschaft, sondern mit einer bestimmten Art und Weise, das Geschäft zu betreiben, die vielleicht 20 Jahre lang erfolgreich war. Sie hängen an einer bestimmten Technologie, an bestimmten Produkten, an einem in alten Zeiten entstandenen Selbstbild oder an etwas anderem, nur nicht daran, einen bestimmten Nutzen mit einer ganz besonderen Qualität in die Welt zu bringen und dies immer besser zu tun.

Im vorherigen Kapitel schrieben wir, dass Unternehmen ein Energiefeld/Bewusstsein sind, das durch Geschichten, die sich die Menschen im Unternehmen erzählen, repräsentiert wird. Eine zentrale Geschichte ist immer die Geschichte darüber, wofür wir als Unternehmen eigentlich da sind.[35] Im besten Fall entspricht die Geschichte, die überwiegend erzählt wird, genau der Kern-Leidenschaft. Im schlechteren Fall werden andere Geschichten erzählt. Vielleicht die, dass der Gewinn und die Aktionäre wichtiger sind als die Kunden. Oder die Geschichte, dass man eigentlich alles richtig mache, die dämlichen Kunden das allerdings noch nicht verstanden hätten, doch dass die Zukunft schon zeigen werde, dass „wir immer Recht hatten". Solche Geschichten sind verfestigte Sichtweisen, die uns von der Kern-Leidenschaft und damit von der wichtigsten Antriebsenergie für weitere Entwicklung abtrennen. Es ist die Aufgabe der Führungsspitze, sich der Kern-Leidenschaft zuerst selbst bewusst zu werden und sie selbst zu fühlen. Und im zweiten Schritt geht es darum, sie dann in möglichst vielen Menschen im Unternehmen bewusst und fühlbar werden zu lassen, so dass sie eine dominierende Geschichte/Sichtweise im Unternehmen wird, die als organisierendes Prinzip auf alle anderen, auch noch kursierenden Geschichten wirkt.

Beginnen wir damit, wie die Führungsspitze sich der Kern-Leidenschaft bewusst werden kann. Es ist ein Prozess der Selbsterforschung, und radikale Selbst-Ehrlichkeit ist dabei der Schlüssel zum Erfolg. Das klingt einfacher, als es manchmal ist. Fragen wie diese können bei der Spurensuche helfen:

- Welche Tätigkeit oder Tätigkeiten lieben wir wirklich?
- Bei dem Gedanken an *was* fühlen wir uns besonders lebendig?
- Welche besonderen, uns auszeichnenden Eigenschaften lieben wir und machen uns stolz?
- Welchen ganz besonderen Nutzen wollen wir stiften?
- Welche besondere Qualität möchten wir gerne in die Welt bringen?
- Für welche Art von Kunden wollen wir wirklich gerne arbeiten?

Wenn das Unternehmen schon älter ist, können wir uns die Qualitäten des Gründers ins Gedächtnis rufen, denn die besonderen positiven Eigenschaften des Gründers bleiben dem Unternehmen immer als Ressourcen erhalten, auf die man sich besinnen kann. Und die Leidenschaft des Gründers bleibt im Kern die Leidenschaft des Unternehmens, selbst wenn der Gründer schon lange tot ist. Die besonderen Eigenschaften und die Leidenschaft des Gründers sind, metaphorisch gesprochen, Teil seiner Seele oder seines genetischen Codes. Wir können auch Schlüsselmomente und besondere Erfolge der eigenen Geschichte untersuchen - Momente, in denen Kunden und Mitarbeiter besonders gut erkennen konnten, wer wir sind, was wir können und worum es uns geht. Wenn man diese Momente wieder wachruft und untersucht, wird deutlich, welche besonderen Eigenschaften und welche besondere Leidenschaft das Unternehmen hat. Und der Prozess des Erinnerns solcher Momente stellt zugleich eine fühlbare Verbindung zur Kern-Leidenschaft her.

Wenn man die Kern-Leidenschaft identifiziert hat, besteht die nächste Herausforderung darin, sie auch zu formulieren. Sie lässt sich nur schwer in ein oder zwei Sätzen ausdrücken, die sich dann in ein Leitbild oder eine Unternehmensphilosophie einfügen lassen. Man kann und wird natürlich oft solche Sätze formulieren, doch ihnen fehlt meist die Essenz: Die Leidenschaft schwingt darin nicht mehr mit. Denn Leidenschaft spricht die Sprache der Sinne und lässt sich allenfalls in einer Geschichte, in einem Bild oder einem Gedicht zum Ausdruck bringen. Ein Slogan und ein Symbol können die Leidenschaft auch transportieren, doch nur wenn diese mit Geschichten „aufgeladen“ wurden. Manchmal gibt es Geschichten über den Gründer und die Gründung, die sich zur Illustration der Kern-Leidenschaft heranziehen lassen. Eine solche ist beispielsweise die Geschichte von der „Zeit“-Gründerin Marion Gräfin Dönhoff, die wir im vorherigen Kapitel zitiert hatten.

Die Kern-Leidenschaft ist der Dreh- und Angelpunkt eines jeden Unternehmens. Jede Facette des Unternehmens muss aus ihr hervorgehen und auf sie ausgerichtet sein. Alles soll die Realisierung der Kern-Leidenschaft ausdrücken. Wenn ein schon länger bestehendes Unternehmen seinen Kern in dieser Weise erforscht und die Antwort gefunden hat, ist in der Regel ein Aufräumen angesagt. Denn dann werden meistens Aktivitäten erkennbar, die nicht zur Kern-Leidenschaft passen und daher auch nicht mehr gebraucht werden. Wenn wir sie aufgeben, sparen wir nicht nur Geld, sondern setzen blockierte Energie frei und fokussieren sie so auf das, was uns eigentlich wichtig ist. Ein solches Ballast-Abwerfen kann eine große Befreiung sein.

Wahrer Wille 2 – der höhere Zweck: In welcher Weise wollen wir mit Leidenschaft der Menschheit dienen?

Haben Unternehmen über ihre Kern-Leidenschaft hinaus auch noch Leidenschaft für einen höheren Zweck? Brauchen sie so etwas überhaupt? John Akehurst, der 1994 als CEO zu dem australischen Ölunternehmen Woodside Petroleum Corporation kam, meinte „nein“ und ist mit dieser Meinung sicher auch heute noch in zahlreicher guter Gesellschaft.[36] Er gab Woodside Petroleum als oberstes Ziel vor, der beste Betreiber von Öl- und Gasanlagen in der Welt zu werden und die Effizienz deutlich zu steigern. Dieses Ziel motivierte zunächst auch seine Führungskräfte und Mitarbeiter. Woodside Petroleum wurde deutlich produktiver, sparte Personal ein, steigerte seinen Gewinn und verdoppelte seinen Umsatz innerhalb von fünf Jahren. Der Wert seiner Aktien erklomm große Höhen. Dann aber kam diese Dynamik zu einem plötzlichen Stillstand. Die ganze Motivation schien verschwunden zu sein. Akehurst sagte in einem Interview: „Plötzlich kam mir überall zu Ohren: ‚Wozu machen wir das hier eigentlich? Was soll das Ganze? Geht es nur darum, wie ein Sklave zu schuften, um in den nächsten zehn Jahren die Kosten um ein oder zwei Prozent zu senken? Was ist der Sinn des Arbeitslebens?‘“[37] Die Führungsspitze von Woodside Petroleum erforschte sich und entdeckte einen viel größeren übergeordneten Zweck, als sie ihn bisher dem Unternehmen vorgegeben hatte. Sie fand den Mut, das Unternehmen als „Dienstleister für die Menschheit“ zu sehen, und entschied, nur noch Dinge zu tun, auf die man stolz sein könne und die die Mitarbeiter inspirieren würden. Auch wollte sie intern eine Kultur schaffen, die ihren Mitarbeitern Raum für eigenes Wachstum gibt. Woodside Petroleum achtet seitdem bei der Exploration neuer Öl- und Gasvorkommen darauf, dass die Umwelt so wenig wie möglich belastet wird, dass die Interessen der lokalen und eingeborenen Bevölkerung berücksichtigt werden und dass diese von der Investition profitiert. Wie man sich vorstellen kann, konnte die Geschäftsleitung das Feuer bei den Mitarbeitern neu entfachen.

Ein höherer Zweck, der über das eigene Unternehmen und das Ziel, Gewinn zu machen, hinausreicht, hat das Potenzial, diese sehr zu inspirieren. Allen bewusst und spürbar gemacht, berührt er die Menschen an der Spitze wie an der Basis eines Unternehmens gleichermaßen an dem Punkt, der ihre tiefsten Hoffnungen darstellt und der ihnen Sinn gibt. Die Mitarbeiter identifizieren sich dann mit dem Unternehmen und machen nicht nur einfach mit. Und das Unternehmen wird attraktiver für neue Mitarbeiter.

Nicht jedes Unternehmen würde sich wie Woodside Petroleum als „Dienstleister der Menschheit“ verstehen. Unternehmen stehen an ganz unterschiedlichen Punkten und je nachdem, wo sie sich befinden, würden sie ihren letztendlichen Daseinszweck auf sehr verschiedene Weise definieren. Verschiedene Autoren haben in den letzten Jahren beschrieben, dass Menschen, Organisationen, Unternehmen, Nationen und andere Gemeinschaften sich auf unterschiedlichen Bewusstseinsebenen befinden.[38] Wir wollen hier die sieben Bewusstseinsstufen, die Richard Barrett für Unternehmen identifiziert hat, darstellen.[39] Denn sie geben uns eine Sprache, um uns darüber zu verständigen, wo ein Unternehmen steht, wo es sein will und worin es den letztendlichen Zweck seines Tuns sieht.

Stufe 1: Überleben um jeden Preis

Diese unterste Stufe ist von Furcht um das Überleben des Unternehmens und um die Sicherheit des Arbeitsplatzes geprägt. In der Folge geht es dem Unternehmen nicht nur um eine Stabilisierung seiner Finanzen, sondern vor allem um kurzfristigen Gewinn und um eine Maximierung des Gewinns, ohne dabei an die langfristigen Folgen zu denken. Um das zu erreichen, wird im schlechtesten Fall nicht davor zurückgeschreckt, Mitarbeiter auszubeuten, Lieferanten auszunutzen und sich durch Kartelle, Übernahmen oder andere Manipulationen eine beherrschende Position im Markt zu verschaffen. Kunden, Mitarbeiter und sonstige Partner sind nichts anderes als ein Mittel zum Zweck. Die Devise ist, dass der Stärkere gewinnt und der Schwächere verliert. Unternehmen auf dieser Ebene empfinden Regulierung als eine Zumutung und leisten nur das absolute Minimum.

Stufe 2: Stabile Beziehungen

Auf dieser Ebene geht es um stabile und verlässliche Beziehungen mit Mitarbeitern, Kunden und Lieferanten. Dabei sind diese Beziehungen vor allem wichtig, um die eigenen Bedürfnisse nach Sicherheit und Geborgenheit zu stillen. Es geht weniger darum, was man in einer Beziehung geben kann, als darum, was sich aus ihr herausholen lässt. Stufe 2 ist die Ebene des patriarchalischen Unternehmens, das Sicherheit, Fürsorge und Anerkennung bietet, dafür aber auch lebenslange Loyalität, Gehorsam und Disziplin verlangt. Auf Freundlichkeit und Höflichkeit wird Wert gelegt, im besten Fall auch auf Respekt und gute Kommunikation. Das gilt aber nur innen, nach außen hin hält man dicht. Auf dieser Ebene haben Tradition, Seniorität, strenge Regeln und eine fest gefügte Hierarchie mit klaren Statusunterschieden eine hohe Bedeutung. Mitarbeiter der Stufe 2 lieben Uniformen und es war das höchste für sie, wenn sie bei Krupp oder einer Bank den Status des „Beamten" hatten. Flexibilität und unternehmerisches Handeln haben es in Untenehmen der Stufe 2 schwer.

Stufe 3: Erfolg und Anerkennung

Unternehmen auf dieser Stufe wollen die Besten sein. Sie streben nach dem Prestige, der Anerkennung und den Privilegien, die mit dem Erfolg einhergehen. Sie sind wettbewerbsorientiert und trachten danach, die Größten zu werden, hohe Gewinne auszuweisen und ihre Aktienkurse zum Fliegen zu bringen. Die erfolgreichsten und ausgeprägtesten Vertreter der Stufe 3 bauen sich hohe Türme und kaufen sich Firmenflugzeuge. Ihre CEOs investieren sehr viel Zeit in die Kommunikation mit dem Kapitalmarkt. Intern ist Leistung von höchster Bedeutung, sie wird mehr belohnt als Loyalität und soll durch Performance-Management-Systeme und hohe Anreize gesteuert und gesteigert werden. Führungskräfte in solchen Unternehmen stehen in Wettbewerb miteinander und investieren oft einen erheblichen Teil ihrer Lebenszeit für das Unternehmen. Hierarchie wird immer noch betont, doch sie ist durchlässiger für Aufstiege geworden. Stufe 3 ist auch die Domäne des rationalen und professionellen Managements, das systematisch und strukturiert vorgeht und ausgeklügelte Methoden ersinnt, um Produktivität und Qualität weiter zu steigern.

Der weise König der Wüste spricht

„In ihrer hartnäckigen Dummheit fragten mich meine Generäle sodann: ‚Warum wollen sich unsere Soldaten nicht mehr schlagen?' [...] Und ich veränderte die Fragestellung, denn auf diese Weise führte sie zu nichts. [...] Und ich fragte mich in der Stille meiner Liebe: ‚Warum wollen sie nicht mehr sterben?' Und meine Weisheit suchte nach einer Antwort.

Denn man stirbt gewiss nicht für Hammel und Ziegen und Häuser und Berge. Denn die Dinge bleiben bestehen, ohne dass man etwas für sie zu opfern braucht. Doch man stirbt, um den unsichtbaren Knoten zu erhalten, der sie verknüpft und sie in ein Gut, ein Reich, ein erkennbares und vertrautes Gesicht verwandelt. Gegen diese Einheit tauscht man sich aus, denn man baut auch im Tode an ihr weiter. Um der Liebe willen lohnt sich der Tod. Und einer, der langsam sein Leben gegen ein wohlgelungenes Werk, das das Leben überdauert, austauscht: gegen einen Tempel, dessen Weg durch die Jahrhunderte führt – solch einer ist auch bereit zu sterben, wenn seine Augen den Palast in der Zusammenhanglosigkeit der Baustoffe zu gewahren vermögen; wenn er von seiner Pracht geblendet wird und in ihm aufgehen möchte. Denn hier empfängt ihn etwas, was größer ist als er selber: So gibt er sich seiner Liebe hin."

Antoine de Saint-Exupéry, Die Stadt in der Wüste „Citadelle"

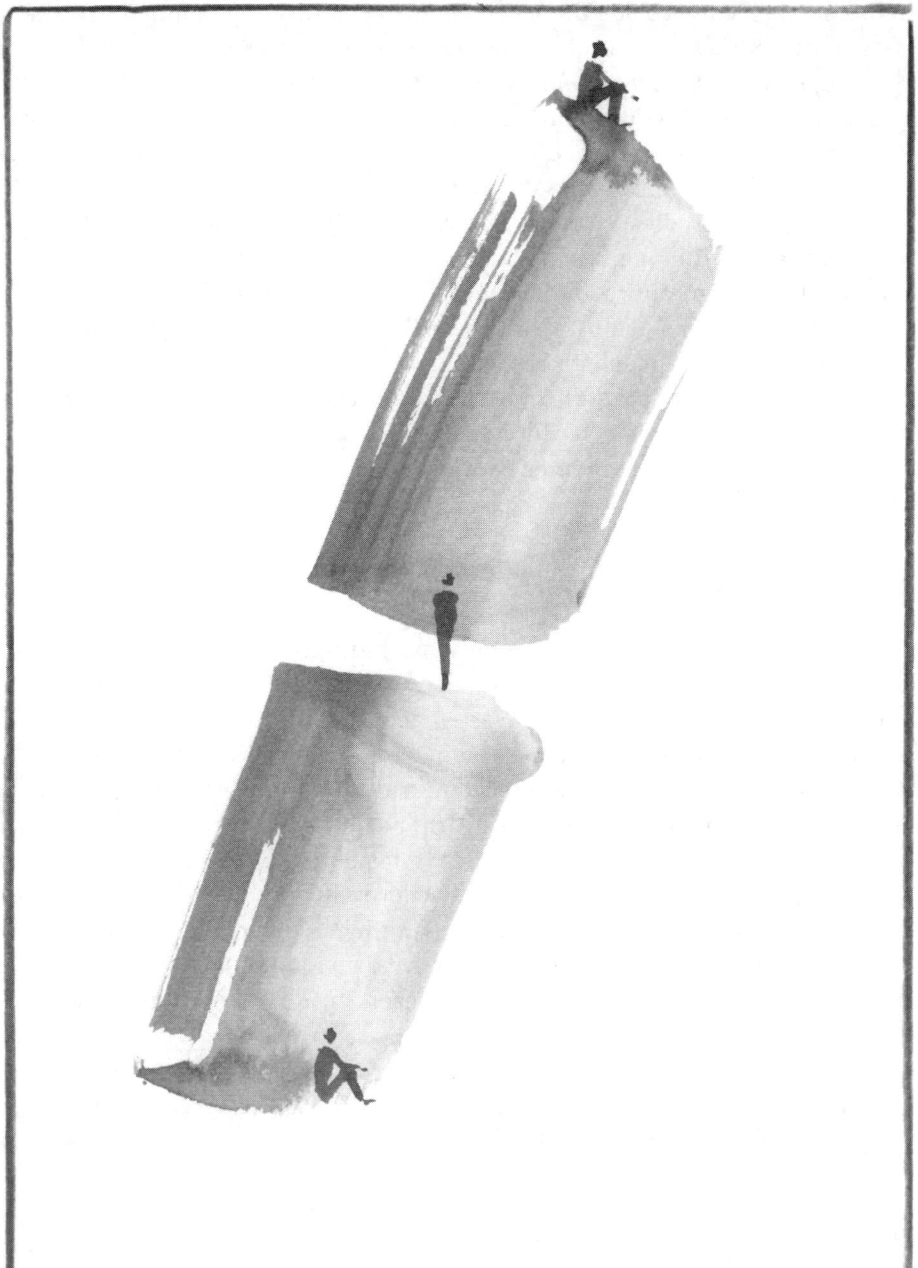

Stufe 4: Transformation

Auf dieser Stufe löst sich das Unternehmen von den Ängsten und Bedürftigkeiten der ersten drei Stufen: der Furcht, nicht überleben zu können, dem Bedürfnis nach langfristig stabilen Beziehungen und dem Bedürfnis nach immer mehr Anerkennung. An ihre Stelle tritt der Wunsch, eine innovative, flexible und unternehmerische Organisation zu werden, die ihre schöpferischen Möglichkeiten realisiert. Das erfordert, die Potenziale der Mitarbeiter zu mobilisieren und zu nutzen. Das Management sagt auf dieser Ebene, dass es nicht alle Antworten hat, und beginnt, in nennenswertem Umfang Kompetenzen zu dezentralisieren und Mitarbeiter zu beteiligen. Den Mitarbeitern wird erlaubt, ihren gesunden Menschenverstand bei der Interpretation der Regeln ihres Unternehmens zu benutzen. Die Mitarbeiter wachsen - manchmal zunächst sehr langsam - in diese zunehmenden Freiräume hinein und wollen dann ebenfalls mehr Freiheit und mehr Mitsprache. Die Struktur wird weniger hierarchisch, die Bedeutung von Teamarbeit und temporären Strukturen nimmt zu. Permanentes Lernen und permanente Verbesserung werden wichtige Werte.

Stufe 5: Interne Kohäsion

Das Potenzial der Freiraum-gebenden und partizipativen Organisation von Stufe 4 kommt erst richtig zum Tragen, wenn die Mitarbeiter Leidenschaft für eine gemeinsame Vision und gemeinsame Werte haben. Auf Stufe 5 beginnen Unternehmen daher, durch eine inspirierende Vision und erhebende Werte eine interne Kohäsion zu schaffen und alle ihre internen Strukturen, Prozesse und Systeme auf diese Werte auszurichten. Die Führung sieht das Unternehmen als Gemeinschaft, pflegt einen eher egalitären Stil und schätzt das Potenzial von Diversität. Die auf Stufe 3 so wichtigen Privilegien werden wieder reduziert. Die Unternehmenszentrale befindet sich eher auf einem Campus-ähnlichen Gelände als in einem Turm. Die Führungsspitze kommuniziert weniger mit dem Kapitalmarkt, dafür mehr mit Kunden und Mitarbeitern. Arbeit wird auf dieser Stufe mehr als zuvor durch Freude und Leidenschaft beflügelt. Was auf Stufe 3 extrinsisch motivierte Leistung war, wird auf Stufe 5 zu intrinsisch inspirierter Hingabe und Kreativität. Das Niveau von Vertrauen und Offenheit steigt an. Das Unternehmen entwickelt eine so ausgeprägte Kultur, dass sie vom Umfeld erkannt und zum Teil der Marke wird.

Stufe 6: Einen Unterschied machen

Auf der Stufe 6 tritt das Bewusstsein der internen und der externen Verbundenheit in den Vordergrund. Nach innen bedeutet das, dass das Unternehmen Mitarbeiter dabei unterstützt, sich nicht nur fachlich zu entwickeln, sondern auch persönlich zu wachsen und Erfüllung durch die Arbeit zu finden. Es leitet sie an, ihre Talente und ihre Berufung zu entdecken und zu entfalten. Nach außen bedeutet es, dass das Unternehmen verstärkt wechselseitig förderliche Beziehungen zu Kunden, Lieferanten, Lizenznehmern, Joint-Venture-Partnern, Wettbewerbern, den lokalen Gemeinden und Regierungs- und Nicht-Regierungsorganisationen aufbaut. Es sieht selbst in Gegnern mögliche Verbündete. Mitarbeiter erleben auf dieser Ebene, dass ihr Unternehmen einen positiven Beitrag für sie persönlich und für die Gesellschaft leistet, der über das Zahlen eines Gehalts und die Lieferung von Produkten und Dienstleistungen hinausgeht.

Stufe 7: Dem Leben dienen

Stufe 7 ist eine weitere Intensivierung von Stufe 6, getragen von dem Bewusstsein, dass alles Leben miteinander verbunden ist und voneinander abhängt und dass es letztlich darum geht, alles Leben zu fördern und Menschen, menschliche Kulturen und die Erde als Ganzes erblühen zu lassen. Werte auf dieser Ebene sind Mitgefühl, Weisheit, Ehrfurcht vor dem Leben, Verbundenheit und Demut. Unternehmen arbeiten auf dieser Ebene für das Wohl künftiger Generationen und für das Wohl des Planeten, wenn auch je nach Größe manchmal nur auf sehr lokalem Gebiet. Sie stecken einen Teil ihrer Ressourcen in Aktivitäten, die diese Ziele befördern.

Jede dieser Bewusstseinstufen bildet ein Energiefeld, das Verhalten ausrichtet und Realitäten manifestiert. Jede Stufe hat ihre eigenen verfestigten Sichtweisen und entsprechende Geschichten, die erzählt werden. Allerdings lässt sich kein Unternehmen nur auf einer einzigen dieser Ebenen verorten. Unternehmen befinden sich zwar meistens schwerpunktmäßig auf einer bestimmten Stufe, haben aber auch Qualitäten weiterer Stufen. Auch kann die Fabrik auf dem Land primär auf Stufe 2 und die Zentrale in der Großstadt primär auf Stufe 3 stehen. Oder das Unternehmen hat einen permanenten Lieferanten in einem Entwicklungsland, der sich auf Stufe 1 befindet und mit Billigung seines Auftraggebers seine Mitarbeiter ausbeutet. Dann ist ein Stück von Stufe 1 auch beim Auftraggeber vorhanden.

Ein Unternehmen auf Stufe 1 wird seinen höchsten Zweck im Überleben sehen, auf Stufe 2 ist der höchste Zweck die langfristige Sicherheit und Geborgenheit, die durch stabile Beziehungen entstehen, und auf Stufe 3 geht es letztlich um finanziellen Erfolg, um die Demonstration dieses Erfolgs und um die daraus resultierende Anerkennung - auch wenn diese Unternehmen das nicht so explizit in ihre Geschäftsberichte schreiben.

Auf den höheren Stufen tritt das Ego zunehmend zurück und es wird mehr von dem *wahren Willen* des Unternehmens sichtbar. Der höchste Zweck wird als etwas gesehen, das über die eigenen Interessen hinausgeht. Mit jeder höheren Stufe wird die Vision umfassender und attraktiver. Sie wird zu einem weiter ausgreifenden Dach, das mehr Menschen unter sich versammeln kann.

David Hawkins, der ebenfalls die Ebenen des Bewusstseins von Individuen, Organisationen, Unternehmen und Nationen erforscht hat, weist darauf hin, dass wir auf den höheren Ebenen mehr Energie haben und lebendiger sind. Wenn wir uns mit einer höheren Ebene verbinden, verbinden wir uns mehr mit dem Leben und gewinnen an Wirkungsmacht („power"). Doch ist das wirklich so? Lassen sich mit Idealismus tatsächlich große Unternehmen aufbauen? Gibt es dafür Beispiele?

Eines ist der Schweizer Unternehmer Gottlieb Duttweiler, der 1925 die Migros, das heute größte Einzelhandelsunternehmen der Schweiz, gründete. Duttweiler war während des Ersten Weltkriegs Lebensmittelgroßhändler und danach für zwei Jahre Farmer in Brasilien. Da seine Frau das Klima nicht vertrug, kehrte er wieder in die Schweiz zurück. Dort fiel ihm auf, wie viel die Schweizer für Lebensmittel bezahlen mussten und wie wenig die Landwirte dafür bekamen. In ihm entstand die Leidenschaft, das zu ändern. Doch Duttweiler wollte Lebensmittel nicht nur verbilligen, er wollte sie auch durch kürzere und bessere Lagerung frischer zu den Kunden bringen und hygienischer verpacken. Bereits 1930 führte er freiwillig den Datumsstempel für verderbliche Ware ein. Er wollte zu einer gesundheitsbewussteren Ernährung der Schweizer Bevölkerung beitragen, schrieb dazu viel in der Migros-Kundenzeitung und verzichtete auf den Verkauf von Alkohol. Kleinbauern unterstütze er durch Abnahmegarantien. Es war ihm wichtig, dass viel im Inland produziert wurde. Duttweiler engagierte sich dann noch in der Erwachsenenbildung und gründete die Migros-Klubschule und den Schweizer Buchclub. Er finanzierte Konzerte und unterstützte den Schweizer Film - mehrere Jahrzehnte bevor das Sponsoring allgemein entdeckt wurde. Er gründete schließlich eine Reihe weiterer Unternehmen in Branchen, deren Leistungen aus seiner Sicht ebenfalls zu teuer waren. 1941 verwandelte er die Migros in eine Genossenschaft und schenkte sie seinen Kunden.

Ein weiteres Beispiel ist Konosuke Matsushita. Im deutschen Sprachraum ist er kaum bekannt, doch er hat in 60 Arbeitsjahren wohl die größte unternehmerische Leistung des 20. Jahrhunderts vollbracht. Als er 1989 starb, machte Matsushita, dessen bekannteste Marke Panasonic ist, etwa 50 Milliarden US-Dollar Umsatz. Das hatte kein anderer Unternehmer des letzten Jahrhunderts erreicht. Im Jahr 1932 besuchte Matsushita eine japanische Gemeinde, die von einer Sekte aufgebaut und bewohnt wurde.[40] Er war sehr beeindruckt von dem gemeinschaftlichen

Zusammenhalt und dem hingebungsvollen Arbeitseifer, den er dort beobachten konnte. Diese Begebenheit machte ihm klar, dass er seinem damals noch kleinen Unternehmen ein wirklich großes Ziel vorgeben sollte. Und da er selber den starken Wunsch hatte, zur Entwicklung der Gesellschaft beizutragen, formulierte er als oberste Maxime: „In Anerkennung unserer Verantwortung, wollen wir durch unsere industriellen Aktivitäten den Fortschritt und die Entwicklung der Gesellschaft fördern, zum allgemeinen Wohlergehen der Menschen beitragen und die Lebensqualität auf der ganzen Welt anheben.“[41] Matsushita beließ es nicht bei Worten, sondern unternahm eine Reihe von Aktivitäten, um mit seinem Unternehmen zu diesem Ziel beizutragen.[42] In einem solch großen Ziel sah er auch die Chance, der Arroganz des Erfolgs entgegenzuwirken. Denn wenn das Ziel so groß ist, ist es schwerer, angesichts eigener großer Leistungen überheblich zu werden.

Die Idee, dass Unternehmen einen höheren Zweck haben, ist inzwischen nicht mehr so exotisch, wie sie manchem erscheinen mag. Erst vor kurzem hat Rosabeth Moss Kanter im „Harvard Business Review“ einen Artikel veröffentlicht, der zeigt, dass es sich inzwischen eine Reihe von Großunternehmen zur Aufgabe macht, der Welt zu dienen.[43] IBM beispielsweise hat für sich als Wert formuliert: „Innovation that matters - for the company and for the world.“ Und der derzeitige CEO von IBM, Samuel Palmisano, sagt, dass genau das ihm helfe, hervorragende Wissenschaftler und Ingenieure anzuziehen.

Doch man muss kein Gigant sein, um sich vorzunehmen, der Menschheit zu dienen. Kleine Unternehmen können das genauso und sie können ihre ganz spezielle Kern-Leidenschaft dafür einsetzen. Ein gutes Beispiel war das Schweizer Musikhaus Jecklin, als es noch von Hans Jecklin geführt wurde. (Später wurde es verkauft.) Dieses seinerzeit in der Schweiz führende Einzelhandelsunternehmen für Instrumente, Noten, CDs und HiFi-Anlagen setzte sich zum Ziel, das Musikleben in Zürich und in der Schweiz zu fördern, und schuf dafür Dienstleistungen, die nicht auf Gewinn ausgerichtet waren: Jecklin initiierte Musiktreffen für junge Künstler, brachte eine CD-Edition speziell mit Schweizer Interpreten und Komponisten heraus und schuf einen Raum für Konzerte, Vorträge und Kurse. Nach seinem Rückzug aus dem aktiven Unternehmer-Dasein schrieb Hans Jecklin: „Erst im Rückblick realisiere ich, wie sehr der Erfolg des Musikhauses Jecklin auf dem Teilen der Fülle mit der Musikwelt basierte.“[44]

Das Leben drängt immer danach, sich selbst zu fördern. Und das Leben will sich selbst natürlich auch durch Unternehmen fördern, die ja ein Teil des Lebens sind. Daher ist der höhere Zweck eines Unternehmens, wenn er umfänglich erkannt wurde, immer eine Variation dieses Themas: mit dem, was man tut und wie man es tut, dem Leben und der Menschheit in Gänze dienlich zu sein. Die Führungsspitze und die Mitarbeiter eines Unternehmens sollten sich also die Frage stellen: Für welchen höheren Zweck empfinden wir wirklich Leidenschaft? Auf welche Weise wollen wir den Menschen und der Erde dienen? Und: Es entsteht immer eine besondere Energie, wenn eine Gruppe beginnt, über diese Frage zu sprechen.

Einen höheren Zweck zu verfolgen, bringt im Übrigen keinesfalls nur zusätzliche Kosten und Verpflichtungen mit sich. Ja, auch solche können und werden entstehen. Doch wenn ein Unternehmen sich dem Ziel verschreibt, dem Leben zu dienen, dann wird das seine Führungskräfte und Mitarbeiter inspirieren und mehr Energie freisetzen. Und vor allem wird es dann Ideen generieren und anziehen, die sonst nicht gekommen wären. Diese Ideen können alle Aspekte der Wertschöpfung des Unternehmens betreffen und früher oder später zu deutlichen Wettbewerbsvorteilen führen. Katsuaki Watanabe, der CEO von Toyota, sagt, dass er von einem Auto träumt, dass beim Fahren die Luft reinigt und die Gesundheit des Fahrers fördert, und dass Toyota so schnell wie möglich solche Autos entwickeln will.[45] Das ist vielleicht eine verrückt erscheinende Aussage, doch er macht damit deutlich, wofür sein Herz schlägt. Kein Wunder, dass Toyota als erster Autohersteller ein Fahrzeug mit Hybridantrieb auf den Markt gebracht und damit sein Image und seinen Umsatz nachhaltig positiv beeinflusst hat. Solche Dinge geschehen, wenn man sich einem höheren Zweck verschreibt.

Dem Leben zu dienen, schließt übrigens mit ein, den eigenen Mitarbeitern zu dienen. Heißt das nun, einfach alles zu tun, was Mitarbeiter sich wünschen? Mitnichten. Sicherlich gehört dazu, die legitimen, auch materiellen Bedürfnisse von Mitarbeitern zu erfüllen. Der höchste Dienst aber, den man Mitarbeitern erweisen kann, besteht aus unserer Sicht darin, sie dazu anzuregen und ihnen den Raum und die Unterstützung zu geben, in jeder Hinsicht zu wachsen: ihre wahren Neigungen und Wünsche zu entdecken, ihre Talente zu erproben, Neues zu lernen, sich mehr zuzutrauen, sich größere Ziele zu setzen, mutig neue Wege zu gehen, zu ihren Idealen zu finden, einschränkende Selbst-Konzepte zu überwinden und ihre Arbeit zu einem Ausdruck dessen zu machen, was sie wirklich sind. Es geht darum, dem *wahren Willen* und nicht den Ich-Wünschen der Mitarbeiter zu dienen und ihrer Lebendigkeit zum Ausdruck zu verhelfen. Es geht darum, ihren Spirit auszudehnen. Auf diese Weise steigert man die Zufriedenheit der Mitarbeiter am meisten und nutzt zugleich dem ganzen Unternehmen.

„Die in jedem Menschen schlummernden schöpferischen Fähigkeiten wachzuhalten, zu hegen und zur Zukunftssicherung des Ganzen zu fördern, ist die vornehmste, wenn nicht die einzige sinnvolle Arbeit des freien Unternehmers“, schrieb der St. Galler Textilunternehmer Robert Schläpfer.[46] Matsushita sagte seinen Mitarbeitern unermüdlich, dass sie „unbegrenztes Potenzial und unbegrenzte Möglichkeiten hätten", und half ihnen, daran zu glauben.[47] Und auch Muhammad Yunus, der mit der von ihm gegründeten Grameen Bank Mikrokredite erfand, schrieb: „Ich bin fest davon überzeugt, dass jeder Mensch ein nicht nutzbar gemachter Schatz mit unbegrenzten Fähigkeiten ist."[48] Als Unternehmen dem Leben dienen heißt, Mitarbeitern ihr unbegrenztes Potenzial bewusst zu machen.

Wahrer Wille 3 - die Werte: Für welche Werte empfinden wir wirklich Leidenschaft?

Auch bei der Beantwortung dieser Frage ist es hilfreich, sich darüber klar zu werden, auf welchen der sieben Stufen man sich befindet und wo man sein möchte. Denn jede Stufe hat ihre eigenen Werte. So haben Unternehmen auf den ersten drei Stufen auch Werte, die eher eine „begrenzende" Wirkung haben und die nicht jeder „Werte" nennen würde.

Wenn Unternehmen sich eine höhere Stufe erschließen, dann bedeutet das nicht zugleich, die bisherige Stufe gänzlich zu verlassen. Denn jede Stufe hat Qualitäten, die man sich unbedingt erhalten sollte. Die Gewinnorientierung der ersten Stufe wird - entblößt vom Gedanken der reinen und kurzfristigen Maximierung - in allen übergeordneten Stufen immer noch gebraucht.

Richard Barrett zeigt daher auch, dass die langfristig erfolgreichen Unternehmen einen großen Teil oder gar alle der 7 Stufen abdecken. Sie haben die begrenzenden Aspekte der Stufen 1 bis 3 überwunden, doch deren beste Seiten behalten. Barrett nennt ein solches Bewusstsein „Vollspektrum-Bewusstsein".

Die Wirtschaft in den westlichen Industrieländern ist derzeit überwiegend von den Werten der Stufe 3 geprägt. Das sind, wie schon beschrieben, jene Unternehmen, die Anerkennung und Prestige lieben, an der Spitze sein und viel Geld verdienen wollen und die sich für professionelles, systematisches, rationales Management begeistern. Die Unternehmen dieser Stufe haben die Wirtschaft als Ganzes und die Managementmethodik ein großes Stück weitergebracht. Die Betonung von Systematik, Qualität, Produktivität, Effizienz, Zielorientierung, Seriosität, Professionalität, Leistungsorientierung und Zuverlässigkeit sind zweifelsohne wichtige Werte der Stufe 3, die für Unternehmen auch dann von Bedeutung bleiben, wenn sie sich mit den Werten höherer Bewusstseinsstufen verbinden.

Unternehmen der Stufe 3 haben sich in den letzten Jahrzehnten in großer Zahl mit ihren Werten beschäftigt und diese in „Unternehmensphilosophien" oder „Leitbildern" kodifiziert - meist allerdings mit dem Ergebnis, dass diese in Schubladen verstaubten und nur eine geringe Wirkung entfalteten. In solchen Unternehmen ist, was Werte betrifft, eine Desillusionierung eingetreten. Der Vorschlag, sich über seine Werte klar zu werden und diese schriftlich zu formulieren, entlockt Mitarbeitern in Unternehmen der Stufe 3 oft nur ein müdes oder frustriertes Lächeln. Denn die vielen Leitbilder und Unternehmensphilosophien, deren Wirkung weit hinter den Erwartungen zurückblieb, sind das Resultat davon, dass Unternehmen der Stufe 3 Unternehmen der Stufe 5 nur *imitiert* haben, ihnen jedoch die Essenz von Stufe 5 oder höher entgangen ist. Lassen Sie uns genauer darauf schauen, was hier mit „imitiert" gemeint ist.

Historisch gesehen sind die ersten Unternehmensphilosophien von Unternehmern geschrieben worden, deren Bewusstsein dem durchschnittlichen Bewusstsein der Gesellschaft und der Wirtschaft weit voraus war. In Japan hat Konosuke Matsushita seine Philosophie 1933 formuliert. In den USA gilt Robert W. Johnson, Gründer von Johnson & Johnson, als der Pionier aller Credos. Seines veröffentlichte er 1943. Matsushita wie Johnson haben ihre Philosophien höchstpersönlich in Worte gefasst. Ihre Texte strahlen Idealismus und Verantwortung für das große Ganze aus. Beide dürften sich mindestens der Stufe 6 und den positiven Aspekten aller niedrigeren Stufen zugehörig gefühlt haben.

Diese Vorbilder lösten in den nachfolgenden Jahrzehnten eine „Leitbilder"-Welle aus. Doch in vielen Fällen waren das dann primär in Stufe 3 verankerte Unternehmen, deren Führungsspitze keine originäre innere Leidenschaft für dieses Thema hatte. Leitbilder wurden formuliert, weil es zu professionellem Management dazugehörte. Also wurden Stäbe oder gar Agenturen damit beauftragt, eine Philosophie zu Papier zu bringen. Diese taten das häufig nach Auswertung zehn anderer Leitbilder und erstellten einen Entwurf, dem dann im Vorstand bestenfalls wenige Stunden Diskussion gewidmet wurden. Die resultierenden Leitbilder muten oft blutleer und nüchtern an. Sie enthalten nichts Falsches, denn sie proklamieren Kundenorientierung, Qualität, Zielorientierung, Veränderungsbereitschaft, unternehmerisches Handeln und Ähnliches. Doch sie vermitteln auch den Eindruck, dass diese Werte nur gewählt wurden, weil sie zum Erfolg des Unternehmens beitragen, nicht aber weil sie „an sich" wichtig sind und selbst dann wichtig sind, wenn sie gelegentlich den Erfolg im rein finanziellen Sinne behindern. Doch erst durch solche Werte, die „an sich" und nicht nur „für eigennützige Ziele" Bedeutung haben, hinter denen also wirklich Leidenschaft steht, entstehen die Begeisterung und Kohäsion von Stufe 5 oder selbst Stufe 6 und 7.

Nach unserer Beobachtung tun erst Unternehmen der Stufe 5 die Dinge, durch die ein Leitbild lebendig werden kann - und auf die wir noch kommen werden. Die Führungskräfte von Unternehmen der Stufe 3 aber empfinden solche Aktivitäten als Zeitverschwendung, lästig oder unnötig. Ihnen fehlt schlicht die Leidenschaft, diese Dinge zu tun. Doch die eigentliche Herausforderung besteht natürlich darin, die

Werte im ganzen Unternehmen lebendig werden zu lassen, so dass Verhaltensweisen entstehen, die diesen Werten entsprechen. Dann werden die Werte zu einem Kompass, der Verhalten lenkt und Mitarbeitern hilft, die richtigen Entscheidungen zu treffen. Und je lebendiger Werte sind, desto mehr werden Regeln und Kontrollen verzichtbar.

Leidenschaft

Die Leidenschaft ist der Schlüssel. Sie ist nur ein anderer Name für Begeisterung oder für die Energie des Lebens. Werte, ein höherer Zweck und eine Kern-Leidenschaft sind nichts wert, wenn nicht wirklich Begeisterung dahintersteht. Daher haben wir die Teilfragen nach dem wahren Willen auch immer mit dem Wort Leidenschaft formuliert.

- Wahrer Wille 1 - die Kern-Leidenschaft: Welchen einmaligen Nutzen wollen wir mit Leidenschaft welchen Kunden stiften?
- Wahrer Wille 2 - der höhere Zweck: In welcher Weise wollen wir mit Leidenschaft der Menschheit dienen?
- Wahrer Wille 3 - die Werte: Für welche Werte empfinden wir wirklich Leidenschaft?

Peter Vaill hat beobachtet, dass die Leiter von High-Performing Systems immer eine große Leidenschaft dafür haben, dass ihre Organisation ihre Zwecke erfüllt.[49] Sie fühlen eine starke Verpflichtung gegenüber den Stakeholdern der Organisation. Es liegt ihnen am Herzen, dass die Organisation für sie Herausragendes leistet.

Unternehmer fühlen meist ihre Kern-Leidenschaft und somit auch ihre Leidenschaft für die Kunden und für das, was das Unternehmen tut. Doch es gibt hier durchaus unterschiedliche Grade, und manchmal geht mit zunehmendem Erfolg und Alter die Leidenschaft auch wieder verloren. Manager haben diese Leidenschaft oft schon viel weniger. Das gilt vor allem, wenn sie innerhalb eines Konzerns relativ rasch auf neue Positionen versetzt werden und wenn ihr persönlicher Ehrgeiz in erster Linie dem Aufstieg gilt. (Stufe 3-Verhalten) Wer ein Geschäft nur 24 Monate leitet, geht wieder, wenn er - im besten Fall - eine intensive Beziehung zu Kunden und Mitarbeitern aufgebaut hat.

So gibt es gar nicht so wenige Unternehmen, denen die Leidenschaft für die Kunden sogar in der Führungsspitze abhandengekommen ist. Als Gottlieb Duttweiler beispielsweise begann, die Migros aufzubauen, gab es bereits einige Jahrzehnte lang Lebensmittel-Genossenschaften, die eigentlich genau die Aufgabe gehabt hätten, eine effiziente Versorgung sicherzustellen, die dann jedoch irgendwann selbstzufrieden und träge geworden sind. Vergleichbares passiert immer wieder, wenn Unternehmen oder Organisationen sich erst einmal etabliert haben. Der Kunde gerät dann irgendwie aus dem Blickfeld und die Geschichte über die Kern-Leidenschaft wird nicht mehr erzählt. Bill George, der lange CEO des medizintechnischen Unternehmens Medtronic war, bemerkt, dass die Führungsspitze es aber fast nie explizit ausdrückt, dass der Kunde nicht mehr wichtig sei.[50] Sie bildet sich sogar ein, er sei ihr wichtig. Doch in Wirklichkeit drehen sich die meisten Meetings nur noch um Kosten, Ergebnisse, Kennzahlen und andere Interna. Vorträge vor Mitarbeitern enthalten dann vor allem Zahlen. Und jeder im Unternehmen weiß, dass die Leidenschaft für die Kunden und für das, was das Unternehmen für sie leisten kann, höchstens noch auf dem Papier steht. So passiert es allzu leicht auch mit allen anderen Werten.

Das Bewusstsein der drei Aspekte des *wahren Willens* und die Leidenschaft dafür können im Getriebe des Alltags sehr leicht verloren gehen. Dann sind sie in den alltäglich von den Mitarbeitern erzählten Geschichten, die das Energiefeld/Bewusstsein repräsentieren, nicht mehr lebendig. Doch das gilt nicht nur für das Gros der Mitarbeiter. Es gilt gleichermaßen für die Führungsspitze. Es geht also nicht darum, sich die drei Fragen nach dem *wahren Willen* einmal zu stellen, die Antwort zu formulieren, auf Hochglanzpapier zu drucken und danach nicht mehr anzusehen. Das edle Papier und die Worte selbst sind nicht so wichtig. Das Wichtigste, sogar das einzig Wesentliche ist die innere Verbindung zu dem, was auf dem Papier steht. Die aber geht leicht verloren und muss wieder und wieder, muss im Grunde täglich erneuert werden - in der Führungsspitze und im ganzen Unternehmen. Und auch diese Erneuerung ist kein rationaler Prozess. Sie ist ein Freilegen der Energie des Lebens, die einerseits immer vorhanden ist und andererseits von der Asche, die der Alltag zuhauf produziert, immer wieder zugedeckt wird.

Das Feuer wieder entfachen

Hin und wieder ist es daher an der Zeit, die Asche wegzublasen und das Feuer wieder anzufachen. Dazu nimmt sich die Führungsspitze eine gemeinsame Auszeit. Möglicherweise geht es dabei nur um den Zweck und die Werte, doch möglicherweise auch um strategische Fragen. Beides lässt sich gut verbinden. Man kommt metaphorisch oder sogar tatsächlich an einem Feuer zusammen, sitzt und spricht miteinander, wie man an einem Feuer sitzt und spricht, und nährt dabei das Feuer - das eigene wie das gemeinsame innere Feuer. Es geht also nicht in erster Linie um die Formulierung eines neuen oder um die Überprüfung eines bestehenden Textes (obwohl das auch ein Ergebnis sein kann); viel wichtiger ist die innerlich gefühlte Erneuerung und Ausrichtung der gemeinsamen Lebensenergie. Es geht um das

Wachrufen von Leidenschaft. Es geht darum, dass die selbstorganisierende Dynamik des Lebens eine höhere Ebene energetischer Kohärenz erschafft.

Mehrere Faktoren können in einer solchen Auszeit und danach zur Belebung der Energie beitragen:

- Der Zugewinn an Klarheit, wenn die Kern-Leidenschaft deutlicher als bisher herausgeschält wurde. Das gilt noch mehr, wenn dadurch bewusst wurde, dass bestimmte bisherige Aktivitäten verzichtbar sind oder dass es attraktive neue Optionen gibt.
- Das Gefühl, mit anderen durch einen höheren Zweck und gemeinsame Werte verbunden zu sein - und dass es etwas gibt, was alle zusammen stolz macht.
- Das Gefühl, ein neues großes Ziel vor Augen zu haben, das machbar ist und dem man sich ganz und gar verschreibt. (Mehr dazu in Kapitel 5)
- Die lebendigen, inspirierenden Bilder von der Zukunft, die bei entsprechendem Vorgehen bei den Beteiligten entstehen. (Durch solche Bilder werden Kern-Leidenschaft, höherer Zweck, Werte und das nächste große Ziel zu einer mit Energie aufgeladenen Vision.)
- Der persönliche, authentische und berührende Austausch mit anderen, der weit über die üblichen geschäftlichen Gespräche hinausgeht und Vertrauen und Zuneigung entstehen lässt.
- Die nährende Erinnerung an die erfüllendsten Zeiten, die man in diesem Unternehmen oder in anderen Organisationen erlebt hat, und die alle Beteiligten etwas darüber lehren, wie das eigene Unternehmen in Zukunft sein könnte.
- Die nährende Erinnerung an frühere gemeinsame Erfolge, die allen bewusst macht, dass auch die derzeitigen Schwierigkeiten gemeistert und neue Erfolge geschaffen werden können.
- Die Betroffenheit, die möglicherweise dadurch entsteht, dass den Beteiligten durch Dialog und Reflexion eine bisher nicht erkannte Realität im Markt, im weiteren Umfeld oder im Unternehmen bewusst wird - beispielsweise wie einengend ihre Art der Führung bei den Mitarbeitern erlebt wird, wie mäßig das Ansehen des Unternehmens bei seinen Kunden ist oder wohin sich Gesellschaft und Erde als Ganzes entwickeln und dass sie eine Rolle dabei haben.
- Der Kontakt zu sich selbst, der durch Zeiten der Reflexion, Zeiten der inneren Stille, Zeiten in der Natur und die Gesprächsform „am Feuer“ entsteht.
- Der Kontakt jedes einzelnen mit seiner eigenen Kern-Leidenschaft, seinem eigenen höheren Zweck und seinem eigenen nächsten großen Ziel, wenn auch dafür Raum gegeben wird.

Das Feuer verbreiten

Die Kern-Leidenschaft, der höhere Zweck und die Werte (die wir ab jetzt auch zusammenfassend *Leitbild* oder *Unternehmensphilosophie* nennen werden) müssen im gesamten Unternehmen lebendig gemacht und lebendig gehalten werden. Eine gute Möglichkeit dazu besteht darin, schon in die Entstehung viele Mitarbeiter einzubinden. Und ein eleganter Weg, dies zu bewerkstelligen, ist eine interaktive Großgruppenkonferenz. Auf diese Art von Ausnahmeereignissen, mit denen sich rasch ein „Großfeuer" erzeugen lässt, gehen wir in Kapitel 8 noch explizit ein. Ebenso kommen wir erst in Kapitel 12 darauf, was es heißt, Strukturen, Systeme und Prozesse zu schaffen, die dem Leitbild entsprechen - einer der stärksten Hebel, um Verhalten im Sinne eines Leitbildes entstehen zu lassen.

Hier wollen wir zunächst die Aktivitäten betrachten, die von Führungskräften und besonders der obersten Führung immer und immer wieder getan werden sollten, um die Leidenschaft wachzuhalten.

- Machen Sie bei allen wichtigen Entscheidungen das Leitbild zum Kriterium. Beziehen Sie sich ganz bewusst darauf. Kommunizieren Sie diese Entscheidungen mit Bezug zum Leitbild. Erläutern Sie, welcher Teil des Leitbilds die Entscheidung beeinflusst hat. Besonders, wenn Sie sich entschieden haben, etwas Bestimmtes *nicht* zu tun (weil das einfach nicht „wir" sind), stellen Sie diese Entscheidung als Konsequenz des Leitbilds dar.

- Machen Sie bei allen möglichen Gelegenheiten das Leitbild immer wieder zum Thema. Schreiben Sie darüber in Ihren E-Mails an alle Mitarbeiter. Nutzen Sie Veranstaltungen, die es sowieso im Unternehmen gibt, um immer wieder auf die Kern-Leidenschaft, den höheren Zweck und die Werte hinzuweisen.

- Seien Sie darauf gefasst, auch mit einer Welle negativer Energie konfrontiert zu werden, wenn Sie über das Leitbild reden. Mitarbeiter werden deutlich machen, wie groß die Kluft zwischen Anspruch und Wirklichkeit ist. Sie werden ihre Frustrationen zum Ausdruck bringen. Und es kann unangenehm sein, sich das anzuhören. Die erste Reaktion ist leicht, dass das doch alles übertrieben sei, was da gesagt wird. Hören Sie trotzdem ohne Verurteilung zu. Lassen Sie sich berühren. In der Energie der Frustration verbirgt sich auch der Wunsch, die Situation zu verbessern.

- Interpretieren und benennen Sie alles positive Verhalten, das sie beobachten, alle Mühen und Anstrengungen der Mitarbeiter, die Sie mitbekommen, als Ausdruck der Kern-Leidenschaft, der Werte und des höheren Zwecks des Unternehmens. Sammeln Sie Geschichten darüber, wie die Werte bereits beispielhaft gelebt werden, und erzählen Sie diese Geschichten bei jeder Gelegenheit. Betonen Sie, was alles schon gut ist, und sagen Sie zugleich, dass Ihnen bewusst ist, dass das Umsetzen der Werte noch weiter und weiter vervollkommnet werden kann. Wenn Sie immer wieder beispielhafte Geschichten erzählen oder auch von anderen erzählen lassen, werden Sie feststellen, dass sich diese verselbständigen, weitererzählt werden und somit das Energiefeld/Bewusstsein des Unternehmens prägen.

- Machen Sie markante Aussagen, die man nicht überall hört und die die Mitarbeiter aufmerken lassen. Beispiele:
  - „Sagen Sie mir vor allem die unangenehmen Wahrheiten, die ich nicht hören will. Sagen Sie auch allen anderen Führungskräften die unangenehmen Wahrheiten, die sie nicht hören wollen. Ich verspreche, dass ich Ihnen zuhören werde."
  - „Bei uns hat gesunder Menschenverstand Vorrang vor Organisationsanweisungen. Denn wir vertrauen Ihnen, dass Sie Ausnahmen von den Regeln mit Verantwortungsbewusstsein und Blick auf das Ganze machen."
  - „Wir wollen unsere Ziele erreichen, jedoch nie auf Kosten unserer Werte."
  - „Mir ist wichtig, dass bei uns jeder, gleich wie bedeutend oder weniger bedeutend seine Position ist, Wertschätzung erfährt - für das, was er tut, und auch für das, was er ist."
  - „Bei uns wird keine gute Idee, die wir für sinnvoll halten, mehr am Geld scheitern."
  - „Ich möchte, dass wir immer ehrlich sind - zueinander, gegenüber unseren Kunden und gegenüber dem gesamten Umfeld - auch wenn es unangenehm ist und uns kurzfristig Nachteile bringt."
  - „Gehen Sie mit Ihren guten Ideen überallhin, nehmen Sie dafür auch Kontakt zu Führungskräften in ganz anderen Bereichen des Unternehmens auf. Kommen Sie auch zu mir, wenn ich derjenige bin, der die Idee hören muss. Sie haben ein Recht darauf, dass ich und alle anderen Führungskräfte uns Mühe geben, Ihre Idee zu verstehen und vorurteilslos zu prüfen."
  - „Wenn keiner Ihre Idee versteht, Sie aber an sie glauben, dann treiben Sie Ihre Idee ‚undercover' voran."
  - „Wir haben unsere Werte nicht in erster Linie, weil sie uns erfolgreicher machen, obwohl ich sicher bin, dass sie es tun werden. Wir haben unsere Werte, weil sie richtig sind. Wir hätten diese Werte auch, wenn sie uns geschäftlich schaden würden."
  - „Haben Sie ein echtes Interesse an dem anderen des anderen und fordern Sie das auch von mir ein."[51]
  - „Zeigen Sie auf internen Meetings keine Powerpoint-Präsentationen, ihre Erstellung kostet uns viel Zeit. Führen Sie zusammen eine gute Diskussion, statt sich nur gegenseitig etwas zu verkaufen." (Das schrieb Jürgen Dormann, als er CEO von ABB war, an alle Mitarbeiter, woraufhin die Zahl inter-

ner Präsentationen dramatisch abnahm und eine Menge unproduktiver Zeit gespart werden konnte.)[52]

– „Feiern Sie immer wieder das, was Sie erreicht haben."

Wenn Sie solche oder ähnliche markante Aussagen machen, die man üblicherweise nicht hört, entsteht eine wertvolle Geschichte, die weitererzählt wird.

- Achten Sie darauf, dass die Agenden der Meetings, an denen Sie teilnehmen, immer auch die Kern-Leidenschaft, den höheren Zweck und die Werte des Unternehmens reflektieren. Wenn es in den Meetings immer nur um Zahlen geht, wird das kaum der Fall sein.

- Zeigen Sie durch bewusste Zeitverwendung und bewusste Zeichen, was Ihnen wichtig ist. Besuchen Sie Kunden, rufen Sie Kunden an, suchen Sie den Kontakt zu Mitarbeitern, stellen Sie ganz bewusst dabei immer wieder die gleichen Fragen. Es werden zwar jeweils nur ganz wenige unmittelbar mitbekommen, was Sie tun. Doch es entstehen auch darüber Geschichten, die weitererzählt werden. Und diese Geschichten sind dann Teil des Energiefelds/Bewusstseins des ganzen Unternehmens. Führungskräfte mit Leidenschaft werden durch die über sie erzählten Geschichten zu mythischen Figuren und dehnen ihren Wirkungsradius damit enorm aus.

  Beispiel: Ein Spartenleiter in einem Chemie-Konzern erlaubte seinen Ingenieuren, sich sechs Stunden pro Woche einem selbstgewählten Thema zu widmen, um Innovationen zu fördern. (3M macht Ähnliches seit Jahrzehnten.) Die Idee wurde begeistert aufgenommen, allein die Ingenieure nahmen sich die sechs Stunden nicht. Die dringlichen Aufgaben des Alltags waren ihnen wichtiger. Was kann der Spartenleiter tun? Er kann jede Woche drei Ingenieure anrufen oder besuchen und sie fragen, wie sie die sechs Stunden verbracht haben. Und zwar nicht im Geist der Kontrolle, sondern im Geist ehrlichen Interesses. Es wird dann nicht lange dauern, bis sich das Bewusstsein verändert. Die Ingenieure wollen gern etwas Gutes antworten können, wenn sie selbst einmal gefragt werden. Und die Tatsache, dass der Spartenleiter Zeit dafür aufwendet, macht deutlich, wo seine Prioritäten liegen. Sein Handeln wird schnell zur Geschichte werden.

- Fordern Sie die Mitarbeiter auf, drängen Sie sie sogar, das Management darauf hinzuweisen, wenn es das Leitbild selbst nicht lebt. Das gilt noch mehr, wenn auch Führungsleitsätze erarbeitet wurden.

- Messen Sie regelmäßig, welche Werte im Unternehmen tatsächlich gelebt werden. Richard Barrett hat dafür ein einfaches web-basiertes Befragungs-Werkzeug entwickelt, das Unternehmen und Berater auf der ganzen Welt einsetzen.[53] Es zeigt gut, welche Werte oder Unwerte auf welchen der sieben Stufen im Unternehmen tatsächlich lebendig sind.

- Finden Sie ein Symbol für das Leitbild. Das kann ein Bild sein. Besonders wirkungsvoll sind einfache Bilder: ein Baum, eine Quelle, die Sonne, ein Juwel, dessen sämtliche Facetten leuchten ... Das Symbol könnte ein Halbedelstein sein, eine Statue, ein Maskottchen, ein Kunstwort, das nur Insider kennen, ein richtiger Baum, den Sie pflanzen ... Der Phantasie sind hier keine Grenzen gesetzt. Wenn Sie Kunstliebhaber sind und ein Bild ganz besonders lieben, dann nehmen Sie genau dieses Bild und erläutern Sie anhand dessen Ihren Traum davon, was das Unternehmen werden und bewirken soll. Wenn Sie Bach lieben, spielen Sie eine Fuge vor und erklären Sie Ihre Leidenschaft für das Leitbild anhand dieser Musik. Wenn Sie Ballonfahrer sind, dann lassen Sie einen Ballon mit dem Logo Ihres Unternehmens aufsteigen und legen Sie dar, was der Spirit des Ballonfahrers mit dem Spirit des Unternehmens zu tun hat. Wenn Sie Bergsteiger sind ... Sie wirken immer am authentischsten, wenn Sie von einer Welt reden, die Sie wirklich lieben.

  Hängen Sie das Bild feierlich an einer prominenten Stelle im Foyer Ihres Unternehmens auf. Schenken Sie jedem einen Halbedelstein. Verteilen Sie Buchsbäume und Gießkannen. Verschenken Sie CDs mit Ihrer Musik ... all dies sind nur Beispiele - *Ihr* Symbol kennen nur Sie.

  Der Medizintechnikhersteller Medtronic hat für seine Kern-Leidenschaft ein Medaillon als Symbol. Und obwohl das Unternehmen inzwischen über 38.000 Mitarbeiter in vielen Ländern hat, nehmen sich der CEO und der noch lebende Gründer Earl Bakken die Zeit, jedes Jahr an jedem Standort allen neuen Mitarbeitern in einer Zeremonie das Medaillon persönlich zu überreichen.[54] Es ist genau dieser Akt der Übergabe, der das Symbol mit einer Geschichte auflädt und deutlich macht, dass das Leitbild nicht nur ein Stück Papier, sondern gelebte Leidenschaft ist.

  Ein Geschäftsführer, dem wir das einmal erzählten, entgegnete, dass das für Deutsche, die aufgrund des Dritten Reichs auch heute noch ihre Probleme mit Symbolen hätten, viel zu amerikanisch wäre. Doch im selben Gespräch erzählte er dreißig Minuten später, dass in seinem Unternehmen einmal eine kleine gelbe Plastikente Kultstatus bekommen hatte. Sie wurde auf einer Messe verwendet und Kunden geschenkt, doch plötzlich wollte sie jeder im Unternehmen haben. Menschen lieben eben Symbole.

- Zeigen Sie das Leitbild jedem neuen Mitarbeiter, den Sie einstellen. Beobachten Sie seine Resonanz. Spricht ihn etwas aus dem Leitbild an? Überlegen Sie sich gut, ob sie ihn wirklich einstellen wollen, wenn keinerlei Leidenschaft in ihm aufflackert. Sie brauchen Mitarbeiter, die zu Ihrem Leitbild passen.

- Trennen Sie sich von Führungskräften, die die Werte nicht leben, selbst wenn sie gute Leistungen erbringen. Das ist wohl der Härtetest dafür, wie groß Ihre Leidenschaft für die Werte tatsächlich ist. Und hiervon hängt Ihre Glaubwürdigkeit und die Glaubwürdigkeit eines Leitbildes vielleicht sogar am meisten ab. Jack Welch von GE hat das gewusst, entsprechend gehandelt und es auch klar kommuniziert, wenn jemand aus diesem Grunde das Unternehmen verlassen musste. (Wie Sie sich vorstellen können, entsteht auch daraus eine machtvolle Geschichte.)

Viele kleine Feuer entfachen

Neben diesen Beispielen für Führungshandeln gibt es noch eine andere Möglichkeit, das Feuer zu verbreiten und der Energie des Lebens mehr Raum zu geben: Geben Sie allen Führungskräften, am besten sogar allen Mitarbeitern die Gelegenheit, mit ihrer eigenen Kern-Leidenschaft, ihrem eigenen höheren Zweck und ihren eigenen Werten in Kontakt zu kommen und sich ein größeres Ziel zu stecken, das sie sich bisher nicht zugetraut haben. Geben Sie ihnen die Gelegenheit, ihre eigene Energie zu erneuern - ihr eigenes Feuer wieder zu entfachen. Unternehmen geben zum Teil hohe Summen für Führungstrainings aus. Dabei wird in der Regel übersehen, dass der fundamentalste Hebel für die Entwicklung einer Führungskraft genau der Impuls des Lebens ist, der oft verschüttet in ihr schlummert und wachgerufen werden will. Ihn freizulegen ist die Investition, die die größte Wirkung hat. Denn eine Führungskraft, die ihre Kern-Leidenschaft, ihren höheren Zweck und ihre Werte identifiziert und die sich entschieden hat, das Leben in sich selbst und in anderen zu nähren, wird anders und effektiver führen. Sie ist nicht in erster Linie Inhaber einer Stelle, sondern eine Person, die erkannt hat, dass sie mit ihren speziellen Talenten eine bestimmte Qualität in die Welt bringen will. Vom Inhaber einer Position ist sie zum Diener einer Leidenschaft geworden - und zu jemandem, der viel eher andere zu inspirieren vermag. Lance Secretan nennt diese Art der inspirierten und inspirierenden Führung *Higher Ground Leadership*.[55]

In Krankenhäusern, Schulen und ähnlichen Einrichtungen arbeiten oft Menschen, die durch ihre Kern-Leidenschaft zu genau diesem Beruf geführt wurden. Man könnte nun meinen, dass diesen Menschen ihre Leidenschaft bewusst sei, dass sie natürliche Idealisten seien und dass man daher diesbezüglich nichts mehr tun müsse. Weit gefehlt! Denn selbst wenn diese Menschen ihren Beruf mit viel Enthusiasmus begonnen haben - der Alltag in solchen Institutionen ist anstrengend und aufreibend. Und im grauen Alltag wird allzu leicht auch der Spirit grau. Die anfängliche Begeisterung kann völlig verloren gehen. Mitarbeiter in Krankenhäusern sagen häufig: „Ich liebe meinen Beruf, doch ich hasse meinen Job." (Auch so eine Geschichte, die das Energiefeld/Bewusstsein einer Organisation repräsentiert.) Sie lieben das, was sie mit ihrem Beruf für andere tun können. Doch durch den Stress des Alltags wird dieses Feuer immer wieder durch die Asche der Erschöpfung verdeckt.

Sue Edstrom von Creative Health Care Management führt in den USA für Krankenhäuser Seminare mit dem Titel „Reigniting the Spirit of Caring" durch.[56] Krankenhaus-Mitarbeiter werden darin mit ihrer Lebensenergie und mit ihrer Leidenschaft, für andere Menschen da zu sein und deren Lebensenergie zu nähren, wieder in Kontakt gebracht. Sie lernen, dass und wie sie auch selbst dazu beitragen, die Verbindung zu dieser Energie zu unterbrechen, und dass und wie sie etwas tun können, um sie zu erhalten. So wird der Spirit of Caring in wenigen Tagen wieder entfacht.

Den Spirit of Caring oder einen Spirit of ... braucht es in jedem Mitarbeiter in jedem Unternehmen und jeder Organisation. Dieser Spirit ist der Impuls des Lebens selbst und ohne diesen gibt es keine Leidenschaft für irgendetwas. Daher sind Reigniting-the-Spirit-Seminare in allen Organisationen sinnvoll. Der St. Galler Textil-Unternehmer Robert Schläpfer hat sie schon vor dreißig Jahren mit seinen Mitarbeitern durchgeführt und darüber an der Hochschule St. Gallen berichtet. Sie helfen Mitarbeitern, ihre Kern-Leidenschaft und ihren höheren Zweck zu entdecken und ihr inneres Feuer wieder zu entfachen. Sie leiten sie an, darüber nachzudenken, wer und wie sie in ihrer Arbeit sein wollen, was ihr einmaliger Beitrag sein kann und wie sie mit ihrer Arbeit das bewirken können, was sie bewirken wollen. In vielen Fällen führt das dazu, dass Mitarbeiter ihre derzeitige Aufgabe anders machen wollen. In anderen Fällen suchen sie sich eine ergänzende Aufgabe, um etwas zu tun, was ihnen noch zusätzlich Sinn gibt. Gelegentlich suchen sie sich auch eine ganz neue Aufgabe, in der sie ihre Talente und ihre Leidenschaft besser leben können. Oder es führt dazu, dass sie sich viel größere Ziele setzen. Das Unternehmen sollte das unterstützen und in solchen Fällen helfen, eine geeignetere Aufgabe zu finden. Wenn ein Unternehmen das tut, nützt es sich selbst. Wenn es viele Mitarbeiter anleitet, sich mit ihrer Leidenschaft und ihrem höheren Zweck zu verbinden, dann wird das Energiefeld des Ganzen gestärkt. Es gehört dann einfach für alle dazu, sich ihrer Leidenschaft bewusst zu sein und sich auch leidenschaftlich für sie einzusetzen. Damit erfüllt ein Unternehmen schließlich im Sinne von Stufe 7 seinen höchsten Zweck - dem Leben zu dienen.

Kapitel 5: Das nächste große Ziel und die Vision

Das richtig gewählte nächste große Ziel ist ebenfalls ein Teil des wahren Willens des Unternehmens und eine hervorragende Möglichkeit, Energie zu mobilisieren. Es kommt darauf an, dass an seine Erreichbarkeit geglaubt und es zu einer Geschichte wird, die sich die Menschen im Unternehmen erzählen. Die Vision ist ein noch umfassenderes Konzept, das sehr wichtig, doch selten umfänglich verstanden ist.

Mit großen, herausfordernden Zielen gelang es Führenden schon immer, enorme Kräfte zu mobilisieren und Menschen zu einem ungewöhnlichen Maß an Kooperation zu bewegen. Churchill wollte Europa von Hitler befreien. Gandhi wollte Indien von der Beherrschung durch das englische Königreich befreien. John F. Kennedy forderte seine Landsleute im Mai 1961 auf, einen Mann sicher zum Mond und wieder zur Erde zu bringen. Alle drei konnten viele Menschen dafür gewinnen, sich ihrem Ziel anzuschließen.

Ein großes, herausforderndes Ziel kann auch in einem Unternehmen viel Energie freisetzen und fokussieren. Einem träge gewordenen Unternehmen kann es neues Leben und neue Dynamik einhauchen. Einige Unternehmen sind genau dafür bekannt, dass sie sich große Ziele gesetzt und erreicht haben. Reinhold Würth hat seinem Unternehmen wiederholt zehn Jahre in die Zukunft reichende Umsatzziele vorgegeben und erreicht. Audi hat sich vor wenigen Jahren zum Ziel gesetzt, bis 2015 jährlich 1,5 Millionen Autos zu verkaufen, und ist auf dem Wege, dieses Ziel zu realisieren. (In der derzeitigen Rezession sind die Absatzrückgänge von Audi die geringsten der deutschen Automobilhersteller.) Doch es gibt natürlich auch etliche Beispiele, wo solche Ziele nicht erreicht wurden. Das Setzen *irgendeines* hochgesteckten Ziels allein kann es also nicht sein.

Es kommt nämlich auf zwei Dinge an:

- Erstens, dass das nächste große Ziel mit Leidenschaft und nicht nur mit Ehrgeiz angestrebt wird - dass es den *wahren Willen* des Unternehmens zum Ausdruck bringt. Das nächste große Ziel sollte gewählt werden, weil es erkennbar dazu beiträgt, die Kern-Leidenschaft und den höheren Zweck des Unternehmens zu erfüllen. Denn dann ist es nicht nur herausfordernd, sondern inspirierend. Die Ziele von Churchill, Gandhi und Kennedy waren herausfordernd und zugleich inspirierend. Sie dienten alle auf ihre Weise nicht nur der eigenen Klientel, sondern der Menschheit. Ihre Ziele waren im Einklang mit Feldern, die sich manifestieren wollten.

- Zweitens, dass die Führungsspitze selbst an die Erreichbarkeit des großen Ziels glaubt und es mit aller Entschlossenheit verfolgt, selbst wenn sie noch nicht weiß, wie es erreicht werden kann. Das wird sie wiederum nur tun, wenn sie das intuitive Gefühl hat, dass das große Ziel dem *wahren Willen* des Unternehmens entspricht - dass es etwas ist, das sich Führung und Mitarbeiter nicht nur mit ihrem Kopf, sondern mit dem ganzen Wesen wünschen.

Im Jahr 1989 veröffentlichten Gary Hamel und C. K. Prahalad einen Artikel mit dem Titel *Strategic Intent* im „Harvard Business Review", der untersuchte, wie es den Japanern gelungen war, in den zwanzig Jahren davor dem Westen ganze Branchen abzunehmen (Konsumelektronik, Foto, Bürotechnik).[57] Die zentrale Hypothese dieses Artikels, der seinerzeit viel Aufmerksamkeit erregte, war, dass die japanischen Unternehmen eine sehr langfristige Intention gehabt hätten und dass sie angetreten seien, die westlichen Konkurrenten zu schlagen. Canon sei mit dem Motto „Beat Xerox" in den Kampf gezogen. Wenige Jahre später erzählte in der gleichen Zeitschrift Ryuzaburo Kaku, der zwei Jahrzehnte an der Spitze von Canon gestanden hatte, die gleiche Geschichte ganz anders.[58] Canon wollte zweifellos ein global tätiges Unternehmen werden, doch dieses Ziel diente dem höheren Zweck seines Unternehmens (auf den wir im nächsten Kapitel noch ausführlich kommen), und Canon bot seinen Wettbewerbern sogar die Kooperation an. Kein Wort davon, dass es wesentlich gewesen wäre, größer als Xerox zu werden oder gar Xerox klein zu machen - obwohl heute Canon tatsächlich viel größer als Xerox ist.

Wir tendieren dazu, uns viel zu stark in Bezug auf unsere Wettbewerber zu definieren und diese als Gegner zu sehen, die zu schlagen sind. Wir tendieren dazu, überhaupt besser oder größer als andere werden zu wollen. Doch das sind in aller Regel extrinsisch motivierte Ziele, die unserem Ehrgeiz geschuldet sind. Es lässt sich, wie wir bereits im dritten Kapitel schrieben, mit einer einfachen Übung zeigen, dass uns der Wunsch, einen Konkurrenten zu schlagen, schwächt anstatt stärkt. Er entzieht uns Lebensenergie. Ein Ziel dagegen, das wir deshalb wählen, weil es uns hilft, unsere Kern-Leidenschaft zu leben und unseren höheren Zweck auszudrücken, und von dessen Erreichbarkeit wir zutiefst überzeugt sind, inspiriert und stärkt uns. Und - es inspiriert zugleich unsere Umgebung.

Konosuke Matsushita hat es gut verstanden, seinem Unternehmen immer wieder ein großes nächstes Ziel vorzuschlagen und es damit zu motivieren, eine ganz neue Ebene zu erreichen. Und natürlich er hat diese Ziele immer auch mit der Kern-Leidenschaft und dem höheren Zweck verbunden.[59] Als er im Jahr 1956 seine Führungsmannschaft zusammenholte, konnte diese auf sehr erfolgreiche und wachstumsstarke Jahre zurückblicken. Die Führungskräfte erwarteten wahrscheinlich von ihrem obersten Chef ein „Gut gemacht, weiter so". Doch zu ihrer Überraschung eröffnete ihnen Matsushita, dass er den Kurs des Unternehmens nicht für akzeptabel halte. Er sagte ihnen, dass Japans Lebensstandard immer noch weit hinter Europa und den USA zurück läge und dass zu viele japanische Familien keine arbeitssparenden Geräte wie Waschmaschinen hätten. Die Pflicht des Unternehmens sei es, den Japanern diese Geräte zu günstigen Preisen zu verschaffen. Die Pflicht des Unternehmens sei es auch, diese Geräte sehr kostengünstig herzustellen. Daher wolle er dem Unternehmen ein offensives Wachstumsziel vorschlagen. Er denke an eine Vervierfachung des Umsatzes in fünf Jahren. Und er ergänzte, dass es ihm damit nicht um Gier oder Ruhm oder Gewinn ginge, sondern um die Erfüllung einer wichtigen Aufgabe gegenüber den eigenen Landsleuten.

Klingt das wie ein Ziel, das einfach nur ehrgeizig ist oder das gewählt wurde, weil es Investoren gefällt? Nein. Man darf wohl annehmen, dass es Matsushitas authentischer Wunsch war, dieses Ziel zu erreichen. Er stieß mit diesem Ziel zunächst auf viel Unglauben und Widerstand in seiner Führungsriege, doch am Ende wurde es schon nach vier Jahren im Jahr 1960 erreicht. Zeit für eine Pause? Nein, denn in diesem Jahr schlug Konosuke Matsushita seinen wiederum überraschten Führungskräften vor, dass Matsushita bis 1965 das erste Großunternehmen in Japan werden solle, das die Sechstagewoche auf eine Fünftagewoche reduziert - und zwar bei gleichzeitigem Anstieg der Gehälter im Gleichschritt mit dem Wettbewerb. An dieses Ziel glaubte nicht einmal die Gewerkschaft. Viele Führungskräfte hielten die Idee für verrückt, freiwillig einen Kostenvorteil aufzugeben. Doch das Unternehmen strengte sich außerordentlich an, um produktiver zu werden, und führte 1965 tatsächlich als erstes Großunternehmen in Japan die Fünftagewoche ein. Auch danach ließ eine neue große Herausforderung nicht lange auf sich warten. 1967 sagte Konosuke Matsushita seinen Führungskräften, dass Japan in den letzten 20 Jahren das Land wieder aufgebaut und wirtschaftlich sehr viel erreicht habe und dass es jetzt wichtig sei, sich zu fragen, was für eine Gesellschaft man werden wolle. Als Beitrag des Unternehmens Matsushita schlug er vor, dass man sich vornehmen solle, in den nächsten fünf Jahren die Gehälter der Mitarbeiter über das europäische Niveau hinaus auf das Niveau der Gehälter in den USA anzuheben - natürlich unter voller Beibehaltung der bisherigen Profitabilität. Im Jahr 1971 erreichten die Gehälter westdeutsches Niveau, im Jahr 1972 in etwa das der USA. Und wieder war dafür eine enorme Produktivitätssteigerung erforderlich.

Unternehmen können in Selbstzufriedenheit verfallen. Dann ist ein herausforderndes großes Ziel eine gute Methode, um alle aus dieser Selbstzufriedenheit herauszuholen, um Energie freizusetzen und zu fokussieren. Doch eigentlich geht es hier um viel mehr als nur um ein Mittel zu diesem Zweck. Eigentlich geht es darum, sich zu fragen, was die „nächste Ebene" des Unternehmens sein könnte -

Der weise König der Wüste spricht

„... die Zeder ist nicht Hass gegen all das, was nicht Zeder ist, sondern Felsgestein, das die Zeder aufgesogen hat und zum Baume werden ließ. Wenn du kämpfst gegen was immer es sei, wird dir die ganze Welt verdächtig werden, denn alles ist ein mögliches Obdach, ein möglicher Hinterhalt und eine mögliche Nahrung für deinen Feind. [...] Die Zeder, die gedeiht und das Buschwerk unterdrückt, kümmert sich nicht um das Buschwerk. Sie weiß gar nichts von seinem Dasein. Sie kämpft für die Zeder und verwandelt das Buschwerk in Zeder."

Antoine de Saint-Exupéry, Die Stadt in der Wüste „Citadelle"

ein neues Plateau, auf dem das Unternehmen für seine Kunden, Mitarbeiter und das größere Umfeld noch viel besser als heute das bewirken kann, was es bewirken will. Es geht darum, ein Ziel zu finden, das Führungskräfte und Mitarbeiter wirklich zu inspirieren vermag.

Dieses Ziel kann sogar einen profanen Kern haben, beispielsweise die Beschleunigung des Wachstums oder die Steigerung der Produktivität wie bei Matsushita. Doch die Motivation hinter solch profanen Zielen sollte erkennbar darin bestehen, den Kunden noch besser zu dienen oder den höheren Zweck des Unternehmens noch besser zu erreichen.

Das neue Plateau, das man erreichen will, kann ansonsten ganz unterschiedliche Qualitäten ausdrücken. Vielleicht ist das Unternehmen auf der neuen Ebene in den meisten Ländern Europas vertreten, wenn es vorher nur in einem Land tätig war. Vielleicht spart es auf der neuen Ebene in bedeutendem Maße Rohstoffe und Energie und hat seine Produkte deutlich umweltfreundlicher gestaltet. Vielleicht hat es die Attraktivität seiner Ladengeschäfte und den Umsatz pro Quadratmeter erheblich gesteigert. Vielleicht hat es ein radikal neues Produkt entwickelt, das seinen Kunden einen viel größeren Nutzen stiftet. Vielleicht hat es geschafft, den Umsatz seines wichtigsten Produkts nochmals zu verdoppeln. Oder vielleicht strebt ein Krankenhaus danach, in drei Jahren die Zahl der Kunstfehler um 80 Prozent zu reduzieren. Und vielleicht besteht die neue Ebene auch aus mehr als einem Thema. Doch es ist auch klar: Um ihre Kräfte nicht zu zersplittern, darf sich eine Organisation nur sehr wenige wirklich herausfordernde Ziele zur gleichen Zeit vornehmen.

Oft nehmen sich Unternehmen kein wirklich großes nächstes Ziel vor, weil selbst in der Führungsspitze niemand ein solches für realisierbar hält. Das Führungsteam sollte sich daher fragen: Wo gehen wir bisher einfach von der Annahme aus, dass „mehr sowieso nicht geht"? Oder anders formuliert: Welche begrenzenden Geschichten erzählen wir uns? Und wenn wir diese Annahme nicht treffen und alle angenommenen Hindernisse einmal komplett beiseitelassen: Was ist dann das, was wir uns wirklich wünschen? Die Betonung liegt auf „wirklich", denn es geht auch hier um den *wahren Willen.* Es geht darum, sich nicht vorschnell zu zensieren, sondern einen wirklich großen Traum zu träumen. Fragen wie die folgenden haben die Kraft, ihn zu enthüllen:

- Was wäre ein wirklich kühnes Ziel?
- Was wäre ein lohnenswertes Ziel, das noch keiner vorher je erreicht hat?
- Was wäre ein Ziel, mit dem sich auch Hunderte oder mehr Mitarbeiter inspirieren lassen und das realisierbar wäre, wenn viele mitzögen?

- Welches Ziel würde unsere Kern-Leidenschaft oder unseren höheren Zweck deutlich weiterbringen?
- Welches Ziel würde uns wirklich stolz machen und mit Freude und Dankbarkeit erfüllen, wenn wir es erreichten?
- Welches Ziel haben wir bisher immer verworfen, weil wir es doch nicht für erreichbar hielten?
- An welches Ziel haben wir noch nicht einmal gewagt zu denken?
- Welches Ziel würden wir uns vornehmen, wenn wir keine Angst hätten?

Es geht hierbei keinesfalls darum, blinden Ehrgeiz zu entwickeln. Es geht auch nicht darum, Größe anzustreben, weil man gerne bedeutend sein will. Es geht immer noch darum zu erforschen, was der *wahre Wille* ist, hierfür einmal alle begrenzenden Annahmen beiseite zu lassen und mutig zu denken. Denn wenn wir uns erst einmal wirklich klar darüber geworden sind, was wir uns wirklich wünschen, sehen die begrenzenden Annahmen oft schon ganz anders aus, und wir sagen viel eher „ja, warum eigentlich nicht?“. In genau diesem Moment beginnen wir, uns selbst eine neue Geschichte zu erzählen. Und wenn ein Ziel unserem *wahren Willen* entspricht, dann stellen wir uns auch gerne vor, wie es verwirklicht ist. Das wiederum stärkt unseren Glauben an seine Erreichbarkeit. Nur wenn ein großes Ziel unserem *wahren Willen* entspricht, entsteht in uns ein tiefes Vertrauen in die Richtigkeit und Erreichbarkeit dieses Ziels, selbst wenn wir zunächst keine Ahnung haben, wie dieses Ziel je erreicht werden kann.

Wir müssen nicht von vorneherein wissen, *wie* das nächste große Ziel erreicht werden kann. Und dennoch ist es richtig, Mitarbeitern dieses Ziel vorzuschlagen. Einige werden uns immer auffordern, unser Ziel zu konkretisieren und ihnen eine detailliertere Wegweisung vorzugeben. Sie meinen dann vielleicht, wir würden zu wenig führen. Doch die Einzelheiten müssen nicht von der Spitze kommen. Das nächste große Ziel kann ein sehr globales sein, und der Leiter des Unternehmens kann seine Mitarbeiter auffordern zu erarbeiten, wie es erreicht werden kann. Wirklich herausfordernde Ziele können wir meist nur realisieren, indem wir die Intelligenz und Energie des ganzen Systems mobilisieren.

Ein nächstes großes Ziel wird dann, wenn die Spitze daran glaubt und mit diesem Glauben sukzessive weitere Mitarbeiter (nie alle) ansteckt, auch zu einer neuen Geschichte, die im Unternehmen erzählt wird. Wichtig ist dabei, dass das nächste große Ziel vorgeschlagen und dass dafür geworben, dass es aber nicht vorgegeben wird. Wenn die Mitarbeiter den Vorschlag aufgreifen (zu Beginn sind es vielleicht nur sehr wenige), dann wird eine neue Geschichte erzählt, die zum Teil des Energiefelds/Bewusstseins des Unternehmens wird. Nehmen wir als Beispiel die Situation in Großbritannien, unmittelbar bevor Churchill im Mai 1940 Premierminister wurde. Die Briten waren damals mutlos und hatten resigniert. Sie glaubten nicht, dass sie etwas gegen Hitler ausrichten könnten. „Es geht nicht", war die Geschichte, die sie sich erzählten. Und daher taten sie nichts - zumindest nichts, was Hitler hätte Einhalt gebieten können. Churchill jedoch war zutiefst überzeugt, dass Hitler vernichtet werden könne und dass es die Aufgabe der Briten sei, ihm die Stirn zu bieten. Er spürte, dass genau das der *wahre Wille* des britischen Volkes war. Da er daran glaubte, begannen viele seiner Landsleute ebenfalls, an das Ziel der Vernichtung Hitlers zu glauben. In Großbritannien wurde ab Mitte 1940 eine neue Geschichte erzählt: „Wir wollen es! Und wir schaffen es!" Ein neues Energiefeld war wirksam.

Churchill hat nicht nur ein Ziel vorgeschlagen und „verkauft", sondern er hat mit seiner Unbeirrtheit und mit seinem Vertrauen in die Erreichbarkeit dieses Ziels auch eine Erwartung kommuniziert. Er hat seinen Landsleuten also nicht nur gesagt: „Wir sollten Hitler besiegen." Er hat ihnen auch klargemacht, wie sehr er daran glaubt, dass die Briten es schaffen werden. Er sagte ihnen: „Wir werden nie aufgeben." Churchill hat seinen Glauben dadurch in seinen Landsleuten wachgerufen, dass er von den großen Momenten in der Geschichte Großbritanniens berichtete. Er bezog sich auf die Kelten, die bereits die Römer zurückgedrängt hatten, er beschwor den Geist von Elisabeth I., die der spanischen Armada Einhalt geboten hatte, und er rief den Mut Lord Nelsons in Erinnerung, der bei Trafalgar Napoleon vernichtend geschlagen hatte. Indem Unternehmensleiter die gemeinsamen Erfolge der Vergangenheit ins Gedächtnis rufen, wecken sie den Glauben und die Erwartung, dass vorher nicht für möglich gehaltene Ziele erreicht werden können. Aus vielfältigen Experimenten wissen wir, dass immer dann, wenn Führungskräfte gegenüber Mitarbeitern inspiriert und glaubhaft eine hohe Erwartung kommunizieren, eine selbsterfüllende Prophezeiung entsteht. Die Empfänger der Botschaft übernehmen die Erwartung und handeln entsprechend. Und woran man glaubt, das wird realisiert. Was eine solche *Yes we can*-Geschichte, die sich viele erzählen, bewirken kann, hat eindrücklich der Wahlkampf Barack Obamas gezeigt.

Vision - das Bild von der ganzen Zukunft

Der Begriff „Vision" wird viel verwendet, auch bereits in diesem Buch, doch er ist bei weitem kein allgemeingültig definierter Begriff. Er wird für unterschiedliche Dinge gebraucht und manchmal auch missbraucht. Manche sehen eine Vision als etwas weit in der Zukunft liegendes, etwas wirklich Großes, aber doch konkret Erreichbares, wie eben die Mondlandung, die Kennedy vorgeschlagen hatte, oder wie die konkreten Ziele, die wir eben angeführt haben. Andere halten gerade solche geschäftlichen Ziele, bei denen es um Wachstum oder die Steigerung der Produktivität geht, für sehr profan und gar nicht visionär. Sie vermissen darin das Erhabene, das über die eigenen Interessen hinausweist. Für wieder andere ist eine Vision vor allem eine gänzlich neue Geschäftsidee, die jemand verwirklichen will. Und dann bezeichnen Unternehmen es manchmal als ihre Vision, in ihrer Branche das führende Unternehmen zu werden oder sogar auch nur zu bleiben.

Wie wenig inspirierend gerade das letzte Beispiel ist, wurde uns klar, als wir einmal den Visionsfilm eines Pharma-Unternehmens ansahen. Es war zu 99 Prozent ein wunderschöner, inspirierender Film. Er zeigte im Zeitraffer die Geschichte der Innovationen der Menschheit. Es begann mit der Erfindung der ersten primitiven Jagdwaffen und Werkzeuge, ging weiter mit der Umstellung auf Ackerbau, der Erfindung des Pfluges, des Rades, der Mühlen und so weiter. Es wurde deutlich, dass die menschliche Geschichte ganz wesentlich eine Geschichte von Innovationen ist, die uns immer wieder neue Möglichkeiten erschlossen. Als der historische Abriss das 18. Jahrhundert erreichte, wurde ein Arzt gezeigt, der ein kleines Unternehmen gründete, um die von ihm entdeckten Heilmittel herzustellen und zu verkaufen. In den Jahrhunderten danach entwickelte dieses Unternehmen immer wieder wegweisende neue Medikamente und trug damit wesentlich zum medizinischen Fortschritt und zur Heilung vieler Menschen bei. Ganz am Ende dieses anregenden Films kam ein abrupter Bruch. Das letzte Bild war ein Text, der in etwa lautete: Unsere Vision ist es, das führende Pharma-Unternehmen im xy-Gebiet zu sein. „War das jetzt alles?", fragte man sich unwillkürlich. Denn der ganze Film hatte die Erwartung genährt zu erfahren, dass das Unternehmen auch in Zukunft alles daran setzen wolle, innovative Medikamente zu entwickeln, um Menschen zu heilen und den medizinischen Fortschritt zu fördern, und dass man in fünf oder sieben Jahren ein paar große Ziele erreicht haben wolle.

Wir verstehen eine Vision als das Bild der *ganzen* Zukunft, die wir erschaffen wollen.[60] Sie enthält das Profane und das Erhabene, das, was ewig Geltung haben, und das, was in drei oder fünf Jahren erreicht werden soll, das, was wir für uns selbst, und das, was wir für andere wollen. Sie ist ein Bild der Zukunft, in der wir

- unsere Kern-Leidenschaft erfolgreich leben, also eine bestimmte Qualität in die Welt bringen
- unseren höheren Zweck erfüllen, also auf unsere ganz besondere Weise der Menschheit, der Erde und den eigenen Mitarbeitern dienen
- unsere Werte leben, und zwar nicht nur mit unserem Verhalten, sondern auch mit entsprechenden Strukturen, Systemen und Prozessen, die diese Werte verkörpern und fördern

- unser nächstes wirklich großes Ziel und weitere wichtige Ziele für diesen Zeitraum erreicht haben und damit zu den ersten drei Punkten beitragen

Das nächste große Ziel allein ist noch keine Vision. Es ist für sich allein zu profan. Denn die Kern-Leidenschaft und der höhere Zweck - die Gründe also, warum man das Ziel anstreben sollte - kommen darin nicht vor.

Die Kern-Leidenschaft, der höhere Zweck und die Werte allein sind aber auch nicht die Vision. Denn darin ist nicht die nächste höhere Ebene enthalten, die das Unternehmen erreichen will. Es fehlt dann der eigentliche Berggipfel, den man als Nächstes erklimmen will (und auf den später wieder ein weiterer Gipfel folgt).

Die Vision ist das *Bild* der *ganzen* Zukunft, die das Unternehmen in den nächsten Jahren erschaffen will. Dabei kommt es tatsächlich auf die Bilder an, die wir vor Augen haben. Das Wort Vision kommt ja auch von dem lateinischen videre = sehen. Eine Vision wird erst dadurch lebendig und attraktiv, dass wir lebendige, anschauliche Bilder vor Augen haben (oder entsprechende auditive und kinästhetische Eindrücke), die positive Gefühle auslösen und unsere Lebensenergie aktivieren. Eine Vision ist daher niemals etwas Objektives, das von Menschen zu trennen wäre. Sie besteht nicht aus Worten auf Papier, sondern aus Leidenschaft, Glauben, Gefühlen, Energie. Peter Vaill bringt den Unterschied zu einem Leitbildtext mit folgendem Satz sehr anschaulich zum Ausdruck: „Wenn die Mission die Worte sind, ist die Vision die Musik.“[61]

Indem wir uns die Zukunft lebhaft und in vielen Facetten vorstellen, wird die Vision mit Energie aufgeladen. Sie wird zu einer Art eigenständigem Wesen, einem Energiefeld, das uns beseelt und nicht mehr loslässt. Ein Gründer macht das, indem er mit Familie und Freunden über seine Ideen redet und erste Geschäftspläne skizziert. Und ein Führungsteam macht es, indem es sich in Abständen über seine Kern-Leidenschaft, seinen höheren Zweck, seine Werte und sein nächstes großes Ziel austauscht und sich dabei ausmalt, welche Zukunft es erschaffen will. Ein Unternehmer erzählte uns, sein Leitbild habe nie Kraft entfaltet, nicht einmal im obersten Führungsteam. Doch als dieses Team sich die Zeit nahm, Bilder der Zukunft zu entwerfen und sich darüber auszutauschen, sei genau diese Kraft gekommen. Vorher waren es nur Worte und dann wurde es Musik.

Es gibt einen Hinweis zum Thema Vision, der hier nicht fehlen darf. Leiter von Unternehmen, die sich in einer akuten Krise befinden, sagen manchmal: Vision ist das Letzte, was wir jetzt brauchen. Und in der Tat, in Krisensituationen ist das nächste große Ziel nie eines, das drei oder fünf Jahre in der Zukunft liegt. Vielmehr wird es mit der Konsolidierung der Finanzen und dem Erreichen der Gewinnzone zu tun haben und nicht weiter als sechs oder zwölf Monate in die Zukunft reichen.

Da wäre der Begriff Vision natürlich ungewöhnlich. Und doch braucht es auch hier eine entsprechend kurzfristige Vision im oben beschriebenen Sinne. Denn eigentlich bedürfen gerade die Mitarbeiter eines Unternehmens in einer Krise eines lebendigen Bildes von der Zukunft in einem Jahr - sie brauchen Hoffnung. Sie haben nur dann die Kraft, die Krise zu bewältigen, wenn sie sich Geschichten der Hoffnung erzählen. Und wer sich Geschichten der Hoffnung erzählt, der hat auch eine Vision.

Wie kann nun eine Vision im ganzen Unternehmen lebendig werden? Wie können viele Mitarbeiter dafür gewonnen werden? Wir berichteten schon oben, wie Churchill vorgegangen war, und wir kommen in Kapitel 8 und 9 nochmals ausgiebig auf das Thema zurück. An dieser Stelle wollen wir nur betonen, wie wichtig es ist, die Vision möglichst vielen ins Bewusstsein zu rufen und eine gemeinsame Vision entstehen zu lassen. Die Leidenschaft, die im Führungsteam gefühlt wird, soll von möglichst vielen gefühlt und die visionäre Energie in möglichst vielen freigesetzt werden. Der Glaube, den das Führungsteam hat, soll zum Glauben aller werden. Leidenschaft und Glauben sollen Teil des Energiefelds/Bewusstseins des gesamten Unternehmens werden, das dann wiederum die Mitarbeiter ausrichtet. Die Vision soll Teil der Geschichten werden, die erzählt werden. Antoine de Saint Exupéry wird immer wieder das folgende Zitat zugeschrieben: „Wenn Du ein Schiff bauen willst, so trommle nicht Männer zusammen, um Holz zu beschaffen, Werkzeuge vorzubereiten, Aufgaben zu vergeben und die Arbeit einzuteilen, sondern lehre die Männer die Sehnsucht nach dem weiten endlosen Meer.“ Doch er hat diesen Satz so nie geschrieben. Viel ausdrucksvoller hat er dargestellt, dass es die Aufgabe des Führenden ist, vor allem die Leidenschaft wachzurufen und die Details allen anderen zu überlassen. Denn wenn die Leidenschaft lebendig ist, dann setzt die selbstorganisierende Dynamik des Lebens eine Vielzahl koordinierter Aktivitäten in Gang - besser, als es der Führende selber je zu planen vermocht hätte.

Der weise König der Wüste spricht

„Wenn ich hingegen meinen Leuten die Liebe zur Seefahrt mitteile und so ein jeder den Drang dazu in sich verspürt, weil ihn ein Gewicht im Herzen zum Meere zieht, so wirst du bald sehen, wie sie sich verschiedene Tätigkeiten suchen, die ihren tausend besonderen Fähigkeiten entsprechen. Der eine wird Segel weben, der andere im Walde den Baum mit dem Blitzstrahl seiner Axt fällen. Wieder ein anderer wird Nägel schmieden, und irgendwo wird es Männer geben, die die Sterne beobachten, um das Steuern zu erlernen. Und doch werden sie alle eine Einheit bilden. Denn ein Schiff erschaffen, heißt nicht die Segel hissen, die Nägel schmieden, die Sterne lesen, sondern die Freude am Meer wachrufen - die ein und dieselbe ist - und wo sie herrscht, gibt es keine Gegensätze mehr, sondern nur Gemeinsamkeit der Liebe. Wenn ich am Werke mitwirke, begegne ich daher stets meinen Feinden mit offenen Armen, damit sie mich wachen lassen, denn ich weiß, dass es eine Ebene gibt, auf der mir der Kampf als Liebe erschiene.

Ich brauche das Schiff nicht in seinen Einzelheiten vorauszusehen, wenn ich es erschaffe. Denn ich kann nichts erfassen, das der Mühe wert wäre, wenn ich ganz allein die Pläne für das Schiff in seiner Vielfalt entwerfe. Alles wird sich verändern, wenn es ans Licht tritt, und ich überlasse es den anderen, sich mit diesen Erfindungen zu beschäftigen. Ich brauche nicht jeden Nagel des Schiffes zu kennen. Ich muss aber den Menschen den Drang zum Meere vermitteln."

Antoine de Saint-Exupéry, Die Stadt in der Wüste „Citadelle"

Kapitel 6: Eine lebendige Gemeinschaft formen

> *Nur wenn Unternehmen als die Gemeinschaft verstanden und geführt werden, die sie im Grunde sind, wird es gelingen, das gesamte Potenzial der Mitarbeiter zu mobilisieren. Und nur wenn auch die Partner im Umfeld als Teil dieser Gemeinschaft gesehen werden, können sich zu diesen langfristige und wechselseitig förderliche Beziehungen entwickeln. Das Gefühl der Gemeinschaft kann sich dabei zu einer erstaunlichen Intensität steigern und ein hohes Maß an Lebendigkeit freisetzen.*

Ryuzaburo Kaku verbrachte seine Kindheit und Jugend als Japaner in China und kehrte 1943 als Siebzehnjähriger in seine Heimat zurück.[62] Japan und China führten während eines großen Teils dieser Jahre Krieg miteinander. Kaku war daher als Kind in China schon mehr als nur ein Fremder und stellte nach der Rückkehr in sein Heimatland fest, dass er auch dort als Außenseiter betrachtet wurde. Infolgedessen verbrachte er viel Zeit mit anderen Jugendlichen, die ebenfalls nicht dem Mainstream angehörten. Und so entstanden in ihm das Mitgefühl für die im Leben weniger Begünstigten und das Bewusstsein dafür, dass diese nicht viel anders sind als er selbst.

Kaku war 19 Jahre alt, als er als Werftarbeiter in Nagasaki die Explosion der Atombombe hörte. Er wusste sofort, was geschehen war, und drängte seine Kollegen, sich drei Tage und Nächte mit ihm in unterirdischen Räumen zu verstecken, um der radioaktiven Strahlung zu entgehen. Dieses Erlebnis hat seine Werte und Ziele, wie im Folgenden deutlich wird, nachhaltig geprägt.

Gute 50 Jahre später war Ryuzaburo Kaku Honorary Chairman von Canon (nach zwölf Jahren President und acht Jahren Chairman dieses Unternehmens) und setzte sich bis zu seinem Tod im Jahr 2001 mit Artikeln, Vorträgen und Gesprächen dafür ein, Wirtschaftsführer in der ganzen Welt für eine Philosophie zu gewinnen, die dazu beigetragen hat, Canon groß zu machen, und für die es ein japanisches Wort gibt: Kyosei. Auf der Internetseite von Canon wird es wie folgt erklärt: „Alle Menschen, unabhängig von Rasse, Religion oder Kultur, leben harmonisch zusammen und arbeiten zusammen für die Zukunft."[63] Und damit meint Canon nicht nur die Menschen, die im eigenen Unternehmen arbeiten, sondern schlichtweg alle Menschen. Der höhere Zweck von Canon ist ein sehr großer.

In der ersten Stufe von Kyosei geht es allerdings auch für Canon darum, die eigenen Mitarbeiter als Gemeinschaft zu verstehen. Mitarbeiter werden daher intern „Mitglieder des Unternehmens" genannt. Im Jahr 1943 eliminierte Canon den Unterschied zwischen Gehalts- und Lohnempfängern, die Fünftagewoche wurde wie bei Matsushita ebenfalls freiwillig und viel früher als von anderen eingeführt, und Canon versuchte, nicht nur in Japan, sondern auch in allen Auslandstöchtern nie einen Mitarbeiter betriebsbedingt zu entlassen. (In den Auslandstöchtern gelang das gelegentlich nicht, da deren Mitarbeiter nicht immer bereit waren, sich versetzen zu lassen oder temporäre Gehaltseinbußen in Kauf zu nehmen.) Mitarbeiter von Canon dürfen bis zu einem Jahr freinehmen, um in ihrer Gemeinde oder im Ausland ehrenamtliche Arbeit zu leisten, und erhalten weiterhin 20 Prozent ihres Gehalts. Doch Kyosei macht für Canon bei den eigenen Mitarbeitern längst nicht halt. Zur Gemeinschaft zählen im nächst größeren Kreis auch Kunden, Lieferanten und sogar Wettbewerber. Canon schickt eigene Ingenieure zu den Lieferanten, um ihnen zu helfen, Produktionsprobleme zu lösen und die Qualität zu steigern, statt einfach nur fehlerhafte Lieferungen abzulehnen. Auch Wettbewerber werden als potenzielle Partner angesehen. Canon strebt mit ihnen beispielsweise Überkreuz-Lizenz-Abkommen an, die beiden Seiten nutzen. Canon zieht den Kreis von Kyosei aber noch viel weiter. Das Unternehmen versucht aktiv, durch Investitionen im westlichen Ausland und in Entwicklungsländern Handels- und Einkommensungleichgewichte auszugleichen. Es forscht, um seine Produkte umweltfreundlicher zu machen. Es strebt partnerschaftliche Beziehungen zu allen Regierungen an, in deren Ländern es tätig ist. Es gibt sich sogar Mühe, die japanische Regierung zu einer Politik zu drängen, die Kyosei fördert. Aus der Sicht von Ryuzaburo Kaku ist Kyosei eine Leitidee, die sich alle Unternehmen zueigen machen sollten: im Innern eine Gemeinschaft sein und den Kreis dieser Gemeinschaft immer weiter ausdehnen und mit anderen für das Wohl des Ganzen, letztlich des ganzen Planeten, arbeiten. In den Caux Round Table[64], einer internationale Vereinigung von Wirtschaftsführern, die Kaku mitgegründet hat und die es sich zum Ziel setzt, ethisches Handeln in der Wirtschaft zu fördern, hat die Kyosei-Philosophie ebenfalls Eingang gefunden. Es bleibt noch anzufügen, dass Canon in den letzten Jahrzehnten enorm erfolgreich war und sich von einem Kamerahersteller zu einem diversifizierten Hightech-Unternehmen entwickelte. Der Name, den Canon bei der Gründung hatte, lautete übrigens Kannon – das ist im Japanischen die buddhistische Göttin des Mitgefühls.

Die Trennung ist nur eine Geschichte

In unserer eher mechanistischen Weltsicht leben wir in einer Welt der Objekte, die getrennt voneinander existieren, die „Nicht-Wir" sind und die sich „hart mit uns im Raum stoßen", da sie nicht wollen, was wir wollen. Wir sehen nicht den sinnvollen Strom des Lebens, der uns hilft, unseren wahren Willen zu verwirklichen, sondern sehen alle anderen als Gegner. Nicht selten betrachten Geschäftsleitungen ihre eigenen Mitarbeiter als Opponenten. Sie unterstellen ihnen Motive, die dem

Unternehmen nicht nutzen, halten sie für desinteressiert und jeglichen Wandel ablehnend. Mitarbeiter sehen umgekehrt auch oft die Führungsspitze als Gegner. Das „Gegen" der einen Seite erzeugt das „Gegen" der anderen Seite und umgekehrt. So entstehen unsichtbare Grenzen und Polarisierungen, die sich im schlechtesten Fall in handfesten Ressentiments, Konflikten, Streiks und Dauerstress zwischen der Führung und dem Betriebsrat ausdrücken. In manchen Unternehmen hat man auch das Gefühl, dass es der Führung wie den Mitarbeitern nur darum geht, möglichst viel für sich aus dem Unternehmen „herauszuholen". Das ist alles andere als Kyosei.

Die Trennung, die Abgrenzung, die Gegnerschaft ist eigentlich nur eine Geschichte, die wir uns erzählen, und die, wenn sie erzählt wird, das Energiefeld/Bewusstsein des Unternehmens prägt und seine Kohärenz und Kraft vermindert. Diese Geschichte/Sichtweise der Trennung vernebelt unseren Blick. Wir halten die Abgrenzung und Gegnerschaft für normal und übersehen, dass die Mitarbeiter eines Unternehmens eigentlich immer durch das Band einer gemeinsamen Vision miteinander verbunden sind, auch wenn diese kaum bewusst und damit kaum wirksam sein mag. Wir übersehen, dass Unternehmen Ausdruck des Lebens sind, das nach Kooperation und Vernetzung statt nach Trennung und Konflikt strebt. Auf der Ebene des Potenzials sind Unternehmen immer schon eine Gemeinschaft. Und es ist ihre Tendenz, sich auch tatsächlich zu einer Gemeinschaft zu entwickeln, wenn sie entsprechend geführt werden. Unternehmen sind wie ein Organismus, dessen Zellen zum Wohle des Ganzen zusammenarbeiten wollen - allerdings auch nur dann, wenn der Organismus den Zellen ein gesundes Umfeld bereitstellt, zu dem wiederum alle Zellen beitragen. Wir haben die Wahl, uns eine produktivere Geschichte zu erzählen und ein Unternehmen als Gemeinschaft wahrzunehmen und entsprechend zu führen.

Menschen wünschen sich tatsächlich sehr, sich als Teil einer Gemeinschaft zu fühlen, die eine gemeinsame Aufgabe hat. Und wenn man die richtigen Rahmenbedingungen bereitstellt, spüren sie rasch, dass sie Teil einer Gemeinschaft sind. Das wurde uns bewusst, als wir ab 1993 begannen, in Unternehmen intensiv mit großen Gruppen zu arbeiten. Wir brachten 80, 150 später auch 300 oder 500 oder gelegentlich sogar 1500 Mitarbeiter für ein, zwei oder drei Tage in einen Raum, um gemeinsam die Realität zu untersuchen, die Zukunft zu entwerfen, eine gemeinsame Kultur wachsen zu lassen und Maßnahmen zu planen. Manchmal repräsentierten diese Gruppen die Hälfte oder ein Drittel der Belegschaft, manchmal nur 10 Prozent, in seltenen Fällen kamen alle Mitarbeiter eines Unternehmens oder Bereichs (dann meist für ein Wochenende) zusammen. Wir konnten und können immer wieder beobachten, wie sehr es die Teilnehmenden inspiriert, sich als große Gemeinschaft zu erleben, die eine gemeinsame Verantwortung hat.

Der weise König der Wüste spricht

„Und wenn ich Euch auffordere, zusammenzuarbeiten und zusammenzuhalten und ein großes Ganzes zu bilden, zu dem jeder beitragen soll und das einen jeden, der daran teilhat, um alle anderen reicher macht; wenn ich wünsche, dass Ihr zu Kindern des Reiches werdet; wenn ich Euch in den Bereich meiner Liebe einschließe, – wie solltet Ihr dadurch nicht gedeihen und wie könntet ihr dann widerstehen?"

Antoine de Saint-Exupéry, Die Stadt in der Wüste „Citadelle"

Es ist so, als ob ein Tor für mehr Lebendigkeit geöffnet wird, wenn sich wesentliche Teile einer Belegschaft versammeln und gemeinsam miteinander arbeiten. In diesen interaktiven Großgruppen-Konferenzen ist jeder gleichwertig, arbeiten die Teilnehmenden über alle funktionalen und hierarchischen Grenzen hinweg zusammen, beschäftigen sich alle mit dem Ganzen und fühlen sich für das Ganze verantwortlich. Die „grauen" Alltagsgeschichten über die „bösen anderen", die man sich vorher erzählt hat, werden durch ein solches Ereignis von einer neuen, positiveren Geschichte überlagert. Es wird eine neue Geschichte erzählt, weil neue Geschichten erlebt wurden: „Ein Vorstand saß mit in unserer Gruppe, hat uns zugehört und wir konnten prima mit ihm arbeiten." Oder: „Ich bin erstaunt über die Kreativität, die ich bei den Mitarbeitern erlebt habe." Oder: „Unsere Kollegen im Vertrieb sehe ich jetzt ganz anders."

Wenn wir uns danach sehnen, Teil einer Gemeinschaft zu sein, die eine große gemeinsame Aufgabe hat - eine Aufgabe, die unseres vollen Einsatzes wert ist -, dann sind die Firmen und Organisationen, in denen wir tagtäglich arbeiten, genau die Orte, die eine solche Gemeinschaft sein sollten. In ihnen verbringen wir die meiste Zeit, ihnen geben wir einen großen Teil unserer Energie. Doch so wie Unternehmen heute überwiegend geführt werden, vermitteln sie Mitarbeitern kaum das Gefühl, Teil einer Gemeinschaft zu sein. Wir betrachten Unternehmen zu oft als etwas Rationales, als eine Organisation oder eine Gesellschaft, etwas, woran wir nur durch einen Vertrag gebunden sind und dem wir nur eine normale Acht-Stunden-Leistung schulden.

Unternehmen als Gemeinschaften

Wie wären Unternehmen beschaffen, wenn wir sie als Gemeinschaft verstünden?

- Wir sähen alle Mitarbeiter in der Verantwortung für das Ganze. Wir nähmen bei allen ein Interesse und Verantwortungsbewusstsein für das Ganze an, das bei vielen nur latent da ist, doch bei fast allen geweckt werden kann. Wir sähen jeden Mitarbeiter in der Verantwortung dafür, seinen *einmaligen Beitrag* in die Gemeinschaft einzubringen.
- Wir beteiligten viele oder gar alle daran, den Sinn und Zweck des Ganzen und seine Werte zu bestimmen, so dass es ein für alle wertvoller Zweck und von allen akzeptierte Werte werden. Wir setzten auch ein Gespräch darüber in Gang, inwieweit dieser Zweck schon erfüllt wird und die Werte bereits gelebt werden und was noch getan werden könnte.

IBM führte im Jahr 2003 einen ungewöhnlichen Dialog über Zweck und Werte durch: Neben einer Reihe von Workshops wurde ein 72-stündiger *Values Jam* veranstaltet, ein Dialog im Intranet des Unternehmens, an dem neben dem CEO etwa 10.000 Mitarbeiter aktiv beitragend und geschätzte 50.000 Mitarbeiter lesend teilnahmen.[65] Die Werte wurden daraufhin überarbeitet und erhielten danach sehr viel Zustimmung. Einige Zeit später fand ein zweiter *Jam* statt, um Hindernisse, die der Umsetzung der Werte entgegenstanden, zu identifizieren und zu beseitigen.

- Wir ermöglichten allen, die Situation des Ganzen zu verstehen: die großen Ziele, die Strategie, die Wünsche der Kunden, die Veränderung der Markt- und Wettbewerbsbedingungen, die finanzielle Lage ... Wir wendeten als CEO mehr Zeit für die Kommunikation mit den Mitarbeitern als für die Kommunikation mit dem Kapitalmarkt auf. In Großunternehmen ist das meist umgekehrt. Wir schrieben vielleicht eine wöchentliche E-Mail an alle oder kommunizierten mit einem Blog. Wir informierten die Mitarbeiter nach jeder Geschäftsleitungssitzung direkt, etwa per E-Mail oder in einer Versammlung, über die getroffenen Entscheidungen. (Es gibt Unternehmen, die das konsequent tun.) Und wir suchten häufig den direkten Kontakt zu Mitarbeitern.

  Wir beobachten immer wieder, dass Mitarbeiter eines Unternehmens nicht die Informationen haben, die sie brauchen, um ein Gefühl für das Ganze zu bekommen und im Sinne des Ganzen handeln zu können. Redakteure in Zeitschriften beispielsweise haben meist keine Ahnung, was es den Verlag kostet, einen neuen Abonnenten zu gewinnen. Auch stellen wir regelmäßig fest, dass selbst die Führungskräfte die Strategie des Unternehmens und ihre Hintergründe nicht gut genug kennen. Einer unserer Kunden, ein Unternehmen mit ca. 50.000 Mitarbeitern und 5000 Führungskräften, nahm dieses Thema wirklich ernst. Er veranstaltete mit unserer Unterstützung mehr als 50 zweitägige Konferenzen mit jeweils etwa 100 Führungskräften, um diese für eine neue Strategie und Organisation zu gewinnen. Bei jeder Veranstaltung war ein Mitglied der Geschäftsleitung für ein paar Stunden zugegen. Zu Beginn fragten wir uns noch manchmal, ob dieser immense Aufwand wirklich sinnvoll sei. Doch bald meldeten die Geschäftsführer zurück, dass sie am Verhalten ihrer Führungskräfte erkennen könnten, wer schon an einer solchen Konferenz teilgenommen habe und wer nicht und dass der Prozess aus ihrer Sicht sehr zielführend sei.

- Wir informierten auch die ganze Gemeinschaft, wenn die Situation wirklich schwierig wird. Wir verheimlichten schlechte Nachrichten nicht, sondern machten sie öffentlich und würden die Gemeinschaft um ihre Ideen und Unterstützung bitten. In der Tat sind schwierige Zeiten großartige Chancen, die Gemeinschaft erlebbar zu machen und mehr Gemeinschaftsgeist zu erzeugen.

- Wir sähen alle Mitarbeiter zwar nicht als gleich, doch als gleichwertig an. Wir sagten allen Mitarbeitern, dass sie eigentlich auch Vorstände seien und so wie Vorstände denken und handeln sollten. Wir sagten ihnen, dass es im Grunde keine Unterschiede zwischen Führungskräften, Angestellten und Werkern gäbe. Wir alle seien „Wir". Und jeder verdiene ganz unabhängig von dem, was er tut, Anerkennung für das, was er ist.
- Wir beteiligten, wenn möglich, die Mitarbeiter am Unternehmen und seinem Erfolg und Misserfolg. Wenn diese Beteiligung existiert, ist es leichter, allen bewusst zu machen, dass es ein gemeinsames Interesse gibt.
- Wir beschränkten die Privilegien der Führungskräfte auf das, was für die Arbeit wirklich notwendig ist, um unnötige Ungleichheiten und unsichtbare Barrieren abzubauen.
- Wir trachteten danach, es zu vermeiden, Mitarbeiter aus betriebsbedingten Gründen zu entlassen. Wir schöpften zunächst alle anderen Möglichkeiten aus und würden die gesamte Gemeinschaft bitten, dazu beizutragen, dass niemand entlassen werden muss - beispielsweise durch temporäre Gehaltskürzungen. Und nur wenn das aus bestimmten Gründen keinen Sinn macht oder wenn es nicht ausreichen würde, griffen wir zum Mittel der Entlassung. Wir täten das nicht nur, weil es zum Gedanken der Gemeinschaft passt, sondern weil es langfristig meist auch ökonomisch sinnvoll ist, das Mitarbeiterpotenzial zu erhalten.
- Wir betrachteten den Betriebsrat nicht als Gegner, sondern arbeiteten so konstruktiv wie möglich mit ihm zusammen. Natürlich kann das zuweilen schwierig sein. Wir wertschätzten den Betriebsrat so, dass sich gerade leistungsbereite und konstruktive Mitarbeiter ermutigt fühlen, für ihn zu kandidieren - was dann wiederum die Zusammenarbeit erleichtert.
- Wir feierten Erfolge gemeinsam und teilten den Stolz und die Freude, die sie auslösen, miteinander. Wir teilten aber auch die schwierigen Gefühle miteinander, die entstehen, wenn die Dinge gar nicht gut laufen - wenn beispielsweise Entlassungen unvermeidbar sind.

Gäbe es in einem Unternehmen, das sich als Gemeinschaft versteht, immer noch Hierarchie? Ja, die gäbe es. Doch zugleich gäbe es auch etwas anderes. Wie bei einer Figur-Grund-Umkehrung träte die Hierarchie in den Hintergrund und die Gemeinschaft in den Vordergrund. Die Führungsspitze würde nicht alle Probleme alleine lösen und alle Pläne alleine machen wollen, sondern ganz bewusst die Intelligenz und Initiative der Mitarbeiter nutzen. Sie würde beispielsweise zu schwierigen Themen 15 oder 30 oder noch mehr Mitarbeiter zusammenholen und daran arbeiten lassen. Sie würde regelmäßige Ereignisse schaffen, bei denen ein repräsentativer Querschnitt oder gar die ganze Gemeinschaft zusammenkommt, um gemeinsam an der Weiterentwicklung des Unternehmens zu arbeiten. Sie würde keine Demokratie einführen, doch es gäbe auch Entscheidungen, die von Gruppen getroffen werden, weil diese im Dialog zu einer alle überzeugenden Lösung oder gar einem kreativen Durchbruch gekommen sind - ein Zustand, in dem jeder spürt, dass alle das Gleiche wollen. Und in seltenen Fällen würden sogar Entscheidungen von der gesamten Belegschaft gefällt werden. Das ist dann ein besonders starkes Signal, dass alle Mitarbeiter Teil einer Gemeinschaft sind.

Die Gemeinschaft entscheidet

Bevor die Deutsche Leasing Mitte der 1980er Jahre eine neue Hauptverwaltung baute, stellte sie allen Mitarbeitern drei mögliche Standorte zur Wahl. Die Mitarbeiter entschieden sich für ein Grundstück neben dem Bahnhof von Bad Homburg. Diese Entscheidung hätte die Geschäftsleitung auch leicht allein treffen können. Es brauchte nicht unbedingt den Input der Belegschaft. Doch Albrecht Dietz, der Gründer und langjährige Vorstandsvorsitzende der Deutschen Leasing, war sich bewusst, dass er mit der Möglichkeit zu einer solchen gemeinsamen Entscheidung ein wichtiges Zeichen setzt.

Heribert Schmitz, der mehrere Jahre Vorsitzender der Geschäftsführung der deutschen Hewlett-Packard-Gesellschaften war, machte eine interessante Erfahrung zu gemeinschaftlichen Entscheidungen, als er eine Großgruppen-Konferenz durchführte, wie wir sie oben kurz dargestellt haben und in Kapitel 8 noch ausführlicher beschreiben werden. Dabei kamen 250 Mitarbeiter aus 14 Standorten zusammen. Am Ende des ersten Tages identifizierten die Teilnehmer 90 Projekte, die entweder zu mehr Wachstum oder zu einer Steigerung der Produktivität beitragen sollten. Am Abend entschied das Managementteam mit der Planungsgruppe, die die Konferenz vorbereitet hatte, die Anzahl der Projekte auf 30 zu reduzieren. Gegen 21 Uhr stieß diese Teilgruppe nach getaner Arbeit wieder zum Rest der Teilnehmer, die schon beim Dessert saßen. Rasch sprach sich herum, was die Abwesenden gemacht hatten, und dann geschah etwas Unerwartetes: Die an der Konferenz teilnehmenden Mitarbeiter begehrten noch während des Abendessens auf und forderten, dass die Auswahl der Projekte von der ganzen Gemeinschaft vorgenommen werden sollte. Heribert Schmitz wurde vorgehalten, dass er den hohen Level der Motivation mutwillig zerstören würde, wenn er nicht die große Gruppe entscheiden lasse. „Mir war klar geworden, dass wir als Managementteam wieder in das alte Muster zurückgefallen waren und Entscheidungen getroffen hatten, die so nicht nötig waren“, schrieb er später dazu.[66] Also wurde der zweite Tag neu geplant. Am nächsten Morgen wählte die große Gruppe in einem transparenten und an klaren Kriterien orientierten Verfahren 15 Projekte aus. Sie waren übrigens alle auch Teil der 30, die am Vorabend vom Management selektiert worden waren. Heribert Schmitz resümierte das Ergebnis: „Wir konnten innerhalb von Wochen Projekte realisieren, die seit Jahren in der Luft hingen." [67]

Ralph Stayer war Inhaber des mittelständischen Fleischwarenherstellers Johnsonville in den USA, als er von einem Wettbewerber das Angebot bekam, einen sehr großen Produktionsauftrag als Vorlieferant zu übernehmen.[68] Der Auftrag sollte ein langfristiger werden und war potenziell sehr profitabel, doch er stellte auch enorme Herausforderungen. Ralph Stayer hatte Zweifel, ob Johnsonville ihn annehmen sollte. Das Werk müsste erweitert werden, viele Mitarbeiter müssten schnell an Bord genommen und trainiert werden, die Qualität müsste für die alten wie für den neuen Kunden weiter sehr hoch bleiben, und bis das neue Werk in einem Jahr fertig wäre, müsste sechs oder sieben Tage pro Woche gearbeitet werden. Und dabei würde ständig das Risiko drohen, dass der Auftraggeber von seinem Recht Gebrauch macht, den Auftrag kurzfristig wieder zu stornieren. Stayer schrieb, dass bis dahin immer die Geschäftsleitung die strategischen Entscheidungen getroffen habe. Doch ihm wurde klar, dass dieser neue Auftrag nur bewältigt werden konnte, wenn alle Mitarbeiter sich verpflichteten, alles zu tun, was dafür nötig war. Also lud Ralph Stayer alle Mitarbeiter zu einer Versammlung ein, präsentierte ihnen das Problem und stellte drei Fragen: Was ist nötig, damit wir es schaffen? Lassen sich die Risiken und Nachteile vermindern? Wollen wir es tun? Die Mitarbeiter diskutierten in vielen kleinen Gruppen, entsandten Vertreter in ein gemeinsames Gremium, diskutierten wieder in kleinen Gruppen und wieder im Gremium und entschieden schließlich, den Auftrag anzunehmen. Sie beschlossen auch, dafür sieben Tage pro Woche zu arbeiten und die Qualität für die bisherigen Kunden wie für den neuen auf höchstem Niveau zu halten. Stayer schrieb, dass das Geschäftsleitungsteam allein den Auftrag wegen der damit verbundenen Risiken abgelehnt hätte. Doch die Mitarbeiter glaubten an sich und waren bereit, die Herausforderung anzunehmen und die erforderlichen Opfer zu bringen. Mit ihrer Unterstützung wurde ein bedeutender Wachstumssprung für Johnsonville möglich. Dieser gelang, weil Ralph Stayer schon in den Jahren vor dieser Entscheidung alles daran gesetzt hatte, sein Unternehmen zu einer Gemeinschaft zu formen, in der jeder sich für das Ganze verantwortlich fühlt.

Mit einem Wort Realität schaffen

Gemeinschaft ist nicht nur ein Wort, sondern ein Bild und eine Metapher für das, was Unternehmen und Organisationen sein können. Juanita Brown hat Führungskräfte in mehreren Ländern befragt und festgestellt, dass diese mit dem Wort *Community* regelmäßig Qualitäten wie Demokratie, Diversität, Kooperation, Verbundenheit, gegenseitige Verpflichtung und wechselseitigen Nutzen verbinden.[69] Das Wort *Corporation* dagegen ruft Bilder von Autorität, Bürokratie, Wettbewerb, Macht und Profit hervor. Es ist daher sinnvoll, als Führender das Wort *Gemeinschaft* ganz bewusst immer wieder zu verwenden und zu sagen, dass man das Unternehmen als Gemeinschaft versteht. Mit diesem Wort lässt sich eine Vision davon vermitteln, welche Art von Unternehmen man erschaffen will.

Vielleicht noch wichtiger: Indem wir immer wieder das Wort *Gemeinschaft* verwenden und betonen, dass „wir alle eine Gemeinschaft sind", rufen wir einander die fundamentale Wahrheit, dass eine solche Gemeinschaft unter der Oberfläche immer besteht, wieder ins Gedächtnis. Und das ist wichtig, denn im Alltag wird das Gefühl von Gemeinschaft regelmäßig geschwächt. Im Alltag kommen allzu leicht die alten Sichtweisen hoch und werden die trennenden Geschichten erzählt. Leadership bedeutet, dem ständig entgegenzuwirken. Barack Obama betonte daher in seinem Wahlkampf immer wieder die Einheit der USA: „[Meine] Geschichte [...] hat in meinem Innersten die Überzeugung eingebrannt, dass diese Nation mehr ist als die Summe ihrer Einzelteile - dass wir alle, so unterschiedlich wir sind, eins sind."[70] Er benutzte nicht das Wort *Community*, doch er sprach häufig von der *Union*, die 1776 begonnen habe und die es immer weiter zu vervollkommnen gelte.

Als Führender von Gemeinschaft zu reden, wird allerdings schnell zur Farce, wenn man nicht weiß, wie die Menschen in dieser Gemeinschaft sich fühlen. Dann kann schnell die Situation eintreten, dass die Führungsspitze sagt: „Wir sind alle eine große Familie", doch alle anderen erzählen die Geschichte: „Die oben meinen, wir wären eine große Familie, die haben doch keine Ahnung". Eine Organisation zu einer Gemeinschaft zu formen, die sich als eins fühlt, verlangt von den Führenden zu verstehen, wie sich diejenigen fühlen, die weniger Macht, Status oder Selbstvertrauen haben, und deren Gefühle nicht abzulehnen, sondern mitfühlend anzunehmen, selbst wenn sie sie nicht teilen.[71] Dieses Verstehen fehlt vielen oberen Führungskräften. Sie haben die Ängste und Schmerzen, die Mitarbeiter manchmal haben können, selbst nie erlebt, können sich in diese nicht einfühlen und bewerten sie daher als irrational. Sie tun das meist unbewusst und auch ohne ein Bewusstsein dafür, was sie damit auslösen. Führende, die wie Kaku oder Obama selbst einmal Teil einer Minderheit außerhalb des Mainstreams waren oder sind, haben hier einen Vorteil. Das Bewusstsein dafür, wie die Gemeinschaft und insbesondere ihre weniger selbstbewussten Mitglieder und zuweilen abgewerteten oder weniger privilegierten Mitglieder (z. B. Frauen) sich fühlen, lässt sich nur entwickeln, wenn man als Führende oder Führender immer wieder den persönlichen Kontakt sucht, zuhört und sich berühren und verändern lässt von dem, was man hört. Obere Führungskräfte meinen oft, Mitarbeiter würden ihnen nur wenig oder nicht die Wahrheit erzählen. Doch es wird uns viel erzählt, wenn wir ehrliches Interesse zeigen und zuhören, ohne zu bewerten. Fragen Sie Menschen, deren Augen nicht leuchten, warum sie nicht leuchten, und Sie werden viel mehr hören, als Sie dachten.

Eine Gemeinschaft lässt sich nicht befehlen, sie muss wachsen und ständig genährt werden. Sie ist ein Beispiel für die Ebenen höherer Kohärenz, die die selbstorganisierende Dynamik des Lebens auch in sozialen Systemen erzeugt, wenn die Bedingungen stimmen. Zum Entstehen der Gemeinschaft trägt naturgemäß nicht nur die Führung bei. Es gehört dazu, dass sich alle Mitarbeiter als Teil einer Gemeinschaft verstehen und ihren Beitrag für die Gemeinschaft leisten. In schwierigen Situationen kann das auch mitunter weit mehr sein, als es der Arbeitsvertrag vorsieht. Eine Gemeinschaft ist eben mehr als ein Vertragsverhältnis. Was es dazu braucht, damit eine solche Gemeinschaft entsteht, steht nicht nur in diesem Kapitel, sondern ist Thema des ganzen Buches. Denn Zustände hoher Energie und Lebendigkeit werden von den Beteiligten immer auch als Zustände von Gemeinschaft erlebt. Und dort, wo Gemeinschaft entsteht, wird - wie sich nachfolgend zeigen wird - immer auch Energie frei. Wir beschrieben es bereits in Kapitel 2: Wo Gemeinschaft erlebt wird, werden im Gehirn Botenstoffe ausgeschüttet, die sowohl Wohlfühlen wie Antrieb zum Handeln bewirken. Es inspiriert Menschen, Teil einer Gemeinschaft zu sein.

Den Kreis der Gemeinschaft weiter ziehen

Canons Leitidee Kyosei beinhaltet auch die Partnerschaft mit dem Umfeld. Damit folgt Canon einem Muster des Lebens, das nach Kooperation und Vernetzung strebt und Ökosysteme schafft, die wiederum das Leben fördern. Kooperation mit Kunden, Lieferanten, Wettbewerbern und Forschungseinrichtungen liegt nun zweifelsohne schon seit Jahren im Trend. Es liegt in der Natur komplexer werdender Technologien, dass Unternehmen mehr Partner in ihrem Umfeld brauchen. Und die neuen Technologien erleichtern genau diese Vernetzung.

Doch auf der anderen Seite ist das Erbe mechanistischen Denkens auch in diesem Feld noch lebendig. Wenn wir nicht daran glauben, dass das Leben uns unterstützt, glauben wir an Mangel und haben Angst, dass wir nicht das bekommen könnten, was wir brauchen, oder dass uns etwas weggenommen werden könnte. Und dann setzen wir eher auf Druck als auf Zusammenarbeit. Wir drücken beispielsweise unsere Lieferanten so weit wie möglich im Preis und spielen Lieferanten gegeneinander aus, statt nach Wegen der Zusammenarbeit zu suchen, die beiden Seiten Vorteile verschaffen. Oder wir scheuen uns, das Know-how unserer Lieferanten zu fördern, denn sie könnten es ja Wettbewerbern zugutekommen lassen. Und was die Wettbewerber betrifft, wollen wir keinesfalls etwas tun, was diese stärkt, selbst wenn wir davon profitieren würden.

Zu Kunden wollen wir natürlich enge Verbindungen und tun viel, um deren Bedürfnisse zu verstehen und zu erfüllen. Wir binden sie schon oft in unsere Entwicklungsprojekte mit ein. Doch sehen wir sie dabei wirklich immer als Partner und behandeln wir sie so, wie wir selbst gerne behandelt würden? Kommunizieren wir wirklich offen mit ihnen? Gerade die besten Kunden interessieren sich sehr für ihre Lieferanten. Sie wollen wissen, welche Strategien verfolgt werden und welche Änderungen anstehen. Sie wollen über Krisen informiert werden und darüber, wie diese bewältigt werden. Sie wollen Ehrlichkeit und Transparenz. Oder anders: Sie wollen behandelt werden wie ein Freund, dem man nichts verheimlicht. So entsteht Vertrauen.

Götz Werner, Gründer der Drogeriemarktkette dm, strebt diese vertrauensvolle Gemeinschaft mit Kunden an. „Die Zielbestimmung, die dem dm-Integrationsmarketing zugrunde liegt, ... heißt Zutrauen gewinnen und Vertrauen verdienen; sie sind das Fundament jeder Gemeinschaft."[72] Wenn Unternehmen und Kunden zu einer Gemeinschaft werden, dann hat das für Götz Werner einen großen Vorteil: Die Kunden werden zu „Impulsgebern für die Wahrnehmung des Markenwerts ... [sie sind] nicht nur Markennutzer, sondern werden zu positiven Botschaftern der Marke."[73]

Für alle anderen Partner eines Unternehmens (Lieferanten, Hochschulen, Franchisenehmer, Vertriebspartner ...) gilt im Grunde das Gleiche. Sie in die Gemeinschaft einzuschließen, bedeutet offen zu kommunizieren und transparent zu sein. Es bedeutet auch, sie für die eigenen Werte zu gewinnen bzw. Partner auszuwählen, die die eigenen Werte teilen. Die immer komplexeren „Ökosysteme", die Unternehmen um sich herum schaffen, können nur dann wirklich gut funktionieren, wenn es ein Gerüst gemeinsamer Werte gibt.

Nicht zuletzt sind es dann noch die Medien und die Öffentlichkeit, die man als Partner verstehen sollte, die aber häufig noch als Gegner betrachtet werden. Natürlich, die Stimmung in der Öffentlichkeit gegenüber Unternehmen ist zurzeit kritisch. Und dort, wo es bereits verfestigte Sichtweisen gibt, lösen kleine Anlässe leicht unkontrollierbare Kettenreaktionen aus, die diese Sichtweisen noch weiter zementieren. Kleine Anlässe - und die Beeinflusser der öffentlichen Meinung schlagen unbarmherzig zu. Die Lösung kann aber nicht darin bestehen, sich abzuschotten. Die Öffentlichkeit hat in Zeiten des Internets viel zu viele Möglichkeiten, blitzschnell und mit großer Reichweite zu kommunizieren und den Ruf eines Unternehmens nachhaltig zu schädigen. Die Lösung kann nur ein offener Dialog mit allen interessierten Zielgruppen sein - ein Dialog im Geiste der Gemeinschaft.

Gemeinschaft noch intensiver

Das Wort *Gemeinschaft* hat noch eine tiefere Bedeutung, als wir es bisher beschrieben haben. Wir reden seit Jahrzehnten über Teamgeist. Gemeinschaftsgeist geht nach unserem Verständnis noch deutlich darüber hinaus. Wirkliche Gemeinschaft entsteht, wenn Menschen sich authentisch begegnen und entdecken, dass sie auf einer tiefen Ebene miteinander verbunden sind. Das tun wir im Alltag kaum von alleine. Es braucht dazu besondere Situationen, was in der nachfolgenden Geschichte von Antoine de Saint-Exupéry deutlich wird.

Zeiten tödlicher Gefahr, wie Saint Exupéry sie erlebte, sind immer Zeiten, in denen die Energie des Lebens sich Bahn bricht und erstaunlich hohe Stufen von Kohärenz erzeugt. Menschen spüren dann plötzlich ein Gefühl großer Nähe zueinander. Sie beschreiben diese Erfahrung nicht mehr mit dem Begriff Teamgeist, sondern reden eher von Kameradschaft oder sogar von Liebe. In Zeiten intensiv erlebter Gemeinschaft entsteht eine neue Qualität des Zuhörens - Zuhören voller Aufmerksamkeit, Zuhören im Bewusstsein, dass der andere wertvoll ist und etwas Wertvolles zu sagen hat, Zuhören, ohne zu beurteilen, Zuhören, ohne gleich Rat geben oder die Gefühle des anderen verändern zu wollen - respektvolles, liebevolles Zuhören, das aushält, das andere anders sind. In solchen Zeiten entsteht eine neue Qualität des Redens - sich authentisch mitteilen, sich ohne eine Maske zeigen, den anderen kein Bild von sich vormachen wollen, erzählen, was einen wirklich bewegt und was man fühlt, egal, was die anderen denken. In solchen Zeiten entsteht eine neue Qualität der Stille. Nicht jede Pause wird gleich mit belanglosem Geplapper gefüllt. Viel mehr wirkt in der Pause das nach, was vorher gesagt wurde. Und natürlich fördert das respektvolle Zuhören das offene Erzählen und das offene Erzählen fördert das respektvolle Zuhören und beide fördern die Stille und umgekehrt. Doch in Wirklichkeit ist es die Energie des Lebens, die in dieser Situation besonders intensiv wird. Es ist so, als ob das Energiefeld der Gruppe, das wir weiter oben mit einem Licht verglichen hatten, plötzlich beginnt, hell zu leuchten. Und dann wird besonders klar, dass die Trennung, die wir sonst empfinden, nur eine von uns erzählte Geschichte ist. Wenn in einer Gruppe ein Gefühl von Gemeinschaft entsteht, wird immer Energie freigesetzt. Wenn umgekehrt eine Gruppe in einen Zustand außergewöhnlich hoher Energie kommt, sei es aufgrund tödlicher Gefahr, äußerster körperlicher Anstrengung (in einer Sportmannschaft) oder künstlerischer Inspiration (in einem Orchester), wird immer auch ein tiefes und beglückendes Gefühl von Gemeinschaft erlebt.

In Kapitel 4 hatten wir geschrieben, dass ein Führungsteam immer wieder sein gemeinsames Feuer erneuern sollte, indem es sich metaphorisch oder tatsächlich an einem Feuer versammelt und wie am Feuer miteinander redet. Der Dialog darüber,

Antoine de Saint Exupéry spricht über eine Gemeinschaft in der Wüste

„Drei Besatzungen der Aéropostale waren wir, alle drei im Abenddämmern an der Küste von Rio de Oro notgelandet. Kamerad Riguelle hatte sich als Erster wegen Bruchs einer Pleuelstange niedergelassen. Ein anderer, Bourgat, war gelandet, um Riguelle und die Seinen aufzunehmen, aber ein an sich belangloser Schaden hatte auch ihn an den Boden genagelt. Schließlich landete ich, aber da sank schon die Nacht. Wir beschlossen, Bourgats Maschine zu bergen und den Tag abzuwarten, um die Ausbesserungen gut auszuführen.

Ein Jahr zuvor hatten unsere Kameraden Gourp und Erable genau an der gleichen Stelle notlanden müssen und waren von den Aufständischen ermordet worden. Wir wussten, dass auch heute eine Schar von dreihundert bewaffneten Aufständischen irgendwo bei Bojador lagerte. Vielleicht hatten die aufeinander folgenden Landungen, die weit sichtbar waren, diese Truppe aufmerksam gemacht. Wir begannen eine Nachtwache, die leicht unsere letzte sein konnte.

Wir richteten uns für die Nacht ein. Aus den Laderäumen holten wir fünf oder sechs Warenkisten, leerten sie und zündeten in der Höhlung einer jeden wie in einem Schilderhäuschen eine ärmliche Kerze an, die dort notdürftig vor dem Wind geschützt war. So bauten wir uns mitten in der Wüste auf der nackten Rinde unseres Planeten, in einer Einsamkeit wie zur Stunde der Schöpfung, ein Menschendorf.

Und wir warteten auf dem Hauptplatz unseres Dorfes, auf dem Stückchen Sand, auf das unsere Kisten ihr zitterndes Licht warfen. Wir warteten auf das rettende Frührot oder auf die Mauretanier. Und bis heute weiß ich nicht, was dieser Nacht eine solche Weihnachtsstimmung gab. Wir erzählten einander alte Geschichten, wir neckten uns und wir sangen.

Wir genossen dieselbe leichte gehobene Stimmung wie mitten in einem wohlvorbereiteten Fest. Dabei waren wir unendlich arm. Wir besaßen nur Wind, Sand und Sterne. Das wäre selbst für Trappisten ein wenig zu hart gewesen. Und doch teilten auf dieser schlecht beleuchteten Fläche sieben Menschen, die nichts besaßen als ihre Erinnerungen, unsichtbare Schätze untereinander aus.

In dieser Stunde fanden wir uns. Man geht so lange Zeit nebeneinander her, jeder in seinem Schweigen befangen, oder man wechselt Worte, denen man nichts mitgibt. Da kommt die Stunde der Gefahr, man sucht Schulterfühlung und entdeckt, dass man zusammengehört. Diese Entdeckung anderer bewusster Wesenheiten weitet den Menschen. Man sieht sich an mit lächelndem Verstehen. Es ist einem zumute wie dem befreiten Gefangenen, der staunend die Unendlichkeit des Meeres erkennt."

Antoine de Saint-Exupéry, Wind, Sand und Sterne

was der wahre Wille - die Kern-Leidenschaft, der höhere Zweck, die Werte und das nächste große Ziel - des Unternehmens ist, ist, wenn er gut gestaltet wird, ein Prozess, der ein Gefühl von Gemeinschaft fördert. Das gilt vor allem, wenn der Raum dafür da ist, dass alle Beteiligten ihre eigene Kern-Leidenschaft, ihren eigenen höheren Zweck und ihre eigenen Werte erkunden und darüber miteinander reden.

Wir begegnen uns und wachsen zu einer Gemeinschaft zusammen, wenn wir uns unsere Geschichte erzählen. Wir wachsen zusammen, wenn wir uns die Geschichten aus unserem Leben erzählen, die uns bewegen, die uns vielleicht geprägt und unser Bewusstsein erweitert haben. Wir wachsen zusammen, wenn wir uns die Geschichten erzählen, wo wir Schmerz erlebt haben, der einen Impuls auslöste, der heute noch wach ist. (Denken Sie an die Geschichten von Ryuzaburo Kaku aus seiner Jugendzeit.) Denn in den Geschichten der anderen hören wir unsere eigenen Geschichten. Wir wachsen auch zusammen, wenn wir uns die Hoffnungen erzählen, die wir für unsere Kinder, unser Land, unsere Erde, unser Unternehmen und uns selbst haben. Wir wachsen zusammen, wenn wir spüren, dass wir fühlende Wesen sind. Ist es realistisch, dass das in einem Unternehmen geschieht, in dem man nicht weiß, ob jemand anders es ausnutzt, wenn man eine Schwäche zeigt? Es ist realistisch, wenn der Mensch an der Spitze beginnt, offen über sich zu erzählen, und wenn die Erfahrungen, die er oder sie gemacht hat, sie oder ihn zu einem bewussteren und fühlenderen Menschen haben werden lassen. Leadership ist Mut zur Authentizität. Die Authentizität der Führenden stimuliert die Authentizität der anderen. Niall FitzGerald demonstrierte das beispielhaft, als er als Chairman und CEO von Unilever mit einer Gruppe junger Führungskräfte sprach.[74] Er erzählte dabei davon, wie seine erste Tochter drei Tage nach ihrer Geburt starb und wie er daraufhin mit Gott haderte. Er berichtete, wie seine Ehe zerbrach, kurz nachdem er Chairman wurde und wie er dann etwa zwei Jahre lang sich und anderen etwas vormachte und unauthentisch lebte. Und er teilte den jungen Führungskräften mit, wie er erst, als ein guter Freund von ihm starb, von diesem im letzten Gespräch lernte, dass es wichtig sei, in jedem Moment des Lebens wahrhaftig zu sein und in jedem Moment der Beste zu sein, der er sein kann. Hier lässt sich erahnen, dass es jenseits von Leadership noch etwas Weiteres gibt: Eldership.

Menschen sitzen abends in einem Kreis, vielleicht tatsächlich um ein Feuer, vielleicht um eine schöne große Kerze mit mehreren Dochten. Jemand hat ein Objekt - das Rede-Objekt - in der Hand und ist damit der- oder diejenige, die allein das Recht hat zu reden. Alle anderen sind aufmerksame, respektvolle, schweigende Zuhörer.[75] Das Objekt wird von Mensch zu Mensch weitergereicht. Jeder, der es hat, erzählt eine oder mehrere Geschichten aus seinem Leben. Eine Geschichte, die er sich bewegt fühlt zu erzählen. Dann reicht er das Objekt weiter und die Nächste erzählt ihre Geschichte. Manchmal erzählt man sich bis weit nach Mitternacht Geschichten, und das Rede-Objekt kreist dabei mehrere Male. Die Geschichten berühren und katalysieren so das Erzählen weiterer Geschichten, die ebenfalls berühren. Richtig vorbereitet braucht es nicht die von Saint-Exupéry erlebte Notlandung in der mauretanischen Wüste, um Gemeinschaft wachsen zu lassen.[76]

In Kapitel 4 hatten wir auch geschrieben, dass ein Unternehmen nicht nur seiner Führungsspitze, sondern allen seinen Führungskräften und im besten Fall sogar allen Mitarbeitern die Gelegenheit geben sollte, ihre persönliche Kern-Leidenschaft, ihren persönlichen höheren Zweck und ihre persönlichen Werte zu entdecken. Wir hatten geschrieben, dass diese Menschen dann inspirierter handeln und führen. Doch es gibt noch einen weiteren Nutzen: Der Prozess, in dem Führungskräfte und Mitarbeiter sich innerhalb eines Workshops mit ihrer Kern-Leidenschaft, ihrem höheren Zweck und ihren Werten auseinandersetzen, kann - richtig gestaltet - zu authentischer Begegnung zwischen diesen Menschen führen. Wenn eine kritische Masse im Unternehmen eine solche Erfahrung von Gemeinschaft gemacht hat, entsteht auch bei einer kritischen Masse der Wunsch, mehr davon im Alltag zu erleben. Dadurch verändern sich das Energiefeld/Bewusstsein und damit die Kommunikationsmuster im ganzen Unternehmen. Und da Mitarbeiter dann mehr das Gefühl haben, dass sie der sein können, der sie sind, wird Lebensenergie frei, die vorher zur Selbstkontrolle gebraucht wurde.

Einen anderen Weg, um großflächig ein Gefühl von Gemeinschaft zu erreichen, wählte Tex Gunning, als er in den Niederlanden einen Teil von Unilever leitete, der am besten unter seiner Marke Unox bekannt ist.[77] Gunning fuhr dafür mit mehr als hundert Führungskräften zu einer alten Klosterruine in den belgischen Ardennen. Sie folgten ihm über eine enge Stiege in die unterirdischen Katakomben, Dort hielt Gunning im Schein von Fackeln und Kerzen ein Plakat hoch, auf dem eine einzelne kurvige Linie, ähnlich einer Fieberkurve, eingezeichnet war. Das sei seine Lebenslinie, sagte er seinen überraschten Führungskräften, und sie stelle die Höhepunkte und Tiefpunkte dar, die er in seinem Leben erlebt habe. Und dann erzählte er allen ausführlich aus seinem Leben: vom Tod seines Vaters, als er erst zwei Jahre alt war, von seinem schwierigen Stiefvater, von seinen Hochs und Tiefs als Jugendlicher, von seiner Zeit beim Militär und seiner Arbeit bei Unilever. Tex Gunning wurde von gleich über hundert Führungskräften als Mensch erlebt, der den Mut zur Offenheit hat und sich verletzlich macht - als ein Mensch, der ohne Maske auskommen kann.

Doch damit nicht genug. An die anwesenden Führungskräfte wurden jetzt große weiße Blätter und Stifte verteilt: Jeder zog sich in einen Winkel der von Fackeln beleuchteten Katakomben zurück, reflektierte über sein Leben und zeichnete seine eigene Linie. Zweier- und Dreiergruppen erzählten sich danach ihre Geschichte, und zuletzt kamen die teilnehmenden Führungskräfte in ihren üblichen Teams zusammen, um sich authentischer und offener als sonst ihren Kollegen zu zeigen. So entstanden eine neue Nähe und Vertrautheit und ein Klima, in dem man der sein durfte, der man ist. Das Ereignis in den unterirdischen Gewölben wurde als eindrücklich und wirkungsvoll empfunden. Nur wenig später wurde es mit mehr als tausend Mitarbeitern (dann nicht mehr in den Katakomben) wiederholt, und dabei begannen vier andere Mitglieder der Geschäftsleitung damit, vor großem Auditorium ihre Geschichte zu erzählen.

Das Erlebnis von tiefer Gemeinschaft, vom authentischen Erzählen unserer persönlichen Geschichten und vom ungewöhnlich respektvollen Zuhören ist etwas, das uns innerlich wachsen lässt und eine sehr heilsame Wirkung hat. Der nordamerikanische „Älteste" Manitonquat Medicine Story („Heilende Geschichte") hat damit in Gefängnissen in den USA gearbeitet.[78] Das Resultat war, dass die beteiligten Insassen nach zwei oder drei Jahren der Erfahrung einer ca. alle vier Wochen stattfindenden authentischen Begegnung in einer Gruppe mit ihresgleichen nicht mehr verstanden, dass sie einmal kriminell gewesen waren. Und als sie entlassen wurden, hatten viele von ihnen den starken Wunsch, gefährdete Jugendliche genau diese Erfahrung tiefer Gemeinschaft machen zu lassen, die ihnen selbst so viel gegeben hat. Als Tex Gunning später die Verantwortung für das gesamte Asien-Geschäft von Unilever übernahm, machte er die wiederholte Erfahrung von authentischer Gemeinschaft und reflexiven Dialogen zum Eckpfeiler eines Entwicklungsprogramms für Nachwuchsführungskräfte. Diese berichteten einmütig, dass diese Dialoge sie persönlich sehr weitergebracht hätten.[79]

Unilevers offizielle Mission ist es, dem Leben mehr Vitalität zu geben.[80] (Sie erinnern sich: In Kapitel 4 schrieben wir, dass der höhere Zweck eines Unternehmens immer damit zu tun hat, das Leben zu fördern und der Menschheit zu dienen.) In diesem Buch geht es darum, Unternehmen mehr Vitalität zu geben. Unternehmen von außergewöhnlicher Lebendigkeit und Energie werden auch außergewöhnliche Gemeinschaften sein, in denen sich Menschen viel authentischer als üblich begegnen und sein können, wer sie wirklich sind.

Kapitel 7: Diversität und Vernetzung – Brennstoff für Lebendigkeit und Innovation

Das Leben braucht Diversität und Vernetzung, um sich zu entfalten – auch in Unternehmen. Durch Diversität und Vernetzung wird Selbstorganisation stimuliert und der Boden für Innovationen bereitet. Unternehmen lassen sich als ein dichtes Gewebe von Gesprächen zwischen unterschiedlichsten Akteuren betrachten – ein Gewebe, das sich gezielt fördern lässt.

Während des Zweiten Weltkriegs war einer der großen Vorteile der Deutschen eine kleine Apparatur namens Enigma. Dabei handelte es sich um ein Chiffriergerät in der Größe und Form einer klobigen Schreibmaschine, das den Einheiten der Wehrmacht erlaubte, verschlüsselte Informationen auszutauschen – ein großes Plus für die Deutschen, deren militärische Einheiten über große Teile Europas und über die Meere verteilt waren. Die Marine benutzte dieses Gerät besonders intensiv, und es half ihr, zahlreiche Versorgungsschiffe der Alliierten mit ihren U-Booten zu versenken.

Die britische Regierung setzte alles daran, den Enigma-Code zu knacken. Zu diesem Zweck gründete sie die Government Code und Cypher School, die 1939 ihren Sitz auf einem ländlichen Anwesen namens Bletchley Park nordwestlich von London nahm.[81]

Bletchley Park hatte eine Mitarbeiterschaft von außergewöhnlicher Diversität. Neben Briten arbeiteten dort auch Amerikaner, Polen, Australier und weitere Nationalitäten. Neben Kryptoanalytikern waren auch Mathematiker und Ingenieure vertreten. Doch damit nicht genug – in den Baracken, die um den historischen Landsitz Bletchley Park herum errichtet worden waren, tüftelten Sprachwissenschaftler, Philosophen, Philologen, Historiker, Schachmeister und sogar Kreuzworträtsel-Enthusiasten an der gemeinsamen Aufgabe. Diese bunte Mischung scheint geholfen zu haben. Der seinerzeit als nicht knackbar geltende Enigma-Code wurde in Bletchley Park zwei Mal geknackt.

Wir hatten es in Kapitel 2 schon geschrieben: Das Leben strebt nach immer mehr Diversität. Aus einem chemischen Element sind mehr als hundert unterschiedliche geworden. Und diese haben sich wiederum zu einer schier unendlichen Anzahl verschiedener Moleküle verbunden und eine noch viel größere Zahl lebender Formen hervorgebracht. Diversität gebiert mehr Diversität, Diversität fördert das Leben. Eine hohe Zahl unterschiedlicher „Agenten" ermöglicht eine noch größere

Zahl von Kombinationen und Impulsen, aus denen Neues entsteht. Diversität ist Voraussetzung für Kreativität und für die selbstorganisierende Dynamik des Lebens. In sozialen Systemen hilft sie, innovative Gedanken einzubringen, verfestigte Sichtweisen aufzulösen oder diese von vornherein in geringerem Ausmaß entstehen zu lassen.

In vielen Bereichen hat sich der Wert von Diversität gezeigt. Pflanzenzüchter wissen, dass Hybride gesünder und lebensfähiger sind als Pflanzen aus einer Inzucht. Chorleiter wissen, dass das Klangerlebnis eines Chors sich nicht aus der Gleichförmigkeit, sondern aus der Unterschiedlichkeit der Stimmen ergibt. Und Erich Jantsch zitiert den Theaterkritiker Fritz Thorn, der untersucht hat, wann in einem Theater eine magische Verbindung zwischen den Schauspielern und dem Publikum entsteht.[82] Thorn schreibt, dass diese Verbindung viel eher und schon bei kleineren Gruppen entsteht, wenn das Publikum bunt zusammengewürfelt ist und nicht nur aus Angehörigen der besseren Stände oder nur aus Studenten oder Arbeitern besteht. Die magische Verbindung ist im Übrigen ein Phänomen der Selbstorganisation, die auch hier zu einer neuen Ebene der Kohärenz führt, auf der Schauspieler und Publikum ein Ganzes bilden.

Unterschiedlichkeit ist nun keinesfalls das, was wir immer lieben. Die Andersartigkeit der anderen macht uns oft Angst und ist uns unangenehm. Jahrtausendelang waren wir misstrauisch gegenüber anderen Familien, anderen Stämmen, anderen Religionen und anderen Kulturen. Auf Partys und in Meetings gesellen wir uns am liebsten zu denen, die uns ähnlich sind. Das Misstrauen gegenüber denen, die anders sind als wir, existiert auch in unseren Unternehmen. Und solange wir Organisationen vor allem als eine konstant und mit möglichst geringen Abweichungen laufende Maschine betrachtet haben, wirkte Diversität eher störend. Dann sollten lieber alle gleichförmig denken und handeln. Das ist viel einfacher und bequemer - zumindest scheinbar. Wenn ein Unternehmen jedoch innovativ sein soll, dann wird Unterschiedlichkeit zu einer wichtigen Triebfeder.

Diversität kann einem anstrengend vorkommen. Wenn die Unterschiedlichkeit der Personen in einem Meeting groß ist, treten eher Meinungsunterschiede auf und es kann zu leidenschaftlichen Diskussionen kommen. Alle unterschiedlichen Stimmen wollen gehört werden. Der Prozess braucht Zeit. Doch daraus entstehen dann auch die besten Lösungen. Und dort, wo die Diversität der Meinungen und der Gefühle ermutigt und gehört wird, kann Gemeinschaft entstehen.

Gleichförmigkeit kann desaströs sein. Denn sie begünstigt eine degenerative Selbstorganisation, die verfestige Sichtweisen und Polarisierungen hervorruft. Thomas Petzinger berichtet solches von einem kleinen Unternehmen, das Architekten mit technischen Zeichnungen unterstützt.[83] Dieses Unternehmen stellte nur

Der weise König der Wüste spricht

„Der aber täuscht sich, der eine Ordnung der Oberfläche erschafft, weil er sie nicht mit dem nötigen Abstand überblickt, um den Tempel, das Schiff oder die Liebe gewahr zu werden; so begründet er an der Stelle der wahrhaften Ordnung die Zucht des Kasernenhofes, wo jeder in die gleiche Richtung strebt und gleich lange Schritte macht. Denn wenn jeder deiner Untertanen dem anderen gleicht, hast Du keine Einheit erzielt, da tausend übereinstimmende Säulen nur eine törichte Spiegelwirkung und keinen Tempel ergeben. Und du handelst nur folgerichtig, wenn du alle die tausend Untertanen bis auf einen einzigen umbringen ließest.

Die wahrhafte Ordnung ist der Tempel, aus dem das Herz des Baumeisters spricht. Denn der Tempel verknüpft die Vielfalt der Baustoffe wie eine Wurzel und erfordert eben diese Vielfalt, denn nur so kann er eine Einheit bilden und beständig und mächtig bleiben.

Es darf dich nicht verdrießen, wenn sich der eine vom anderen unterscheidet, wenn das Trachten des einen dem Trachten des anderen widerstreitet; wenn nicht jeder die gleiche Sprache spricht; vielmehr sollst du dich daran erfreuen, denn wenn du schöpferisch bist, wirst du einen Tempel bauen, der sie alle umfasst und ihnen ein gemeinsames Maß gibt."

Antoine de Saint-Exupéry, Die Stadt in der Wüste „Citadelle"

junge Leute mit den besten Noten von den besten Schulen ein. In der Folge musste es erfahren, wie in seiner jungen Belegschaft eine immer größere Anspruchshaltung entstand. Das Unternehmen zog sogar in ein größeres Büro, damit jeder den gewünschten Platz am Fenster bekam. Doch danach entstanden nur neue Wünsche. Der Hunger der Ansprüche war unstillbar. Offenbar bestärkten sich die Mitarbeiter in ihrer Gleichartigkeit gegenseitig darin, dass ihre Forderungen berechtigt seien. Eine Änderung trat erst ein, nachdem das Unternehmen seine Einstellungspolitik radikal änderte und ältere Leute und Menschen mit ganz anderen Erfahrungshintergründen rekrutierte.

Diversität hat viele Dimensionen: Alter, Geschlecht, Ausbildung, Erfahrungshintergrund, Nationalität, ethnische Zugehörigkeit, Religion, Dauer der Betriebszugehörigkeit, Menschen mit guten und weniger guten Abschlüssen. Es braucht eine Diversität von allem und das auch auf jeder Hierarchieebene. Auch das Leitungsteam - vor allem das Leitungsteam - sollte divers zusammengesetzt sein. Und da gibt es noch sehr viel Handlungsbedarf: Von Diversität im Leitungsteam kann heute meist keine Rede sein. Der überwiegende Teil aller obersten Führungsteams setzt sich in Deutschland aus über fünfzigjährigen deutschen Männern, die aus der Obersicht stammen und Haupternährer einer Familie sind, zusammen. Führungskräfte aus anderen Kulturkreisen sind im Top-Management ebenso selten wie Frauen oder Menschen, die aus „bildungsfernen Schichten“ stammen. Studien, z. B. von der Unternehmensberatung McKinsey, belegen jedoch, dass gerade die Diversität der Geschlechter in Führungsgremien zu besseren unternehmerischen und finanziellen Ergebnissen führt. Dieser Effekt setzt allerdings erst in solchen Unternehmen ein, in denen es mindestens drei Frauen in das oberste Führungsgremium geschafft haben.[84]

Wir gehen oft zu schematisch vor.

- Bekannte Unternehmen, die sehr viele Bewerbungen für die von ihnen angebotenen Ausbildungsplätze bekommen, selektieren nach standardisierten Kriterien diejenigen, die sie in die engere Auswahl ziehen und zu einem Gespräch einladen. Doch interessanterweise hat Peter Vaill beobachtet, dass High Performing Systems oft Mitarbeiter haben, die woanders abgelehnt wurden.[85] Wer nach standardisierten Kriterien sucht, übersieht diejenigen, die in diesen Kriterien vielleicht nur durchschnittlich sind, jedoch in einem bestimmten Gebiet ausgeprägte Stärken und eine ausgeprägte Leidenschaft haben und daher auf ihre Weise besonders viel beitragen können.
- Für Führungsfunktionen hervorragend qualifizierte Frauen erfüllen aufgrund ihrer im Vergleich zu Männern oft anders verlaufenden Biografie oft nicht alle geforderten Kriterien (sie haben z. B. wegen ihrer Mutterschaft nicht die nötige Anzahl Jahre im Ausland verbracht), um in einen „High Potential Pool“ auf-

genommen zu werden. Die männliche „Normalbiografie" wird als Standard festgelegt und jegliche Abweichung „als Nichterfüllen" betrachtet. Dadurch gehen Unternehmen wertvolle Ressourcen verloren.

- Unternehmen haben sich in den letzten Jahren vor allem von älteren Mitarbeitern getrennt. Inzwischen wird wieder vielerorts verstanden, dass ältere Mitarbeiter besondere Stärken einbringen. Neben ihrer angesammelten Erfahrung haben sie beispielsweise mehr Krisen erlebt und können besser mit schwierigen Zeiten umgehen. Einige Unternehmen wie BMW in Leipzig haben inzwischen besondere Programme entwickelt, um ältere Mitarbeiter so zu integrieren, dass beide Seiten gewinnen.
- Maschinenbau-Unternehmen stellen Maschinenbau-Ingenieure ein. Voith, ein schwäbischer Hersteller von Papiermaschinen, stellt auch ganz bewusst Exoten wie Astronomen, Meteorologen und Luft- und Raumfahrtingenieure ein. Sony soll Wert darauf legen, auch Geisteswissenschaftler einzustellen. Menschen, die exotische Fächer studieren, studieren meist aus authentischer Leidenschaft und nicht aus Karriere-Kalkül, so Voith, und genau das ist das, was gebraucht wird.[86]
- Manche Unternehmen wollen vor allem die besten Abgänger der besten Universitäten. Andere Unternehmen wollen bewusst eine gesunde Mischung und stellen auch weniger gute Absolventen und solche von nicht ganz so bekannten Schulen ein.
- Manche Unternehmen wollen nur von innen befördern. So richtig es ist, den eigenen Talenten Perspektiven zu bieten und durch personelle Kontinuität die eigenen Werte zu stärken, so wichtig ist es auch, in einem bestimmten Maß Mitarbeiter aus anderen Unternehmen aufzunehmen. Denn sie können neue Impulse einbringen.

Diversität hat nicht nur mit Rekrutierung zu tun, sondern auch damit, wie man Mitarbeiter intern einsetzt und wie man Teams zusammensetzt. Die Stärken und Neigungen von Mitarbeitern zu identifizieren und sie diese Stärken ausprägen zu lassen, fördert die Diversität. Mitarbeiter in ein anderes Arbeitsgebiet rotieren zu lassen, vergrößert die Diversität. Mitarbeiter nach der Einstellung in einem ganz anderen Arbeitsgebiet als in dem arbeiten zu lassen, in dem sie vorher tätig waren, stärkt die Diversität. Letztes ist eine vielleicht ungewöhnliche Praxis, doch Paul Hawken hat sie in seinem Versandhandels-Unternehmen regelmäßig praktiziert und damit sehr gute Erfahrungen gemacht.[87] Wenn Menschen in ein für sie neues Arbeitsgebiet kommen, stellen sie mehr Fragen, stellen sie auch mehr infrage und lernen sie mehr dazu. Es kann ein ganz neuer Motivationsschub entstehen, wenn jemand sich in ein neues Gebiet hineinbegibt. Und nicht zuletzt sind Mitarbeiter, die mehrere Bereiche des Unternehmens kennen, wertvoller, da sie besser in der Lage sind, das Ganze im Blick zu halten.

Viel zu selten fragen Führungskräfte vor einem Meeting, wer alles dabei sein muss, damit das Meeting ein Erfolg werden kann. Daher finden viel zu oft Besprechungen und Workshops statt, die ihrer Aufgabe nicht gerecht werden können, da die erforderliche Diversität nicht im Raum ist. Marvin Weisbord und Sandra Janoff treten schon seit vielen Jahren dafür ein, bei komplexen Fragestellungen das „ganze System" in den Raum zu holen, damit statt fragmentierter Sichten das ganze Bild gesehen wird.[88] Zusammenkommen sollten zu einem Thema diejenigen, die

- die Autorität haben, Entscheidungen zu treffen,
- die für das Thema erforderliche Expertise mitbringen,
- wichtige Ressourcen haben, wie Kontakte, Zeit oder Geld,
- interessante Sichtweisen und Informationen beitragen können,
- vom Ergebnis betroffen sein werden, es z. B. umsetzen sollen, und die etwas zu den Konsequenzen sagen können.

Das ist eine kurze Checkliste, die man sich bei der Planung der richtigen Diversität von Meetings und Workshops vor Augen halten sollte.

Die Diversität vernetzen

Diversität ist wichtig, doch sie kommt erst zum Tragen, wenn sie vernetzt wird. Die unterschiedlichen „Agenten" müssen miteinander in vielfältige Beziehungen treten, dann wird Selbstorganisation gefördert und Innovation möglich. Die Entstehung des Lebens selbst ist dafür ein gutes Beispiel. Es brauchte eine kritische Anzahl unterschiedlicher Moleküle, die an einem Ort miteinander in Beziehung traten. Die Moleküle reagierten miteinander und verbanden sich zu neuen Molekülen. Doch mehr noch, es wird angenommen, dass sie ganze Netze miteinander verwobener chemischer Reaktionen bildeten - Reaktionsnetze, die sich autokatalytisch verstärkten und erhielten. Das war dann die unmittelbare Vorstufe dessen, was wir heute Leben nennen.

Vernetzung ist ein grundlegendes Merkmal allen Lebens, und die Entwicklung des Lebens führt zu immer mehr Vernetzung. Zuerst haben sich Zellen durch Teilung fortgepflanzt, später durch sexuelle Vereinigung von zwei Partnern. Bei dieser stammt das Erbmaterial eines Organismus von zwei Eltern und deren unzähligen Vorfahren. Diese Art der Fortpflanzung hat enorm zur Vielfalt lebendiger Formen beigetragen. Doyne Farmer, ein Physiker, der komplexe, dynamische Systeme erforscht hat, hat herausgefunden, dass in vielen Erklärungsmodellen für die Selbstorganisation lebender Systeme die Vernetzung eine wesentliche Rolle spielt, und dafür den Begriff *Konnektionismus* geprägt.[89] Systeme sind lebensfähiger, wenn sie vielfältig vernetzt sind.

Das mechanistische Denken hat allerdings Organisationen geschaffen, die Vernetzung eher behindern. Die Separierung von Arbeitsbereichen ist in gewissem Maß unumgänglich, doch sie schränkt die Möglichkeit der Vernetzung ein. Formelle Kommunikations- und Dienstwege wirken in gleicher Weise. Überzogene Spezialisierung führt dazu, dass man schon vom Nachbargebiet nicht mehr viel versteht. Das Effizienzdenken wird manchmal so übertrieben, dass informelle Treffen und Gespräche von Mitarbeitern als unproduktiv und daher mit Argwohn betrachtet werden, obwohl gerade hier oft wichtige Informationen weitergegeben werden und neue Ideen entstehen. Interessant ist in diesem Zusammenhang auch ein Seitenblick auf Universitäten. Sie haben ihre Studiengänge in den letzten Jahren so verschult und leistungs-verdichtet, dass es für Studenten immer schwerer wird, über den Tellerrand in andere Fächer zu schauen. Dabei entstehen gerade dadurch kreative, neue Ansätze.

Auf der anderen Seite macht unsere Welt schon seit Jahren eine Entwicklung zu immer intensiverer Vernetzung durch. Was mit Ochsenkarren und Pferdefuhrwerken begann, wurde zu Eisenbahnen, Autos und Flugzeugen. Der Briefzustellung folgten Telefone, Handys, E-Mails, PDAs. Den Büchern und Zeitungen folgten Radio, Filme, Fernsehen, das Internet und inzwischen die Möglichkeit für nahezu jedermann, preiswert Videos zu erstellen und zu veröffentlichen. Nicht zu vergessen sind Blogs, Wikis und die Internet-basierten Netzwerke wie Xing, Facebook und so fort. Unser Planet wird von einem immer dichteren Gewebe von Kommunikationsbeziehungen überzogen, das einen gigantischen Informationsaustausch ermöglicht und das Tempo der Innovation weiter steigert. Neue Impulse können sich inzwischen blitzschnell um den Planeten verbreiten. Unternehmen sind von dieser Vernetzung nicht verschont geblieben, was jeder merkt, der seinen E-Mail-Eingang öffnet. Und dennoch ist diese rein über Medien geschehende Vernetzung nicht genug – weder für die Welt noch für Unternehmen. Fast jeder dürfte schon die Erfahrung gemacht haben, dass emotionale Spannungen sich leicht noch steigern, wenn wir nur per E-Mail miteinander verkehren. Die vielen Konflikte zwischen Volksgruppen, Nationen und Religionen in der Welt haben sich noch nicht dadurch gelöst, dass wir Internet und Fernsehen und andere Medien haben. Es braucht auch die unmittelbare, persönliche Begegnung, damit wir uns in andere einfühlen können und damit eine Chance besteht, dass verfestigte Feindbilder sich auflösen. Vernetzung in Unternehmen heißt vor allem, diese Begegnung zu ermöglichen – intern sowie mit dem Umfeld.

Die Vorteile einer solchen Vernetzung, die in sehr kleinen Unternehmen zum Teil ganz von alleine geschieht, liegen auf der Hand. Durch Begegnung werden Wissen

Der weise König der Wüste spricht

„Ich weiß freilich von meinem Dorfschmied, der zu mir kommt und sagt: Mich kümmert wenig, was mich nichts angeht. Wenn ich meinen Tee, meinen Zucker habe [...], dann bin ich vollkommen glücklich und habe keinen anderen Wunsch mehr. Wozu all diese Leiden?

Und wie könnte er glücklich sein, wenn er in seinem Hause allein auf der Welt wäre? Wenn er mit seiner Familie ein abgelegenes Zelt in der Wüste bewohnte? Ich zwinge ihn daher, sich zu berichtigen: Wenn du nun aber am Abend deine Freunde unter anderen Zelten wiedersiehst, wenn sie dir etwas zu erzählen haben und dir die Neuigkeiten der Wüste vermelden? ...

Denn ich habe euch gesehen, vergeßt es nicht! Ich habe euch rings um die nächtlichen Feuer gesehen, als ihr eure Hammel und Ziegen am Spieß drehtet, und ich habe den Schall eurer Stimmen gehört. [...] Und es kam Leben in euch, als sich der Reisende zu euch setzte, der mit einer Karawane aus fernen Ländern angelangt war; als er euch ihre Wunder schilderte und vom weißen Elefanten eines Fürsten berichtete oder von der Hochzeit eines euch kaum bekannten Mädchens in tausend Meilen Entfernung. Oder vom Durcheinander bei den Feinden. Vielleicht erzählte er auch von dem neuen Kometen oder einer Kränkung oder einer Liebschaft oder einer todesmutigen Tat oder dem Hass, den man gegen Euch hegte, oder der großen Fürsorge, mit der man Euch bedachte. Dann erfüllte euch die Weite und ihr wart mit so vielen Dingen verbunden; dann erhielt euer Zelt seinen Sinn: das geliebte und gehasste, das bedrohte und behütete. Dann wart ihr in einem Wundernetz gefangen und wurdet dadurch in etwas verwandelt, das euch überstieg ...“

Antoine de Saint-Exupéry, Die Stadt in der Wüste „Citadelle“

und Ideen ausgetauscht und verbreiten sich Best Practices und Innovationen, die bekanntlich oft an der Peripherie eines Systems entstehen, wo mehr „Chaos" existiert, da die Mechanismen zentraler Kontrolle nicht so stark greifen. Durch Vernetzung weiß man, wer was macht und kann und wo welche Unterstützung zu bekommen ist. Vernetzung verbreitert die Wissensbasis im Unternehmen. Vernetzung ermöglicht es, rasch und unkompliziert Probleme zu lösen, die im standardisierten Geschäftsablauf nicht vorgesehen sind. Vernetzung wirkt präventiv gegen die Verfestigung von Sichtweisen und Feindbildern und vermag solche wieder aufzulösen. Begegnung erzeugt das gegenseitige Verständnis und das Vertrauen, die die wichtigsten Schmiermittel einer gut laufenden Organisation sind. Und nicht zuletzt: Als Menschen sind wir keine Inseln, sondern Wesen, die miteinander in Verbindung stehen. Was wir sind, sind wir ganz wesentlich durch die Beziehungen, die wir zu anderen unterhalten - durch das Vertrauen zueinander und durch die Verbundenheit, die durch eine gemeinsame Aufgabe entsteht. Unseren Sinn fühlen wir durch unsere Beziehungen zu anderen Menschen und zu dem lebendigen Universum, das uns umgibt.

Wege der internen Vernetzung

Für Jack Welch war Vernetzung so wichtig, dass er die *Borderless Organization* als wichtiges Element seiner Vision für General Electric ausgab. In einer grenzenlosen Organisation kann jeder bei Bedarf mit jedem anderen sprechen und fließen Informationen und Ideen über alle Grenzen hinweg. Welche Möglichkeiten haben Unternehmen, um Vernetzung und Begegnung zu fördern?

- Das Wichtigste ist vielleicht, zur Vernetzung zu ermutigen. Denn wie wir schon weiter oben schrieben: Mitarbeiter nehmen die Grenzen einer Organisation ernster, als sie manchmal gemeint sind. Sie ziehen unsichtbare Wände um ihre Einheit herum und wagen es beispielsweise nicht, mit einer guten Idee zu jemandem am ganz anderen Ende oder an der Spitze des Unternehmens zu gehen, obwohl gerade dieser jemand der Richtige wäre, um die Idee umzusetzen oder zu unterstützen.
- Dann muss auch an dieser Stelle auf die schon erwähnte Job Rotation hingewiesen werden - ein Instrument, das nach unserer Beobachtung noch viel zu wenig systematisch genutzt wird. Durch Rotation werden wertvolle Beziehungen quer durch das Unternehmen geknüpft.
- Anstatt Mitarbeiter vollständig in einen anderen Bereich zu versetzen, kann man sie auch für nur kurze Perioden in einem anderen Bereich arbeiten lassen. Dann arbeiten Mitarbeiter aus der Entwicklung für einige Zeit in der Produktion oder Mitarbeiter aus dem Einkauf eines Handelsunternehmens in dessen Filialen.

- Auf der vertikalen Ebene gilt das Gleiche: Im Sindelfinger Werk von Daimler wurde uns vor einigen Jahren mehrfach von dem Leiter eines Bereichs berichtet, der einen Tag pro Monat die gleiche Arbeit machte wie seine Werker. Viele Führungskräfte sitzen abgeschottet in einem Büro, abgeschirmt durch eine Sekretärin. Andere setzen sich bewusst ins Zentrum des Geschehens.

- Die räumlichen Bedingungen können Vernetzung in hohem Maße fördern oder behindern. Gibt es ansprechende Orte, wo man sich treffen und informell austauschen kann? Führt die Architektur des Gebäudes automatisch zu Begegnung? Gibt es einen natürlichen zentralen Versammlungspunkt? Können Arbeitsplätze unkompliziert von einem Ort zum anderen verlagert werden? Als der dänische Hörgeräte-Hersteller Oticon in den 1990er Jahren in ein neues Gebäude umzog, wurde sämtliches Mobiliar unter den Mitarbeitern versteigert.[90] Alles Neue hatte Rollen: die Tische, die Schränke, die Trennwände, selbst die Pflanzen. Es gab auch nur noch mobile Telefone. Die Post wurde eingescannt, damit jeder nur einen minimalen Ballast an Papier aufbewahren musste. Es wurde normal, dass der Ort, an dem man tätig war, sich immer wieder veränderte - je nach Aufgabe, an der man gerade arbeitete. Es wurde auch normal, dass Mitarbeiter aus ganz verschiedenen Teams nebeneinander arbeiteten.

- Mitarbeitern ein fachfremdes Training angedeihen lassen. Bei der Deutschen Leasing wurden die IT-Mitarbeiter auch im Leasinggeschäft ausgebildet - und machen seitdem viel weniger Fehler bei der Entwicklung neuer Systeme.

- Beim Lebensmittel-Filialisten tegut treffen sich die Leitungsteams der drei wichtigsten Bereiche Vertrieb, Ware und Zentrale Dienste nie allein. Es ist immer auch je ein Vertreter der anderen Bereiche bei den Meetings dabei.

- Über Communities of Practice - sich selbst organisierende Gemeinschaften, die sich helfen, Probleme zu lösen, und die Ideen miteinander austauschen - hatten wir schon berichtet. Diese lassen sich unterstützen: durch den Anstoß zur Gründung, durch positive Wertschätzung und damit Legitimierung seitens der Führung, durch Anleitung in der Startphase, durch IT-Infrastruktur, wo sinnvoll durch Moderation, durch Steuerungs- und Beurteilungssysteme, die die Arbeit für Communities of Practice nicht behindern, und schließlich auch durch Budgets.[91]

- Meetings und Konferenzen können wirkungsvolle Orte der Begegnung und Vernetzung sein. Wir werden noch zeigen, dass sie systematisch eingesetzt werden sollten, um Vernetzung (und mehr) zu fördern. Hier sei nur das Beispiel von IBM erwähnt, die neben ihrem in Kapitel 6 erwähnten virtuellen ValuesJam auch zwei 72-stündige, virtuelle InnovationsJams veranstaltete, an denen 150.000 Mitarbeiter, Familienmitglieder, Kunden, Geschäftspartner und Forscher aus Universitäten aus insgesamt 104 Ländern teilnahmen, um Anwendungsmöglichkeiten für neue Technologien zu diskutieren und neue Ideen für das Unternehmen zu entwickeln. Es wurden etwa 46.000 Ideen generiert und erfasst, und später entstanden daraus zehn neue Geschäftsinitiativen, in die IBM 100 Millionen US-Dollar investiert.[92]

- Mitarbeiter in immer wieder neu zusammengesetzten Projektteams arbeiten zu lassen, ist eine Form der Vernetzung, die viel besser als formalisierte Werkzeuge des Wissensmanagements zur Übertragung von Wissen beiträgt.
- Filialisierte Organisationen sollten Wege der Vernetzung finden, die es den Filialen ermöglichen, voneinander zu lernen. Oft wird hier der Fehler gemacht, dass eine Best Practice, die an einem Ort entstanden ist, allen anderen vorgeschrieben wird. Das kann in bestimmten Fällen sinnvoll sein, doch meistens werden vorbildliche neue Wege dann leichter angenommen, wenn die Gemeinschaft der Filialleiter selbst erforscht, was die besten unter ihnen besonders gut machen.

Lars Kolind, der zehn Jahre CEO von Oticon war, hatte an einem bestimmten Punkt das Gefühl, dass die Mitarbeiter der Zentrale doch wieder zu sehr an einem Ort festgewachsen waren. Und daher ordnete er in einer seltenen Top-down-Direktive an, dass alle Gruppen umziehen sollten - und zwar entsprechend dem Zeithorizont ihrer Arbeit. Teams mit kurzfristigen Zielen (Vertrieb, Marketing, Service) sollten in den zweiten Stock ziehen, Teams mit mittel- und langfristigen Zielen sollten sich im ersten Stock einfinden und der Rest im Erdgeschoss. „Es war das totale Chaos," sagte Kolind. „Innerhalb von drei Stunden zogen über hundert Mitarbeiter um. Doch um ein Unternehmen lebendig zu halten, hat das Top-Management die Aufgabe, für Dis-Organisation zu sorgen."[93]

Vernetzung mit dem Umfeld

Zu den Wundern der Technik gehört, dass wir inzwischen in der Lage sind, Partikel herzustellen, die eine unglaublich hohe spezifische Oberfläche haben. Nanostrukturierte Partikel bringen es auf mehr als 1000 Quadratmeter pro Gramm. Solche Partikel sind ein gutes Bild für die Oberfläche, die ein Unternehmen nach außen zu seinem Umfeld haben sollte. Je größer die Fläche der Berührung mit dem Umfeld, desto größer ist die Durchlässigkeit und desto mehr kann wertvolle Information fließen. Das Postulat der grenzenlosen Organisation gilt nicht nur innen, sondern auch nach außen.

Die Vernetzung mit den Kunden ist sicher am wichtigsten. Denn sie hilft uns, Kunden wirklich zu verstehen. Zu oft existiert in uns eine Dualität zwischen uns und den Kunden. Wir hier - ihr dort. Oder die Zielgruppe, auf die man zielt. Wenn wir Marktforschung betreiben und dafür Studien in Auftrag geben, laufen wir Gefahr, diese Trennung zwischen uns und den Kunden noch zu vergrößern. Die Kunden werden zu Objekten. Wenn wir Kunden persönlich begegnen, sie beobachten und ihnen zuhören, verstehen wir sie nicht nur besser, sondern es wachsen auch Empathie und Leidenschaft für sie. Unternehmer Paul Hawken schreibt, dass wir uns letztlich nur selbst kennen und dass wir daher „an uns selbst" vermarkten sollten.[94] Doch das geht nur, wenn wir vorher so mit unseren Kunden „verschmolzen" sind, dass wir wissen, was sie wollen - wenn wir unseren Kunden also so nahe waren, dass sie uns verändert haben.

Viele Unternehmen haben bereits Kundenbeiräte, die eine persönliche Begegnung ermöglichen. Doch das ist nur der Anfang. Es ist wichtig, möglichst viele Mitarbeiter in Kontakt mit Kunden zu bringen, auch solche, die ihn normalerweise nicht haben. Das kann unterschiedliche Ausprägungen haben und jedes Unternehmen muss seine eigenen Formen finden. Entwickler können zu Kunden geschickt werden, aber in bestimmten Situationen auch Arbeiter aus der Produktion. Man kann mehr Mitarbeiter als üblich auf Messen mitnehmen (wo sie neben Kunden auch das Wettbewerbsumfeld beobachten können). Reklamationsbriefe von Kunden können an die Produktion weitergeleitet werden. Arbeiter können Werksführungen übernehmen. Kunden können in die Produktentwicklung eingebunden werden. Der Vertrieb kann regelmäßig in einer Veranstaltung Feedback aus dem Feld an Führungskräfte und Mitarbeiter des Unternehmens weitergeben. (General Electric führte in allen seinen Unternehmen ein, dass das jede Woche geschieht - dort heißt es Quick Market Intelligence.[95]) Der Hörgerätehersteller Oticon ließ einen Händler seine Hörgeräte-Praxis in der eigenen Empfangshalle einrichten, damit die Mitarbeiter immer einen Kunden vor Augen hatten. Wichtig ist, dass persönliche Begegnung stattfindet und nicht nur Berichte geschrieben und gelesen werden. Denn Berichte berühren uns selten so, dass sie uns verändern. Es geht tatsächlich um eine Art Verschmelzung und die ist besonders gut möglich, wenn Mitarbeiter und Kunden in einer gemeinsamen Veranstaltung intensiv miteinander arbeiten.

Wir haben schon mehrfach Unternehmen geholfen, interaktive Konferenzen mit Kunden und Mitarbeitern eines Unternehmens zu gestalten - in Formaten, die wir nachfolgend noch beschreiben werden. Dabei kann es darum gehen, wie die Zusammenarbeit mit den Kunden verbessert werden kann, oder auch um die Generierung von Ideen für neue Produkte oder die Weiterentwicklung von Produkten. Eine Lebensversicherung in der Schweiz beispielsweise lud ihre Makler zu einer solchen Konferenz ein. Achtzig Makler arbeiteten mit zwanzig internen Mitarbeitern einen ganzen Tag lang in wechselnden kleinen Gruppen. Generalthema war, wie die erfolgreiche Partnerschaft zwischen der Versicherung und ihren Maklern noch weiter verbessert werden konnte. Makler und Mitarbeiter brachten 22 Unterthemen auf und arbeiteten dann in sieben oder acht parallelen Gruppen in drei Zeitfenstern, so dass alle Themen bearbeitet wurden. Am Ende des Tages hatten die Gruppen 22 Protokolle mit konkreten Vorschlägen verfasst. Zwei Wochen später wurden diese an alle Teilnehmer verschickt; hinter jedem Protokoll befand sich eine farbige Seite mit dem, was die Geschäftsleitung zu dem jeweiligen Vorschlag oder den Vorschlägen beschlossen hatte. Die Versicherung sagte hinterher, es sei die erfolgreichste Maklerveranstaltung gewesen, die sie je durchgeführt hätte. Und das heißt etwas, wenn man weiß, wie viel Aufwand Versicherungen in „unterhaltende" Maklerveranstaltungen stecken. Man kann sich vorstellen, wie die Beziehungen durch die intensive Kleingruppenarbeit zwischen Maklern und Mitarbeitern gewachsen sind und wie die Makler sich mehr als vorher mit dieser Versicherung identifizierten.

Durch lebendige Vernetzung entstehen Verständnis und Identifikation in beide Richtungen. Mitarbeiter verstehen die Kunden besser und die Kunden verstehen besser die Mitarbeiter. Die Kunden werden geduldiger, wenn einmal Probleme auftreten, und das kann von unschätzbarem Wert sein. Die Makler in der oben beschriebenen Veranstaltung verstanden auch besser, warum bestimmte Dinge nicht möglich sind. Ralph Stayer, der Inhaber des Lebensmittelherstellers Johnsonville, hatte einmal das Problem, dass seine Mitarbeiter seine hohen Qualitätsstandards nicht akzeptierten.[96] Sie hielten sie für nicht erfüllbar. Stayer schickte daraufhin eine Gruppe von Arbeitern zu einem anspruchsvollen Kunden. Hinterher setzten sie sich selbst höhere Qualitätsstandards, als er sie vorgegeben hatte.

Wenn Sie nun mehr Vernetzung und mehr Diversität in Ihrem Unternehmen einführen wollen, sollten Sie sich auf Widerstand gefasst machen. Viele werden Diversität nicht mögen. Entwicklungsingenieure werden es zuerst nicht einsehen, warum sie Zeit beim Kunden oder in der Produktion verbringen sollen. Job Rotation wird nicht jedem gefallen. Büros, in denen alles auf Rollen steht, auch nicht. Es bedarf sehr entschiedener Führung, um die Voraussetzungen dafür zu schaffen, dass das Leben im Unternehmen seine schöpferische Dynamik entfalten kann.

Unternehmen als Gewebe der Gespräche

Unternehmen sind ein Netzwerk. Sie sind ein Geflecht der Begegnungen und ein Gewebe der Gespräche. Alles, was in einem Unternehmen neu geschieht, geschieht, weil Menschen Gespräche miteinander führen, auch in der Form von E-Mails, Berichten und Präsentationen. Wir sagen oft „wieder mal nur geredet", doch wir übersehen, dass das Miteinander-Reden einer der zentralsten Prozesse der Wertschöpfung in einer Organisation ist. Reden ist Handeln. Durch das Gewebe der Gespräche werden, so betont Juanita Brown, Beziehungen geknüpft, wird Wissen geteilt und werden Werte geschaffen.[97] Gary Hamel schrieb in Fortune: „Strategieentwicklung hängt davon ab, dass wir ein reichhaltiges und komplexes Gewebe der Gespräche schaffen, das vorher isoliertes Wissen miteinander verbindet und neue und unerwartete Kombinationen der Einsicht schafft."[98] (Diversität und Vernetzung!) Und als Robert Shapiro, seinerzeit CEO von Monsanto, auf einer großen Mitarbeitertagung dem Unternehmen das nächste große Ziel vorschlug (die Landwirtschaft durch gentechnologische Entwicklungen zu revolutionieren), sagte er: „Gespräche sind ein strategischer Faktor, eine Quelle von Wettbewerbsvorteilen. Unser Erfolg wird wahrscheinlich mehr als von allem anderen von der Qualität der Gespräche abhängen, die wir miteinander führen. Also lasst uns miteinander reden und sehen, ob wir die Knochen, die ich euch vorgesetzt habe, mit Fleisch versehen können."[99]

Ein großer Teil der Gespräche, die wirklich Werte schaffen, findet wahrscheinlich nicht in Meetings statt. Denn Meetings sind oft zu formell und oft zu einseitig besetzt. Zahllose wertvolle Gespräche finden nebenbei statt, am Telefon, am Kaffeeautomaten, an den Abenden nach offiziellen Veranstaltungen - dort, wo Menschen sich treffen, etwas Zeit miteinander haben und wo die Atmosphäre informell und entspannt ist. Es gibt aber auch Meeting-Formate, die das Geflecht der Gespräche, das Werte schafft, optimal ermöglichen. Eines davon heißt *World Café.*

World Café

Etwa 35 Menschen kommen in einem Raum zusammen, dessen Atmosphäre informell und einladend wie in einem Café wirkt. Neun kleine runde Tische, an jedem vier Personen. Die „Gäste" haben sich bereits Kaffee oder etwas anderes geholt und begrüßen sich an den Tischen. Der „Gastgeber" der Veranstaltung steht auf, bedankt sich für das Kommen der Teilnehmer und erklärt, warum man heute zusammengekommen ist. Das Unternehmen habe mittlere, große und sehr große Kunden. Es gäbe einen Vertrieb für die mittleren Kunden und einen für die großen und sehr großen Kunden. Es stehe jedoch die Frage im Raum, ob die sehr großen Kunden nicht eine andere Form der Betreuung erfahren sollten als die „nur großen" Kunden und ob es dazu eine neue Organisationsform und neue Fähigkeiten brauche. Im Raum sind Führungskräfte und Mitarbeiter aus Vertrieb, Marketing und Service sowie einzelne Vertreter anderer Ressorts. Auch sechs Vertreter von großen Kunden haben sich für diesen Tag Zeit genommen. Alle sitzen bunt gemischt an den Tischen. Die der Komplexität des Themas angemessene Diversität ist im Raum präsent.

Der Moderator erklärt die erste Fragestellung - *Wie ändert sich die Welt unserer großen und sehr großen Kunden? Wie ändern sich die Anforderungen der sehr großen Kunden an uns?* - und erläutert den Ablauf. Die Tischgruppen wählen einen Tischgastgeber und beginnen miteinander über die Frage zu reden. Ihre Erkenntnisse schreiben sie auf die Tischdecke. Denn die ist aus Papier und dient auch als

Fläche für Zeichnungen, Grafiken und spielerische Kritzeleien. Sie ist wie die Papierserviette, die wir sonst immer in Cafés nutzen, um unseren Gesprächspartnern etwas zu verdeutlichen.

Nach einer halben Stunde ertönt ein Gong. Bis auf die Tischgastgeber stehen alle Teilnehmer auf und suchen sich einen neuen Tisch. Nachdem alle wieder sitzen, erläutern die Tischgastgeber, was vorher an ihrem Tisch besprochen wurde. Anschließend bitten sie die neu Hinzugekommenen, ihrerseits das Gleiche zu tun. Jetzt ist jeder nicht mehr nur er selbst, sondern Repräsentant eines Gesprächs, an dem er vorher teilgenommen hat. Jeder stellt mehr als nur seinen eigenen Standpunkt dar - und das weitet ihn. Nach diesem Austausch über die vorher geführten Gespräche setzt sich das Gespräch zur gleichen Frage fort.

Wieder ertönt ein Gong nach einer halben Stunde und alle stehen auf und kehren zu ihren ursprünglichen Tischen zurück. Sie tauschen sich darüber aus, was sie im Gespräch mit den anderen Gruppen gelernt haben und was ihre gemeinsamen wichtigsten Erkenntnisse zur gemeinsamen Fragestellung sind. Diese letzte Runde dauert nur 20 Minuten. Danach beginnt ein Dialog aller Tische und Teilnehmer im Plenum. Das, was an den kleinen Tischen geschah, wird in der großen Gruppe fortgesetzt. Das Tischtuch ist jetzt eine große Papierbahn an der Wand, auf der eine Mindmap mit den Beiträgen der Teilnehmer entsteht. Nachdem sie fertiggestellt ist, kennzeichnen die Teilnehmer mit Klebepunkten die Aspekte der Änderungen bei den Kunden, auf die das Unternehmen unbedingt Antworten finden muss.

Auf ähnliche Weise werden am gleichen Tag zwei weitere Fragen bearbeitet:

- Wie sollten wir unsere sehr großen Kunden künftig betreuen, damit sie und wir begeistert sind?
- Welche Voraussetzungen müssen wir schaffen, um die Betreuung leisten zu können, die begeistert?

Am Ende war es für alle ein anregender, aber auch intensiver Tag. Jeder hat in mindestens sechs unterschiedlich besetzten Gruppen gearbeitet. Jeder hat Gespräche mit ganz unterschiedlichen Menschen im kleinen Kreis geführt. Jeder war Teil des Gewebes der Gespräche. Viele haben das Gefühl, sie hätten eigentlich mit jedem im Raum gesprochen. Bei allen ist ein Sinn für das Ganze entstanden. Gemeinsame Sichtweisen der ganzen Gruppe haben sich im Laufe des Tages immer deutlicher herausgeschält. Am Ende bedankt sich der Gastgeber bei allen für die Teilnahme. Er kündigt an, dass jetzt eine Projektgruppe die Ergebnisse auswerten und einen Vorschlag erarbeiten werde. Der werde in sechs Wochen allen zur Diskussion präsentiert werden, die bereit seien, nochmals für zwei Stunden zu kommen.

Das war ein Beispiel für ein World Café. Der Ablauf im Detail kann variieren. Manchmal arbeitet man nur an zwei Fragen oder nur an einer. Manchmal wird es direkt im Anschluss an das World Café sehr konkret und es entstehen Arbeitsgruppen, die Maßnahmen planen. Manchmal nimmt jeder nur die Erkenntnisse des Dialogs mit und zieht seine Konsequenzen hinterher. Manchmal findet das World Café mit 15 Personen statt, manchmal mit 150 oder noch viel mehr. Manchmal dauert das World Café zwei Stunden, manchmal zwei Tage, manchmal ist es eine Sequenz in einem Workshop oder in einer Konferenz.

An den kleinen Tischen findet leichter als in größeren Gruppen ein produktiver Dialog statt. An den Vierer- oder Fünfertischen haben die Beteiligten nicht so sehr das Bedürfnis zu zeigen, dass sie Recht haben, wie das manchmal in Meetings geschieht. Jeder hat vergleichsweise viel Sendezeit. Die entspannte Atmosphäre des ganzen Cafés lässt generative Gespräche entstehen, in denen gut zugehört und mehr voneinander gelernt wird. World Café ist eine gute Methode, um eine Gruppe, die 12 oder mehr Personen groß ist, miteinander denken zu lassen und um deren kollektive Intelligenz zu nutzen. Es ist eine Methode, die das Leben imitiert und die in den Teilnehmern spürbar Lebendigkeit hervorruft - natürlich nur wenn sie an Fragen arbeiten, die sie wirklich interessieren. Wer je an einem World Café teilgenommen hat, versteht intuitiv, dass Unternehmen ein Gewebe der Gespräche sind.

World Cafés lassen sich für eine Fülle von Fragestellungen einsetzen. Wenn eine komplexe Situation untersucht werden soll, wenn unterschiedliche Sichtweisen zusammengebracht werden sollen, wenn alle Beteiligten das ganze Bild erkennen sollen, wenn Wissen geteilt und eine gemeinsame Wissensbasis geschaffen oder vertieft werden soll, wenn Optionen für die Zukunft exploriert werden sollen, wenn Energie für Handeln entstehen soll, ist World Café eine Methode, die in Betracht gezogen werden sollte. World Café ist nichts für Situationen, in denen man gleich auf die Lösung für ein spezielles Problem zusteuern will. Oft ist es die Vorstufe für konventionellere Formen der Planung. Vor allem ist World Café eine Methode, die erlernbar ist. Sie sollte aus unserer Sicht zum Handwerkszeug von Führungskräften gehören.

Yvon Bastien, Geschäftsführer von Sanofi-Synthelabo in Kanada, hat World Café-Dialoge für verschiedene Zwecke eingesetzt: strategische Planung, operative Planung, Großgruppen-Konferenzen mit allen Mitarbeitern, Dialoge zu speziellen Themen mit Kunden und anderen Anspruchsgruppen.[100] Er schreibt dazu: „Während der letzten Jahre waren wir in einem Hyperwachstumsmodus mit zweistelligen Zuwachsraten. Wir übertreffen beständig die Erwartungen des Konzerns. Ich kann nicht sagen, ob das das direkte Resultat unserer Café-Dialoge oder das Resultat von anderen Dingen ist, die wir ebenfalls tun und die oft aus den Café-Dialogen entstanden sind. Aber eines kann ich sagen: das World Café war sehr wesentlich, sehr einzigartig, weil es der einzige Prozess ist, der nach meiner Beobachtung regelmäßig Intellekt und Emotion mit einem Business-Thema verbindet. Das ist ein wichtiger strategischer Vorteil. [...] In meinem Innersten glaube ich, dass Café-Dialoge ein Träger des Lebens sind. Ich liebe es zu sehen, wie Menschen lebendig werden - und wie ich gleichzeitig selbst lebendig werde - immer rund um unser Geschäft."

Leading with Life.

Kapitel 8: Ein großes Feuer entfachen

In der Gemeinschaft der Mitarbeiter entsteht dann Energie, wenn möglichst viele Mitarbeiter wirklich mit dem in Kontakt sind, was ist: mit den Realitäten von Markt und Wettbewerb, so dass ein Gefühl von Dringlichkeit entsteht, mit dem Potenzial des Unternehmens, so dass Selbstvertrauen entsteht, und mit den großen Zielen, so dass der Sog einer Vision entsteht. Eine einmalige Möglichkeit, das zu erreichen, besteht darin, viele Mitarbeiter für ein, zwei oder drei Tage in einen Raum zu bringen.

An einem Donnerstagmittag treffen sich etwa 120 Menschen in einer geräumigen, hellen und hohen Halle, die eher wie eine Sporthalle als wie ein typischer Konferenzraum wirkt. Es handelt sich um Mitarbeiter eines Abfüllwerks für Spezialgase, das zu einem großen Unternehmen dieser Branche gehört. Einige der Eintreffenden sind Führungskräfte, viele sind Arbeiter, etwa ein Viertel kommt nicht direkt aus dem Werk, sondern aus anderen Bereichen des Unternehmens: Produktmanagement, Vertrieb, Einkauf, Logistik etc. Ein gutes Drittel aller Mitarbeiter des Werks ist anwesend. Alle sind in gespannter Erwartung, was wohl in den nächsten zweieinhalb Tagen passieren wird. Denn die Zeit bis Samstagspätnachmittag werden sie gemeinsam in dieser Halle verbringen.

Schon die Anordnung der Stühle ist ungewohnt: Man sitzt in Stuhlkreisen zu acht Personen. Die Sitzordnung ist so vorgegeben, dass jeder mit Kollegen aus anderen Abteilungen, die er nur selten trifft oder sogar gar nicht kennt, zusammensitzt. An den Wänden des Raums befinden sich Flipcharts und Pinnwände in größerer Zahl. Und vor einer Wand der Halle steht eine weitere etwa zwölf Meter lange und vier Meter hohe Wand, die aus Umzugskartons gebaut und so verkleidet wurde, dass sie wie eine riesige Mauer aussieht. In der Mitte dieser Mauer prangt ein großes Plakat - auf dem steht einfach nur „65 Prozent".

Der Werkleiter begrüßt die Anwesenden und kommt gleich zum zentralen Anliegen dieser ungewöhnlichen Tagung. Die Liefertreue des Werks sei bei weitem nicht gut genug. Sie würde schon seit langer Zeit um 62 Prozent schwanken und habe, seit dieses Werk durch eine Fusion aus zwei kleineren entstanden sei, eine unsichtbare Mauer von 65 Prozent nie durchbrochen. In diesen Tagen gehe es darum, diese Mauer gemeinsam einzureißen und Wege zu finden, die Liefertreue auf 95 Prozent zu steigern, bei gleichzeitiger weiterer Optimierung der Produktivität. Allen wird nun klar, was es mit der großen Mauer am Rand des Raumes auf sich hat.

Nach einer ersten Runde des Sich-Vorstellens und -Austauschens in den kleinen Gruppen geht es weiter mit drei kurzen Vorträgen. Es werden die einzigen dieser

Tagung bleiben, sie dauern jeweils nur zehn bis fünfzehn Minuten, doch sie haben es in sich. Denn es sprechen zwei Kunden und ein Großkundenbetreuer aus dem Vertrieb. Der erste Redner kommt von einem großen Automobilhersteller, der die Gasgemische dieses Werks bezieht. Anschaulich macht er den Anwesenden deutlich, was es für sein Unternehmen bedeutet, wenn die Gase nicht zum versprochenen Termin geliefert werden. Er spricht von zusätzlichen Kosten, zusätzlichem Ärger und von Aufträgen, die immer mehr an Wettbewerber vergeben werden. Er spricht von Vertrauen, das verloren gegangen ist. Es ist absolut still im Saal, während er redet. Den meisten Mitarbeitern war gar nicht klar, welchen Ärger sie ihren Kunden bereiten. Die beiden nächsten Redner schlagen in die gleiche Kerbe. Danach sieht man viele nachdenkliche Gesichter, Bestürzung ist im Raum zu spüren. Schließlich stellen die Teilnehmer noch für eine halbe Stunde Fragen an die Redner und bekommen Antworten, die noch deutlicher machen, dass sich etwas ändern muss. Die brennende Plattform ist etabliert - und jeder spürt, dass sie brennt.

Nach dieser intensiven Berührung mit der Realität der Kunden wird auch noch die interne Realität des Werks gemeinsam untersucht. Dazu dienen verschiedene Schritte, hier sei nur einer kurz dargestellt. Er besteht darin, dass sich alle Werksmitarbeiter entlang dreier Seile aufstellen, die längs durch den Saal gespannt sind und den Kernprozess des Werks für die drei Produktlinien darstellen. Zwischen Auftragseingang und Auslieferung postieren sich alle Mitarbeiter in der Reihenfolge, in der sie in dem Prozess arbeiten. Mitarbeiter, die nicht direkt in den Kernprozessen tätig sind, bekommen farbige T-Shirts und eigene Seile, die sie als zuliefernde Prozesse quer zu den Kernprozessen spannen. Nachdem alle an „ihrer Position" stehen, beginnt ein Dialog darüber, welche Probleme am Ende der Prozesskette immer wieder auftauchen und wie sie durch kleine Fehler mehr zu Beginn der Prozesse verursacht werden. So entsteht ein Bewusstsein dafür, dass alle in Prozessen arbeiten, die nur funktionieren können, wenn wirklich jeder seinen Teil beiträgt.

Später treffen sich alle vor der großen Mauer. In kleinen Gruppen haben sie inzwischen diskutiert, wo angesetzt werden muss, um die Liefertreue nachhaltig zu steigern. Alle bringen ihre Ideen mit und rufen sie den Moderatoren zu. Diese sammeln und ordnen die Ansatzpunkte auf der Mauer in einer riesigen Mindmap, für deren obere Äste eine Leiter gebraucht wird. Die vorgeschlagenen Ansatzpunkte werden anschließend von allen mit Klebepunkten priorisiert (viele klettern dafür auf Leitern). Es zeigt sich, dass es zehn Schwerpunktthemen gibt, die zu bearbeiten sind. Nacheinander melden sich zehn Freiwillige, die bereit sind, für eines der Themen eine Gruppe zu gründen. Die Freiwilligen bekommen ihren Ast der Mindmap und den Mauerstein (Umzugskarton) dahinter gleich mit dazu - ein sichtbares Symbol für das Aufgabenpaket, das sie übernommen haben. Schließlich arbeiten zehn Gruppen in verschiedenen Ecken des Raums - und es fehlen zehn große Steine in der Mauer. Die Mauer ist brüchig geworden, doch sie steht immer noch.

Die Gruppen arbeiten in mehreren Schritten über einige Stunden. Drei-Jahres-Szenarien werden entworfen und sowohl als bildhafte Collage wie als präzise Texte gestaltet, so dass allen klar wird, was im betreffenden Thema langfristig erreicht werden soll. Feedback von anderen Gruppen und von der Werkleitung wird eingeholt, Ein-Jahres-Ziele werden abgeleitet, Maßnahmen werden entwickelt. Am Samstagmittag schließlich wird die große Mauer eingerissen. Mit ihren „Steinen" wird eine diagonal durch den Saal sich windende Straße in die Zukunft gebaut. Auf jedem der großen Kartons kleben zeitlich sinnvoll angeordnete Flipcharts mit Vorschlägen für Maßnahmen. Dann gehen alle die Straße entlang und lassen sich die „Meilensteine" der gemeinsamen „Straße in die Zukunft" von den Gruppen erklären, die sie entwickelt haben. Und zum Schluss verlassen sie den Raum über diese Straße und geben am Ausgang mit ihrer Unterschrift ein Commitment für die Zielmarke 95 Prozent ab.

Am Ende der Veranstaltung steht eine Mannschaft, die von der Intensität der Arbeit erschöpft, doch vom Erarbeiteten und vom Stil der Zusammenarbeit begeistert ist. Vor allem ist sie fest entschlossen, das große Ziel - die nachhaltige Steigerung der Liefertreue - zu erreichen und ihre Projekte umzusetzen. Jeder hat viel gelernt in diesen zweieinhalb Tagen, jeder hat mit zahlreichen Kollegen geredet, die er bisher nur wenig kannte, und neue Kontakte geknüpft. Die große Gruppe fühlt sich als Gemeinschaft, die sich eine gemeinsame Aufgabe vorgenommen hat. Der Werkleiter sagt am Ende, dass man sich in sechs Monaten wieder treffen und sich gegenseitig vorstellen werde, was man getan habe. Und dass es dann sicher einen ersten Erfolg zu feiern gäbe.

Interaktive Großgruppenkonferenzen wie diese sind in vielen Größen und Formen und zu vielen Themen möglich.[101] Wir haben sie mit sämtlichen 150 Mitarbeitern einer ländlichen Sparkasse (über das Wochenende) und mit 1500 Führungskräften einer Großbank durchgeführt. Doch eigentlich ist es egal, ob die 300 obersten Führungskräfte eines großen Konzerns oder 300 Mitarbeiter eines Werks zusammenkommen. Die Vorgehensweisen und Wirkungen sind die gleichen. Wenn eine große Gruppe zusammenkommt, lässt sich ein großes Feuer entfachen. In einer interaktiven Großgruppenkonferenz erlebt man Lebendigkeit in einem Maße, wie sie sich sonst kaum in Unternehmen erleben lässt. Hier können die Energien der Mitarbeiter entfesselt werden. Hier wird sichtbar, welches Potenzial tatsächlich in den Menschen und in der Organisation vorhanden ist, das nur darauf wartet, freigesetzt zu werden.

Optimale Bedingungen für Lebendigkeit

Alles, was wir bisher als wichtige Faktoren beschrieben haben, um ein Unternehmen mit der schöpferischen Energie und Dynamik des Lebens zu verbinden, wird wie in einem Schmelztiegel konzentriert in einer einzigen Veranstaltung wirksam:

- Hier werden lose Strukturen „am Rande des Chaos" geschaffen, die Selbstorganisation und die Emergenz neuer Strukturen ermöglichen.
- Hier wird die Diversität in einen Raum gebracht, die Kreativität stimuliert: Viele Funktionen, mehrere Führungsebenen, Interne und oft Externe sind mit dabei.
- Hier finden die unmittelbare Vernetzung von Menschen und das dichte Gewebe der Gespräche statt, die den Fluss intensiv wirkender Informationen und das Lernen voneinander ermöglichen.
- Hier erleben sich alle Beteiligten als eine große Gemeinschaft, die eine gemeinsame Verantwortung hat.
- Hier werden verfestigte Sichtweisen (Vorurteile), die man gegenüber anderen Abteilungen (oder der Führung oder den Mitarbeitern oder ...) hat, aufgelöst und durch produktivere Sichtweisen ersetzt. Konflikte treten in den Hintergrund und das Gemeinsame tritt in den Vordergrund.
- Hier kann eine intensive Berührung mit der Realität der Kunden und des Marktes stattfinden und ein Gefühl von Dringlichkeit erzeugt werden.
- Hier werden Ziele, Werte, Visionen lebendig (und oft sogar gemeinsam erarbeitet und vereinbart).
- Hier wird eine neue Geschichte nicht von der Kanzel vorgetragen, sondern von allen erlebt und hinterher weitererzählt.
- Hier lässt sich eine kritische Masse erreichen, die hinterher andere mitzieht.
- Hier bekommt das Ganze ein Bewusstsein vom Ganzen und entdeckt das Potenzial, das in ihm steckt.
- Hier entsteht ein Organismus, dessen Teile in viel höherem Maße als vorher das Gleiche denken, fühlen und wollen.

Zusammengefasst: Gut gestaltete Großgruppenkonferenzen sind ein besonderer Raum, eine Art „Pause" innerhalb des oft überstrukturierten und überladenen Alltags, in dem die Teilnehmenden in Kontakt mit ihrer Lebensenergie kommen und das ganze System lebendiger wird.

Man kann die Erfahrung einer interaktiven Großgruppenkonferenz mit der Erfahrung der Astronauten, die die Erde umrundet haben, vergleichen. Alle diese Astronauten waren tief berührt, als sie unseren Planeten erstmals aus der Entfernung als Ganzes sahen. Sie waren beeindruckt von seiner Schönheit und seiner Einzigartigkeit: ein blau-weiß schimmerndes und zerbrechlich wirkendes Juwel im dunklen, kalten Weltall, das von einer erstaunlich dünnen Atmosphäre umhüllt ist und von außen gesehen sehr verletzlich wirkt. Sie starteten als Amerikaner oder Russen und landeten bei ihrer Rückkehr als Bürger *einer* Erde. Sie hörten auf, sich mit einem Land oder Kontinent zu identifizieren, und entwickelten stattdessen ein Gefühl von Verbundenheit mit der ganzen Erde und von Verantwortung für die ganze Erde. So regelmäßig haben Astronauten über ihre persönliche Berührung und Transformation berichtet, dass der Begriff „Overview-Effekt" dafür geprägt wurde.[102]

Mitarbeiter eines Unternehmens gleichen uns Erdenbürgern, die wir nie die Welt als Ganzes gesehen haben. Sie kennen nur einen Teilausschnitt, identifizieren sich nur mit diesem und empfinden auch nur für diesen Verantwortung. Selbst Vorstandsvorsitzende kennen nur einen Teilausschnitt (wenn auch einen großen), denn mit ihrer Basis haben sie oft zu wenig Kontakt - und manchmal auch mit ihren Kunden. In einer interaktiven Großgruppenkonferenz erlebt jeder das Ganze und erweitert jeder sein Bewusstsein vom Ganzen, und so wächst ein Gefühl von Verantwortung für das Ganze - das nur wachsen kann, wenn man als Ganzes zusammenkommt.

Das Umkreisen der Erde oder die Reise zum Mond war für die Astronauten ein Gipfelerlebnis. Die Begeisterung, die beim Anblick der Erde gespürt wurde, ebbte später wieder ab. Und doch blieb etwas für immer zurück. Auch eine interaktive Großgruppenkonferenz ist ein Gipfelerlebnis. Sie ist eine Energiespitze, die wieder abflacht, wenn alle wieder vom Alltag mit seinen Ansprüchen und Banalitäten gefordert werden. Und doch bleibt - zusätzlich zu den konkreten, erarbeiteten Inhalten - etwas zurück. Die Astronauten erzählen noch ihren Enkeln davon, wie sie das erste Mal die ganze Erde gesehen haben. Und ihre Augen leuchten dabei. Die Teilnehmer einer gelungenen interaktiven Großgruppenkonferenz erzählen noch lange Zeit Geschichten darüber. Und bei jedem Erzählen wird ein Stück der damaligen Energie wieder wachgerufen. Denn Geschichten sind etwas, aus dem Kraft gewonnen werden kann. Eine gelungene Konferenz bereichert den Legendenschatz und prägt lange das Energiefeld/Bewusstsein des Unternehmens. Für zwei oder drei Tage leuchtet das Licht des Unternehmens hell, dann wird es wieder dunkler und nähert sich seiner ursprünglichen Färbung an. Doch nicht vollständig, denn es bleibt etwas zurück - so als ob die Kanäle der Energie geweitet wurden.

Großgruppenkonferenzen werden mehr und mehr genutzt, auch wenn ihr Potenzial noch bei weitem nicht ausgeschöpft wird. Richard Pascale und seine Ko-Autoren haben für ihr Buch *Surfing the Edge of Chaos* komplexe Transformationsprozesse in mehreren großen Unternehmen untersucht (Monsanto, Sears, BP, Hewlett-Packard etc.) und beschreiben in allen Fällen, wie interaktive Konferenzen eine Schlüsselrolle für die Mobilisierung spielten.[103] Jack Welch hat in seiner Zeit bei GE sogar selbst eine Form der Großgruppenarbeit erfunden, die große Verbreitung auch über GE hinaus fand. Die Idee dazu wurde aus seiner Frustration geboren. Welch hatte viel Zeit damit verbracht, seine Werte und Visionen zu verbreiten. Über Jahre hatte er einen halben Tag pro Monat das GE-Leitbild mit Führungskräften im unternehmenseigenen Bildungszentrum, einen weiteren halben Tag pro Monat mit Führungskräften und Mitarbeitern an einem der vielen GE-Standorte diskutiert. (Hier zeigt sich Leidenschaft für Werte!) Doch auch nach Jahren des Werte-Dialogs wurde ihm immer wieder gesagt: „Die Werte sind okay. Doch da, wo ich arbeite, werden sie nicht gelebt. Wir müssen immer noch denselben bürokratischen Unsinn tun, den wir immer tun mussten. Wir müssen immer noch alle Details wissen. Wir ..." Eines Tages hat es ihm einfach gereicht, immer das Gleiche zu hören. Noel Tichy und Stratford Sherman beschreiben diesen Tag so: „An diesem besonderen Tag im Jahr 1988 erreichte die GE-Revolution ihren Wendepunkt. Welch hatte plötzlich eine Eingebung, die ihm erlaubte, sein gesamtes Business-Verständnis in eine einzige, sehr praktische Idee umzusetzen. Es war eine große Idee, die Art transformierender Gedanke, wie man ihn höchstens ein oder zwei Mal im Leben hat."[104] Diese Idee bekam den Namen *Work-Out*.[105] Jack Welch schlug seinen Leuten vor, einfach 50 oder 100 oder mehr Mitarbeiter von einem Standort oder von einem Geschäft für drei Tage in einen Raum zu stecken und dann zusammen zu erarbeiten, wie die gemeinsame Zukunft aussehen solle, so dass sowohl das Geschäft profitiert wie auch die Begeisterung der Beteiligten wächst. Es blieb nicht bei einer Idee. Nach fünf Jahren hatten etwa 200.000 der damals rund 240.000 GE-Mitarbeiter an Work-Outs teilgenommen. Welch sah und sieht diese Work-Outs als den zentralen Hebel für die Veränderung der Kultur, die bei GE erreicht wurde.

In Kontakt kommen mit dem, was ist

Die Wirkung interaktiver Großgruppenkonferenzen beruht ganz wesentlich darauf, dass sie Menschen mit dem in Kontakt bringt, was *ist* - mit dem, was *jetzt* ist, und mit dem, was potenziell sein kann (und partiell bereits da ist). Immer wenn wir in Kontakt mit dem kommen, was *ist*, wird Energie freigesetzt. Immer wenn wir *in Kontakt mit dem Leben* kommen und unsere verfestigten Sichtweisen und die Gedanken, die wir immer denken, loslassen, wird Energie freigesetzt.

Diese Gesetzmäßigkeit können wir an uns selbst sehr einfach beobachten. Wenn wir uns Zeit nehmen, unsere Gedanken beruhigen, innerlich still werden und einfach nur unsere Atmung und unseren Körper beobachten und spüren, merken wir, wie sich unsere Energie erneuert. Wir spüren, was genau jetzt ist, und überlagern es nicht mit unseren Urteilen, Sichtweisen und Gedanken. Zugleich kommen wir in Kontakt mit unserem Potenzial; wir spüren auch, was sein könnte. Denn im Grunde könnten wir ja immer so sein wie in solchen Momenten, in denen wir zugleich sehr entspannt, sehr aufmerksam und sehr zentriert sind. Es ist „nur" Übung dazu nötig.

Genauso ist es wichtig, die Mitarbeiter eines Unternehmens immer wieder in Kontakt mit dem zu bringen, was jetzt ist und was jetzt sein könnte - und zwar so, dass dieser Kontakt unter die Haut geht. Mit dem normalen Instrumentarium der internen Kommunikation ist das nicht in ausreichendem Maße möglich. Selbst Reden von Geschäftsführern vor vielen Mitarbeitern bewirken selten genug. Denn ihnen wird oft ein Interesse zu manipulieren unterstellt und daher einfach nicht genügend geglaubt. Als vor den Mitarbeitern des Gasewerks allerdings die Kunden sprachen, war das glaubwürdig - und es ging etwas unter die Haut. Das Bewusstmachen dessen, was ist, kann jedoch noch ganz andere und sehr originelle Formen annehmen.

Als der schon in Kapitel 6 erwähnte Tex Gunning Mitte der 1990er Jahre in den Niederlanden die Leitung der Unox-Sparte von Unilever übernahm, stieß er auf ein Unternehmen, dessen Produktqualität den Ansprüchen der Kunden nicht genügte, und auf eine Belegschaft, der die Qualität ihrer Erzeugnisse egal war.[106] Sie sollte die vorgegebenen Zahlen erreichen, und die erreichte sie auch - aber nicht mehr. Der Marktanteil von Unox ging derweil kontinuierlich zurück. Eines Morgens wurden die Mitarbeiter davon überrascht, dass zahlreiche Busse vor dem Werk standen. Alle 1400 wurden gebeten einzusteigen. Sie dachten, sie würden spontan zu einem Ausflug in einen Vergnügungspark eingeladen. Doch wenig später wunderten sie sich, als die Busse vor einer großen, schmucklosen Lagerhalle hielten. Das Geheimnis sollte rasch gelüftet werden. Die Halle war bis unter das Dach mit 3700 Paletten voller Unox-Produkte gefüllt, die der Handel wegen Qualitätsmängeln wieder zurückgegeben hatte. Es stank erbärmlich in ihr, da viele Dosen und Tüten beschädigt waren. Doch die Mitarbeiter wurden in kleine Gruppen eingeteilt und gebeten, die Waren zu zählen und auszurechnen, welcher Warenwert in dieser Halle gerade vergammelte. Es waren 4,3 Millionen Euro. Das war eine einfache Großgruppen-Aktion, doch sie hinterließ einen bleibenden Eindruck und bewirkte, dass in der Mitarbeiterschaft eine ganz neue Geschichte erzählt wurde. Mit einem Mal war allen Mitarbeitern klar, dass in ihrem Werk etwas fundamental nicht stimmte. Dieser Kontakt mit der Realität war kein angenehmer und hat große Bestürzung ausgelöst. Doch zugleich setzte er Energie frei. Der gefühlte Kontakt mit den Realitäten des Lebens setzt immer Energie frei, selbst wenn es keine angenehmen Realitäten sind. Die Konfrontation mit einer schwierigen Realität mag zunächst Schock, Leugnung, Wut und manchmal Depression hervorrufen - alles Mechanismen, um die neue Realität erst einmal nicht zu fühlen, weil sie einfach zu schmerzhaft ist - doch wenn die neue Realität dann schließlich einsinkt und akzeptiert wird, dann ist auch neue Energie da. Tex Gunning inszenierte mit dem Ausflug in das Lagerhaus einen kraftvollen Startpunkt für die Gesundung des von ihm geleiteten Unternehmens.

Ein weiteres Beispiel: Wir wurden vom Leiter der Revision eines Unternehmens für Verkehrssysteme angerufen. In dieser Branche der Lokomotiven, Züge, Straßenbahnen, People Mover und Signalanlagen wird praktisch alles, was Kunden kaufen, zum Projekt. Manche Projekte haben ein Volumen in dreistelliger Millionenhöhe. Wenn das Projektmanagement in einem solchen Unternehmen nicht gut läuft, geht viel Geld verloren. Und das war in diesem Unternehmen seinerzeit der Fall. Der Leiter der Revision sagte uns, er und seine Mitarbeiter würden Projekte revidieren. Seit Jahren würden immer wieder die gleichen, kostspieligen Fehler gemacht. Er setze die Revisionsberichte nur noch aus vorgefertigten Textbausteinen zusammen, und schon lange sei kein neuer Textbaustein mehr hinzugekommen. Er sei es jetzt leid. Man habe auch schon große Beratungsunternehmen auf das Thema angesetzt - ohne befriedigendes Ergebnis. Jetzt plane man, die 100 wichtigsten Projektleiter und die 100 obersten Linienführungskräfte für zwei Tage in einen Raum zu holen, und das sei der letzte Schuss, den man habe. Wir sollten dabei unterstützen. Zusammen mit einer Planungsgruppe wurde alles sorgfältig vorbereitet. Als die 200 Personen schließlich zusammentrafen, untersuchten sie gemeinsam, was bei Projekten gut lief und wo es haperte. Zum Beispiel passierte es regelmäßig, dass Projekte, wenn sie gegen Ende in eine Krise gerieten und der Kunde schon richtig Ärger machte, zusätzliche personelle Ressourcen erhielten. Diese Mitarbeiter wurden jedoch Projekten entzogen, die noch am Anfang ihrer Laufzeit standen. In der Folge geriet auch die Planung der noch „jungen" Projekte aus den Fugen. Und damit war bereits vorprogrammiert, dass diese ihre Ziele ebenfalls nicht planmäßig erreichen und spätestens gegen Ende des Projekts ebenso in eine Krise geraten würden. Es war ein Teufelskreis, den sich jetzt 200 Führungskräfte gemeinsam bewusst machten. Und damit entstand auch der Wille, ihn zu überwinden. Doch das war nicht das einzige Thema, das einer Änderung bedurfte. Es kam einiges zusammen. Gemeinsam erarbeiteten die 200 Führungskräfte eine Projektmanagement-Charta, die Ziele und Spielregeln enthielt, und an die man sich künftig in allen Einheiten des Unternehmens halten wollte. Der Leiter der Revision war noch Jahre später zufrieden mit den Ergebnissen.

Es sind immer wieder andere Aspekte der Realität, für die in einem Unternehmen nicht genügend Bewusstsein vorhanden ist und die ans Licht gebracht werden sollten. Mal ist nicht bewusst genug, dass sich die Anforderungen der Kunden geändert haben. Mal wird nicht wahrgenommen, dass Umwälzungen in anderen Bereichen des Umfeldes bevorstehen. Mal ist nicht bewusst, wie es tatsächlich um die finanzielle Lage steht oder in welchem Maße Wettbewerber an der Steigerung ihrer Produktivität arbeiten. Manchmal fehlt auch einem großen Teil der Führungsmannschaft eines Unternehmens das Bewusstsein dafür, was die eigene Basis denkt und fühlt und wie sie die vorherrschende Art der Führung wahrnimmt. In Kontakt mit der Realität zu kommen, bedeutet dann, dass die Führung beginnt, den Mitarbeitern wirklich zuzuhören. Und auch hierfür bieten interaktive Großgruppenkonferenzen ausgezeichnete Möglichkeiten.

Zum Beispiel können die fünf bis zehn meist erzählten Geschichten des Unternehmens, die das Energiefeld/Bewusstsein im Wesentlichen repräsentieren und prägen, vorgestellt werden. (Dafür müssen sie vorher natürlich erhoben worden sein.) In der Konferenz schließt sich dann ganz natürlich die Fragestellung an, welche Geschichten denn stattdessen in Zukunft erzählt werden sollten (was also die Vision ist) und was benötigt wird, damit das geschieht. In dem erwähnten Unternehmen für Verkehrssysteme kreisten beispielsweise viele Geschichten um die Position des Projektleiters. Er habe - so ein kollektiver Tenor - viel weniger Status als die Linienführungskräfte. Und: „Wenn man als Projektleiter in Chengdu arbeitet (und dort den Aufbau eines S-Bahn-Systems verantwortet), versauert man dort zehn Jahre lang und wird in der Zentrale völlig vergessen." Es wurde also als nicht sonderlich attraktiv angesehen, Projektleiter zu werden. Jeder strebte zur Linie. Die in der Großgruppenkonferenz erarbeitete Projektmanagement-Charta setzte entsprechend neue Schwerpunkte.

In einem anderen Unternehmen kamen beispielsweise alle 100 Führungskräfte zusammen, um gemeinsam ein Führungsleitbild zu erarbeiten. An einem Punkt der Veranstaltung stieß eine Theatergruppe dazu, die vorher in Workshops mit Mitarbeitern Szenen erarbeitet hatte, die diese Mitarbeiter immer wieder erleben. (Manchmal spielen Mitarbeiter solche Szenen auch selber vor.) Die Wirkung war tiefgreifend. Die Führungskräfte wurden sehr nachdenklich, als sie sahen, dass die Mitarbeiter das Gefühl hatten, kaum Freiraum für eigenständiges Handeln zu bekommen.

Auch die Methode *Work-Out* wurde von Jack Welch ersonnen, weil ihm klar wurde, dass Tausenden von Führungskräften bei GE nicht bewusst war, wie ihre Mitarbeiter sich fühlen und mit welchen vermeidbaren Problemen und Schwierigkeiten sie immer wieder konfrontiert sind. Welch begriff, dass zahlreiche Führungskräfte von GE in einen unmittelbaren, unter die Haut gehenden Kontakt mit ihren Mitarbeitern kommen müssen, so dass sie die sprichwörtlichen 100 Meilen in deren Mokassins gehen, dadurch in der Lage sind, sich in sie einzufühlen, und so die Bereitschaft entwickeln, auf die Probleme ihrer Mitarbeiter angemessen zu reagieren. Und obwohl Jack Welch sehr viel Wert auf die Dezentralisierung von Entscheidungskompetenzen legte, schrieb er die Durchführung von Work-Outs allen Unternehmenseinheiten vor. (Woran sich wieder zeigt, dass sehr entschiedene Führung vonnöten ist, um die Bedingungen für Loslassen, Lebendigkeit und Selbstorganisation herzustellen.)

Die andere Seite der Realität: das Potenzial

Die Führung in einem Unternehmen ist nun nie nur schlecht, und es wäre grundfalsch, nur Defizite deutlich zu machen. Deshalb wollen wir nicht versäumen, auf eine gänzlich andere Seite der Realität hinzuweisen. In jedem Unternehmen wird immer auch sehr gut geführt - nur lange nicht von jedem und nicht zu jeder Zeit. Doch in jedem Unternehmen lassen sich genügend Beispiele für gute Führung in all ihren Facetten finden. Und in einer Großgruppenkonferenz, in der es um das Thema Führung geht, lassen wir die große Gruppe immer auch untersuchen, welche positiven Verhaltensweisen es in Bezug auf Führung bereits gibt. Dann werden in einer Konferenz manchmal einfach eine Zeit lang positive Geschichten gesammelt und erzählt. So wird bewusst, dass das Potenzial zu dem, was man erreichen will, längst da ist, und dass man nur noch mehr von etwas tun muss, das man punktuell bereits tut.

Es gibt zwei grundsätzlich unterschiedliche Arten des Realitätsverlustes in Unternehmen, und beide reduzieren die Kraft und Kohärenz des Energiefelds. Auf der einen Seite können Menschen den Blick für das verlieren, was nicht gut läuft. Dann sind ihnen vielleicht bestimmte interne Probleme nicht bewusst. Oder sie wollen Veränderungen im Markt nicht wahrhaben oder wollen nicht sehen, dass Wettbewerber längst besser geworden sind als man selbst. Dieses Nicht-Sehen oder Nicht-Sehen-Wollen erzeugt Trägheit. Die Folge können dramatische Misserfolge sein. Es ist dann wichtig, den Menschen im Unternehmen die Augen zu öffnen - wir hatten bereits Beispiele dafür beschrieben.

Auf der anderen Seite tendieren Menschen aber auch dazu, Dinge, die nicht gut laufen, übermäßig aufzublähen. Dann geben sie negativen Erlebnissen mehr Gewicht, als diese verdienen, und reden sich selbst schlechter, als sie sind. Dann erzählen sie Geschichten über das Unternehmen (die anderen Abteilungen, ihre Chefs, ihre Mitarbeiter etc.), die die Atmosphäre verschmutzen. Das sprichwörtliche Glas wird dann als fast leer angesehen, obwohl es eigentlich zu drei Vierteln voll ist und sogar eine eingebaute Quelle enthält, die ständig neues Wasser sprudeln lässt. So geht das Bewusstsein für den eigenen Wert und das eigene Potenzial verloren – auch das ist eine Form des Realitätsverlustes und des mangelnden Kontakts mit dem Leben. Und so wird die Energie des Unternehmens zerfleddert.

Wenn auch in ganz unterschiedlichem Ausmaß, so gibt es einen solchen Dialog der Selbstabwertung in den meisten Menschen (sie führen ihn mit sich selbst) und in den meisten Unternehmen. Wir achten oft mehr auf das, was fehlt, als auf das, was schon da ist. Wir betonen dann mehr unsere Defizite als unsere Stärken. Führungskräfte tragen dazu häufig bei, indem sie Problemen viel mehr Aufmerksamkeit widmen als dem, was schon erreicht wurde oder schon gut läuft. Metaphorisch gesprochen sind sie zu sehr damit beschäftigt, immer wieder Unkraut auszureißen statt die blühenden Pflanzen so zu vermehren, dass sie das Unkraut verdrängen. Der Kampf gegen das „Schlechte" fixiert jedoch oft unsere Aufmerksamkeit zu sehr auf das „Schlechte", lässt unser Selbstbild degenerieren und erzeugt dadurch sogar noch mehr von dem, was wir nicht haben wollen. Denn so wie wir als Individuen durch einen immer wieder gleichen inneren Dialog (z. B.: „Ich bin nicht gut genug", „Mich mag keiner", „Ich bin es nicht wert, ...") die Strukturen unserer Persönlichkeit zementieren, so verfestigen auch Unternehmen durch die Wiederholung der ewig gleichen Geschichten ihre Kultur. So wie wir als Menschen zu dem werden, was wir über uns denken, so werden Unternehmen zu den Geschichten, die sie sich über sich selbst erzählen. Die Geschichten, die erzählt werden, sind die Vision, die tatsächlich wirkt. Oder anders: Sie repräsentieren und prägen das Energiefeld/Bewusstsein, das tatsächlich wirkt. Wenn wir also unsere Aufmerksamkeit zu sehr auf unsere Defizite richten, tragen wir zur Erhaltung dieser Defizite bei. Es ist daher die permanente Aufgabe der Führung – im Grunde sogar von jedem –, darauf hinzuwirken, dass auch das Positive genügend gesehen wird und ein positives Selbstbild entsteht. Denn die Energie folgt der Aufmerksamkeit, und Unternehmen entwickeln sich in Richtung dessen, worauf sie ihre Aufmerksamkeit lenken und was sie wertschätzen.

Mit positiven, inspirierenden Geschichten geht positive Energie einher. Sie lösen gute Gefühle aus. Positive Geschichten machen das Potenzial bewusst, das neben allen Defiziten immer auch da ist. Sie zeigen, was aus dem Unternehmen noch werden kann. Positive Geschichten steigern das Selbstvertrauen und schaffen ein positives Selbstbild. Positive Geschichten stiften Gemeinschaft. Positive Geschichten sind lehrreich; sie sind Best Practices in der Form von Anekdoten und regen zur Imitation an. Unternehmen brauchen positive, inspirierende Geschichten. Sie brauchen nicht nur ein leuchtendes, stimulierendes Bild ihrer Zukunft, sie brauchen ebenso ein positives Bild ihrer Gegenwart und Vergangenheit, sonst wird an die leuchtende Zukunft gar nicht geglaubt. Defizite mögen da sein und sind ernst zu nehmen. Wenn sie nicht gesehen werden wollen, muss sogar ein großer Scheinwerfer

Der weise König der Wüste spricht

„Du lässt das entstehen, was du betrachtest. Du lässt das Sein entstehen, weil du es umschrieben hast. Und es sucht sich zu nähren, fortzudauern und zu wachsen. Es müht sich, das in sich aufzunehmen, was anders ist."

Antoine de Saint-Exupéry, Die Stadt in der Wüste „Citadelle"

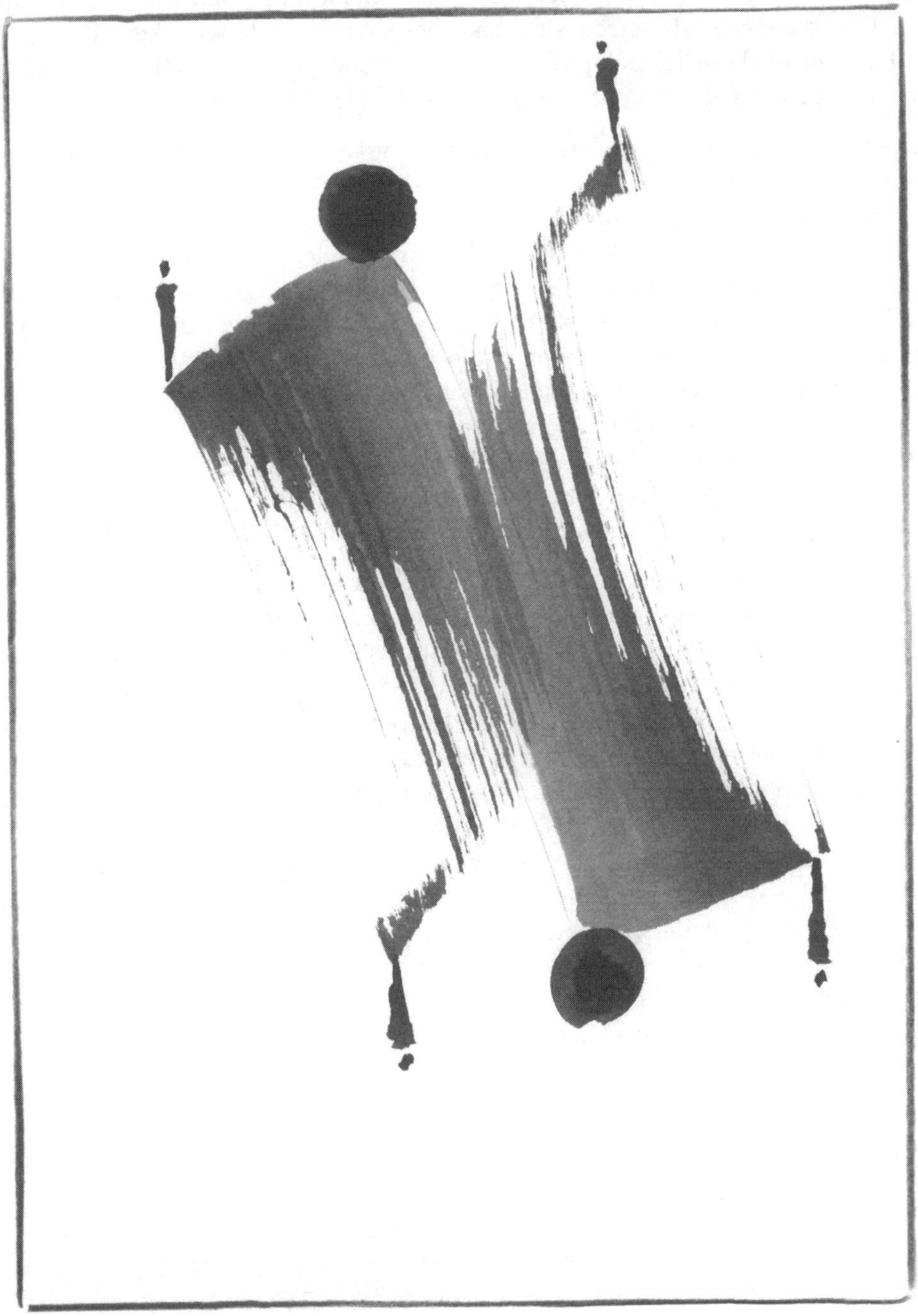

auf sie gerichtet werden. Doch das Potenzial für eine positive Entwicklung ist immer auch da und es ist viel größer, als es meistens wahrgenommen wird. Interaktive Großgruppenkonferenzen sind eine hervorragende Möglichkeit, den grauen Film der niederdrückenden Geschichten mit „bunten", inspirierenden und die Energie und Lebendigkeit nährenden Geschichten zu überlagern.

Eine Sparte eines Chemiekonzerns will innovativer werden. Früher produzierte sie große Chargen eines bestimmten Materials. Doch dieses Massengeschäft wird schon seid Jahren immer uninteressanter. Der Wettbewerbsdruck ist hoch, ausländische Wettbewerber erstarken, die Margen sinken oder sind schon gar nicht mehr da. Spezialprodukte sind das Gebot der Stunde. Deren Margen sind hoch, doch sie sind nur in deutlich kleineren Mengen und an weniger Kunden zu verkaufen. Um das alte Geschäft zu ersetzen, braucht die Sparte viele Spezialitäten. Sie benötigt einen kontinuierlichen Strom neuer, innovativer Produkte. Das Untenehmen muss sich von einem Massenhersteller in einen innovativen Vermarkter verwandeln und ist auch schon ein gutes Stück des Weges gegangen. Doch jetzt soll diese Transformation neue Schubkraft erhalten, und daher versammeln sich 120 der in drei Kontinenten arbeitenden 1400 Mitarbeiter für eine fast dreitägige Konferenz.

Dieses Mal muss keine brennende Plattform bewusst gemacht werden. Die Mitarbeiter wissen schon länger, dass es mit dem alten Geschäft abwärts geht. Den ersten dreiviertel Tag verbringen wir damit zu untersuchen, was die Sparte alles schon tut, das genau in die richtige Richtung geht, und was man in diesem Sinne von anderen Sparten desselben Konzerns lernen kann.[107] Welche Innovationen haben wir bereits realisiert? Wie haben wir das geschafft? Wo erleben wir bei uns schon innovatives Arbeiten und innovative Teams? Wie sieht das genau aus? Welche Geschichten können wir dazu erzählen? Wo erleben wir bereits, dass wir uns über funktionale und hierarchische Grenzen intensiv miteinander vernetzen? Wie machen wir das genau? Wie schaffen wir es bereits jetzt, uns mit Kunden, Händlern, Hochschulen, Lieferanten und anderen Externen zu vernetzen? Was sind die Best Practices von uns selbst und von anderen Sparten des Konzerns? Wo gibt es bei uns schon Diversität und wie gehen wir optimal mit ihr um? Wo geben wir bereits viel Freiraum und lassen wir fruchtbares Chaos zu? Was ist daraus entstanden?

Die Faktoren, die ein lebendiges, innovatives Unternehmen ausmachen, werden von den Teilnehmern gemeinsam untersucht. Geschichten über Geschichten werden erzählt. Zuerst in Paaren, dann in kleinen Gruppen, schließlich plenar. So entstehen viele Ideen und konkrete Bilder für die Vision eines innovativen Unternehmens, die später in der gleichen Konferenz entworfen wird. Und es entsteht ein richtig gutes Gefühl: Eigentlich haben wir es „drauf". Der Weg, den wir nehmen wollen, ist gangbar. Wir müssen nur noch viel mehr von dem machen, was wir in Ansätzen bereits tun.

Gelegentlich beginnt das Erzählen der inspirierenden Geschichten schon Monate vor der Konferenz. Dann führen manchmal Hunderte oder gar Tausende von Mitarbeitern (viel mehr, als später in der Großgruppenkonferenz anwesend sein werden) Interviews miteinander durch und sammeln gute Geschichten. Sie folgen dabei sorgfältig entworfenen Interview-Leitfäden, die darauf abzielen, das Beste, das es bereits heute gibt - die zehntausend Funken der Lebendigkeit, die ein größeres Feuer werden sollen - sichtbar zu machen. Die besten Geschichten werden gefilmt, und an den natürlichen Treffpunkten des Unternehmens laufen bald darauf Videos, in denen Mitarbeiter die Geschichten erzählen, von denen sie künftig noch mehr erleben wollen. Alle Abteilungen und Gruppen sehen sich die Filme an, lesen die Geschichten und überlegen, was sie davon bei sich verstärkt umsetzen wollen. Hier vier Beispiele für solche Geschichten, die bei einem Finanzdienstleister, der speziell nach Geschichten über vorbildliche Kundenorientierung suchte, zutage gefördert wurden (und die hier in einer Kurzfassung dargestellt werden):

- Ein bonitätsseitig guter Kunde, der auch mit mehreren Wettbewerbern von uns regelmäßig zusammenarbeitet, hatte es durch eigenes „Verschulden“ (Krankheit und keine korrekte Vertretung in den eigenen Reihen) versäumt, rechtzeitig ein dringend benötigtes Angebot von uns einzuholen. Trotz der erforderlichen Rücksprache mit zwei Abteilungen konnten wir ihm ungewöhnlich schnell ein Angebot vorlegen. Der Vertrag kam innerhalb von zwei Tagen zustande. Durch unseren unkomplizierten, schnellen Service konnten wir diesen Kunden stärker an uns binden und auch für künftige Geschäfte für uns gewinnen.

- Durch die gute Zusammenarbeit mit einer Außendienst-Mitarbeiterin konnten wir einem Kunden ein sehr professionelles Angebot, abseits vom Standard, machen. Sie hat die Gespräche mit dem Kunden geführt, den Kontakt zu ihm sehr gut gehalten und dadurch mehr Informationen bekommen, als wir sie üblicherweise erhalten. Ich habe zentralseitig Know-how und Zeit für das Großgeschäft beigesteuert. Trotz der etwas flauen Bonität wurde das Engagement möglich, weil wir den Kunden lange kannten. Wichtig für das Gelingen war, dass wir die Individualität des Kunden berücksichtigten und einen engen Kundenkontakt hielten. Die Entscheidungsträger müssen ein gutes Gefühl für den Kunden haben.

- Wir haben aus einer Kundenbeziehung eine echte Partnerverbindung gemacht, indem wir unserer Tradition entsprechend nicht die Blauäugigkeit des Kunden ausgenutzt, sondern ihn sorgfältig beraten und ihm betriebswirtschaftliche Hilfe angeboten haben. Auch das Service-Team des Bereichs X hat sich sehr gut auf die Belange des Kunden eingestellt. Der Kunde honoriert dies jetzt immer noch durch Treue - auch wenn wir nicht die günstigsten Anbieter am Markt sind.

- Bei der Finanzierung eines Großprojektes wollte der Kunde eine realistische Vorstellung davon haben, in welchem Zeitrahmen diese gestaltet werden kann. Wir haben ihm eine Zeit genannt und in dieser Frist auch das vereinbarte Ergebnis dargestellt. Dabei waren vier Abteilungen involviert, doch alle Beteiligten haben sich sehr gut abgestimmt und an die Termine gehalten. Der Kunde hat uns als sehr verlässlich und kompetent empfunden und war sehr zufrieden. Wir sollten gegenüber einem Kunden getroffene Aussagen unbedingt immer einhalten.

Das Unternehmen, aus dem diese Geschichten stammen, handelt nicht immer so, wie diese kurzen Geschichten es suggerieren. Es gibt dort im Alltag auch schlechte Zusammenarbeit zwischen den Abteilungen und resultierend schlechten Service für die Kunden. Es werden dort auch die üblichen Geschichten über die jeweils „bösen" anderen Abteilungen erzählt, die einem immer das Geschäft erschweren. Doch die positiven Geschichten stellen das Potenzial des Unternehmens dar. Sie machen deutlich, wie seine Werte gelebt werden, wenn sie gelebt werden. Und es ist wichtig, die Geschichten darüber, wie wir sind, wenn wir am besten sind, ins Bewusstsein zu rufen. Unternehmen wachsen in die Richtung, in die sie ihre Aufmerksamkeit lenken. Der Finanzdienstleister, von dem die Geschichten oben stammen, wollte beispielsweise mehr Kundenorientierung und initiierte daher einen Prozess, der das Erzählen der Geschichten von Beispielen, wo diese Kundenorientierung am besten war, förderte. Je mehr inspirierende Geschichten erzählt werden - Geschichten, die vom Potenzial des Unternehmens künden - desto besser.

Eine Möglichkeit dazu besteht auch darin, Geschichten aus der Zukunft zu erzählen oder erzählen zu lassen. Oft wird in interaktiven Großgruppenkonferenzen gemeinsam die Zukunft entworfen. Die Teilnehmer stellen sich vor, wie das Unternehmen in fünf Jahren beschaffen ist, sammeln ihre Ideen, Gedanken und Bilder von ihrer Zukunft und weben daraus eine Geschichte. Manchmal wird die Geschichte als Sketch erzählt, in anderen Fällen als Artikel, wie er in fünf Jahren in einer Zeitung steht, oder als Collage, manchmal auch als Rap (wenn wir etwas Anleitung dazu geben), gelegentlich als Gedicht, oder sogar als Skulptur. Es sind Geschichten über das Potenzial dieses Unternehmens, sie sprühen in der Regel vor Begeisterung und sie machen die Zukunft sinnlich erfahrbar. Sie sind der Stoff, aus dem auch nach der Konferenz Geschichten erzählt werden. Das Erzählen der Zukunft ist oft der Gipfelpunkt einer Konferenz, wo das Feuer am meisten knistert und die Funken weit fliegen. Hier wird spürbar, dass eine Großgruppenkonferenz auch eine Art Fest ist, ein Gipfelerlebnis, bei dem die Lebensenergie besonders kraftvoll wird.

Indem möglichst viele Mitarbeiter in das Entwerfen der Zukunft einbezogen werden, entsteht eine gemeinsam getragene Vision. So werden viele mit der Vision verbunden, die implizit immer schon da war und von der jeder Mitarbeiter andere Facetten gesehen und empfunden hatte. Erst kann und sollte die Führungsspitze das nächste große Ziel vorschlagen. Sie kann auch schon einen Entwurf für ein Leitbild (mit Kern-Leidenschaft, höherem Zweck und Werten) vorlegen. (Das ist nicht immer der Fall.) Doch dann sollte ein großer und gemeinsamer Dialog darüber beginnen, welche Zukunft man gemeinsam erschaffen will, so dass eine Vision entsteht, die möglichst viele plastisch vor Augen haben, die mit kollektiver Leidenschaft aufgeladen ist und unter deren Dach sich alle wiederfinden. Die Qualität dieses Dialogs nimmt zu, wenn die Beteiligten vorher mit den harten, schwierigen Realitäten und mit den vielen „Juwelen" der eigenen Vergangenheit, die das Potenzial der Zukunft erahnen lassen, in Kontakt gebracht wurden.

Sich als ein Ganzes fühlen

Denken Sie einmal zurück an eine Zeit, in der Sie sich richtig gut gefühlt haben. Vielleicht war es im Urlaub. Sie gingen am Strand spazieren, Sie spürten den Wind und die salzige Seeluft, Sie kletterten auf einen Berg und spürten Ihre Muskeln und die Wärme der Sonnenstrahlen, Sie schwammen durch einen See und wurden von seinem Wasser umspült ... Wo immer es genau war - wahrscheinlich haben Sie Ihren Körper mehr als sonst gespürt. Und es war ein gutes Gefühl, das Ihre Energie erneuerte.

Wie kann ein Unternehmen seinen Körper mehr spüren? Am besten in einer großen Gruppe. Man kann mit einer großen Gruppe auch auf einen Berg klettern. Oder zusammen ein Zeltlager aufbauen. Man kann gemeinsam Holz beschaffen und ein riesiges Feuer entzünden - am besten mit Feuersteinen statt mit Streichhölzern, wie es Holger Fuchs anleitet.[108] In dem großen Feuer kann man dann sogar eine unliebsame Eigenschaft (z.B.: „Wir sprechen schwierige Wahrheiten nicht aus.") zeremoniell verbrennen. (Das wirkt unglaublich!) Man kann gemeinsam mit einem Tau einen Lkw in Bewegung setzen oder sogar - genug Teilnehmer vorausgesetzt - ein Flugzeug aus einem Hangar ziehen. Einen Rap könnte man texten und singen. Man kann in einem großen Kreis einen Tanz tanzen. (Das würde nicht überall ankommen.) Oder man kann die archaische Kraft des Rhythmus nutzen. In dem oben beschriebenen Beispiel des Chemieunternehmens wirkte Andreas Terhoeven als Rhythmiker mit.[109] An jedem Tag gab es etwa drei, immer nur einige Minuten dauernde Sequenzen, in denen sich die Teilnehmer der Konferenz mit einfachsten Instrumenten in einem gemeinsamen Rhythmus verbanden. Was anfangs ein paar skeptische Blicke hervorrief, wurde immer mehr zu einem lebendigen Element, das allen enorme Freude machte. Die Konferenz endete nach fast drei Tagen mit einem fulminanten rhythmischen Konzert, das einen letzten Höhepunkt bildete. Es wird immer viel Energie frei, wenn eine große Gruppe sich als Ganzes spürt - ihren Körper spürt - und damit noch mehr zur Gemeinschaft wird.

Wer eine große Gruppe für zwei oder drei Tage zusammenbringt und gemeinsam arbeiten lässt, beginnt, das Unternehmen als Gemeinschaft und nicht nur als Hierarchie zu führen. Was Aktionsgruppen am Ende der Konferenz tun wollen, wollen sie für das Ganze tun - nicht für ihren Chef. Und sie wollen es selber und auch für sich selbst tun und werden es so gut wie immer tun, wenn sie hinterher die dafür erforderliche Unterstützung erhalten. Wichtig ist, dass das Unternehmen nach der interaktiven, lebendigen Konferenz die dort entstandenen Initiativen nicht mit den üblichen hierarchischen Mechanismen wieder stranguliert. Die Aktionsgruppen brauchen einen Paten in der Geschäftsleitung. Doch es soll kein Pate sein, der kontrolliert, sondern einer, der Interesse zeigt, unterstützt und auf Anfrage Hindernisse aus dem Weg räumt. Manche Gruppen sollten einen Projektantrag erarbeiten, um eine gute Entscheidungsgrundlage zu schaffen, doch für andere Gruppen wäre das schon ein unnötiges Zuviel an Bürokratie, da sich ihre Initiativen schnell und unkompliziert umsetzen lassen. Vor allem ist es wichtig, dass die Gemeinschaft nicht nur ein einziges Mal zusammenkommt. Sie sollte sich nach sechs, spätestens acht Monaten wieder treffen, und dann sollten sich alle gegenseitig präsentieren, was sie getan haben. Und sie sollten sich die vielen kleinen Änderungen erzählen, die die Konferenz ausgelöst hat und die im Arbeitsalltag so leicht unbemerkt bleiben. (Positive Geschichten erzählen!) Gibt es eine weitere solche Zusammenkunft, die vielleicht sogar nur zwei Stunden dauert, ist die Motivation am höchsten, alles, was man sich vorgenommen hat, tatsächlich auch zu tun. Und dann wird die Geschichte verstärkt, dass man mit vereinten Kräften viel erreichen kann.

Kapitel 9: Das Feuer immer wieder erneuern

Auch wenn man ein großes Feuer entzündet und viel Energie mobilisiert hat - im Alltag wird die Energie wieder abnehmen und Asche sich über die Glut legen. Daher braucht es einen Wechsel von Alltag und „Fest". Wir benötigen wiederkehrende Ereignisse, die die Energie erneuern, das Beste aus Vergangenheit und Gegenwart erzählen und die Vision wieder lebendig machen.

Als im Physikunterricht die Wirkung von Magneten erklärt wurde, schüttete die Lehrerin zuerst Eisenspäne auf ein großes Pergamentpapier, das in einen Rahmen gespannt war. Dann hielt sie von unten einen großen Magneten an das Pergament, und wir umstehenden Schüler konnten sehen, wie die Eisenspäne sich entlang der Kraftlinien des Magnetfeldes ausrichteten. Als der Magnet wieder weggenommen und der Rahmen mit dem Pergament bewegt wurde, gerieten die Späne wieder in Unordnung.

Großgruppenereignisse, wie wir sie im vorherigen Kapitel beschrieben haben, wirken wie dieser Magnet. Die Kraftlinien werden wirksam und die Mitarbeiter neu ausgerichtet. Das kollektive Energiefeld/Bewusstsein ist wie neu aufgeladen und kraftvoll. Dann ist die Veranstaltung vorbei und der Alltag setzt wieder ein. Am Beispiel der Eisenspäne heißt das, dass der Magnet zwar nicht verschwunden ist, doch sich ein ganzes Stück von dem Pergament mit den Spänen entfernt hat. Der einsetzende Alltag bringt lauter Erschütterungen mit sich, manche winzig, manche größer: hier ein kleiner Misserfolg, dort die andere Abteilung, die nicht gut genug kooperiert, dort ein Kollege, über den man sich ärgert usw. Diese Erschütterungen stoßen, metaphorisch gesehen, an den Rahmen. Und mit jeder Erschütterung verrutschen die Eisenspäne ein weiteres kleines bisschen. Nach längerer Zeit und vielen Erschütterungen ist die Ausrichtung der Eisenspäne nur noch vage zu erkennen.

So geht es in jedem Unternehmen. Der graue Alltag lässt den Spirit grau werden. Kraft, Kohärenz und Fokus des Energiefelds/Bewusstseins lassen nach. Und da gibt es nur eine Lösung: Die Energie muss immer wieder erneuert und immer wieder neu ausgerichtet werden. Jedes Unternehmen braucht - wie auch jede Nation, Gemeinschaft, Familie, wie jedes Paar und jedes Individuum - Feiertage. Der Philosoph Hans-Georg Gadamer schrieb, dass der Alltag uns vereinzelt und das Fest uns versammelt.[110]

Der weise König der Wüste spricht

„Ebenso ist die Liturgie meines Jahres eine bestimmte Anordnung von Tagen, die sich zunächst alle gleichen, jedoch aufgrund von Kraftlinien verteilt sind, deren Gefüge den Geist anspricht. Und jetzt gibt es Tage, an denen du fasten musst, andere, an denen ihr aufgefordert werdet, euch zu vereinigen, andere, an denen man nicht arbeiten darf. [...] Und das Jahr ist mehr oder weniger von Leben erfüllt. [...]
So gibt es ein Zeremoniell meines Dorfes, denn sieh, jetzt ist Festtag, oder es läutet die Totenglocke, oder es ist die Stunde der Weinlese, oder es gilt, die Mauer gemeinsam zu bauen, oder es herrscht Hungersnot in der Gemeinde, und es gilt, das Wasser in der Dürre zu teilen, und jener volle Schlauch ist nicht für dich allein bestimmt. Und so gehörst du einem Vaterlande an."

Antoine de Saint-Exupéry, Die Stadt in der Wüste „Citadelle"

Richtig verstanden und durchgeführt versammelt es uns als Gemeinschaft, versammelt es unsere Energie und versammelt es uns auf ein Ziel hin. Unternehmen brauchen Feste oder Feiertage, wobei wir den Begriff Fest hier in einem sehr weiten Sinne verstehen. Wie noch deutlich wird, kann es sehr unterschiedliche Arten von Festen geben, und manche davon haben auch viel mit Arbeit zu tun. Doch der Kern dieser Ereignisse besteht darin, dass die gemeinsame Energie erneuert und neu ausgerichtet wird. Ihr Kern besteht darin, dass die besten Geschichten der Vergangenheit und die Geschichte der Zukunft - die Vision - neu erzählt und neu erfahren werden. Picasso sagte, dass Kunst den Staub des Alltags von der Seele blase. Die Ereignisse oder „Feste", an die wir denken, blasen die Asche des Alltags fort, die sich über das gemeinsame Feuer gelegt hat. Und das ist ein Prozess, der immer wieder von neuem geschehen muss. Der Magnet muss immer wieder von neuem an die Eisenspäne gehalten werden, auf dass sie sich wieder neu ausrichten. Unternehmen brauchen ein sorgfältig durchdachtes System von Ereignissen, die zum Teil regelmäßig, zum Teil Anlass-bezogen im Laufe eines Jahres geschehen, und das in einem Maße, wie es optimal zum jeweiligen Geschäft passt und das jeweilige Geschäft fördert.

Es macht nun keinen Sinn, eine interaktive Großgruppenkonferenz, für die beispielsweise ein Drittel der Belegschaft für drei Tage zusammenkommt, jedes Jahr zu wiederholen. Der Aufwand wäre zu hoch. Doch es ist sinnvoll, die gesamte Belegschaft einmal pro Jahr für einen ganzen Tag zusammenzubringen. Manche Unternehmen nennen diesen Tag Kick-off, und er findet dann meist zu Beginn des Geschäftsjahres statt. Doch er kann auch ganz anders heißen, beispielsweise ...

... Tag der Gründer

Der „Tag der Gründer" findet in dem Unternehmen, das wir hier Elektro-Werke nennen, immer am 12. Oktober statt, denn an diesem Tag im Jahr 1919 wurden die Elektro-Werke ins Handelsregister eingetragen. Es trifft sich gut, dass das Geschäftsjahr der Elektro-Werke am 1. Oktober beginnt, so ist der jährliche „Tag der Gründer" auch ein Start in ein neues gemeinsames Jahr. „Tag der Gründer" heißt er, weil damit nicht nur an den Gründer selbst, sondern auch an andere Personen erinnert werden soll, die viel zu dem Unternehmen beigetragen haben und die exemplarisch für das stehen, was die Elektro-Werke auszeichnet. Im Denken der Elektro-Werke haben sogar alle früheren Mitarbeiter das mitbegründet, auf das heute aufgebaut werden kann, und zählen somit zu den Gründern. Und natürlich ist der „Tag der Gründer" nie nur eine Besinnung auf die Vergangenheit, sondern immer auch ein Blick auf die Gegenwart und ein Ausblick auf die Zukunft.

Die Mitarbeiter kommen in einen Raum, in dem wichtige Ereignisse aus der Geschichte der Elektro-Werke, die den besten Teil des Geistes des Hauses repräsentieren, inszeniert sind. An einem zentralen Ort des Raumes ist die Werkbank des Gründers samt der Werkzeuge, wie er sie damals in Gebrauch hatte, aufgestellt. Ebenso die ersten Produkte, die damit hergestellt wurden, und natürlich ein Bild des Gründers.

An einer anderen Stelle im Raum lehnt ein großer verkohlter Balken an der Wand. Daneben hängen Bilder von dem Brand von 1926, der das noch junge Unternehmen seinerzeit beinahe ausgelöscht hätte, wenn nicht alle Mitarbeiter damals viel zusätzliche Zeit eingesetzt und sogar für Monate auf Teile ihres Gehalts verzichtet hätten.

An einer anderen Stelle: Fotos von Zwangsarbeitern, die während des Zweiten Weltkrieges in dem Unternehmen die Produktion aufrechterhielten, als fast die gesamte männliche Belegschaft an der Front war. An einem Kleiderständer hängen sogar zwei Exemplare der einfachen Uniformen, die die Gefangenen damals zu tragen hatten.

An wieder einer anderen Stelle steht ein Produkt, das ein paar Mitarbeiter in den späten 40er Jahren heimlich entwickelt hatten. Sie hatten Material und Zeit abgezweigt und unbeirrt an einer Innovation gearbeitet, die von der Führung gar nicht gewollt war. Doch im Nachhinein entstand so eine gänzlich neue Produktlinie, die sich als ein großer Erfolg herausstellte und den Elektro-Werken über die nächsten Jahrzehnte hohe Umsätze bescherte.

In der Nähe stehen selbstgebastelte große Sonnenblumen und hängen Kinderbilder an einer Wand, beide aus dem Betriebskindergarten, den die Elektro-Werke bereits 1969 eröffnet hatten.

Dann ist an einem Ort die Krise von 1988 inszeniert. In den 1980er Jahren war es den Elektro-Werken zuerst sehr gut gegangen, sie hatten viele Jahre hintereinander hervorragend verdient, doch dann verschliefen sie wichtige Entwicklungen und bekamen nicht rechtzeitig mit, wie die Wettbewerber neue Technologien nutzten. Das Ruder konnte damals gerade noch herumgerissen werden. Es wurden zwar seinerzeit mehrere Hundert Mitarbeiter entlassen, doch viele konnten und wollten einige Zeit später wieder zurückkehren.

Und schließlich gibt es noch eine Station mit den neuesten Produkten und mit Prototypen der Elektro-Werke, die in die Zukunft weisen. Die Farbe der Elektro-Werke ist übrigens ein helles Grün, und das kann man an diesem Tag in diesem Raum an vielen Stellen sehen.

Der Tag beginnt mit einer Rede des Geschäftsführers. Er trägt ein hellgrünes T-Shirt über seinem Hemd - wie auch alle anderen. Seine Rede ist zunächst eine Reise durch die Vergangenheit der Elektro-Werke, er geht dabei von Station zu Station im Raum. Er beschreibt den Gründer, was diesen ursprünglich angetrieben hatte und inwiefern er etwas ganz Besonderes aus diesem Unternehmen machen wollte. Er rekapituliert die schwierigen Anfänge, wie die Ideen des Gründers von den Kunden und Geldgebern anfangs nicht verstanden wurden, wie das Unternehmen in den ersten vier Jahren nur Verluste machte, wie der Gründer trotz vieler Rückschläge immer weitermachte und schließlich erfolgreich wurde. Er berichtet von dem Brand von 1926, der nicht nur zum Verlust wertvoller Aktiva, sondern auch zum Verlust wichtiger Kunden geführt hatte, so dass der Gründer beinahe aufgegeben hätte. Doch dann habe er bei nahezu Null doch wieder angefangen. Viele Mitarbeiter hätten damals große Solidarität gezeigt und erhebliche Opfer gebracht. Er geht auf die Zwangsarbeiter im Zweiten Weltkrieg ein, dass die Elektro-Werke damals ihre Werte verraten hätten, dass das heute noch viele schmerzen würde und dass es nie wieder vorkommen dürfe. Er erzählt, dass es im Unternehmen schon vor 60 Jahren heimliche Unternehmer gab, die „undercover" gearbeitet und nicht auf die damals ignorante Führung geachtet hätten, und dass er diesen Unternehmergeist der Mitarbeiter auch für die Zukunft behalten wolle und den Mitabeitern das offene Ohr und die offene Tür der Führung verspreche. Er stellt den Betriebskindergarten als Symbol für die frauen- und familienfreundliche Kultur des Hauses dar und sagt dass er nur entstanden sei, weil die Frau des damaligen Inhabers (schon der Enkel des Gründers) sehr darauf gedrängt habe. Und er erinnert alle daran, dass es im Leben nicht nur das Geschäft gäbe und dass sie eine gemeinsame Verantwortung für künftige Generationen hätten. Er erzählt, wie ihn die große Krise von 1988, als er selbst erst Gruppenleiter war und die Elektro-Werke beinahe insolvent geworden wären, mit Sorge und sogar Scham erfüllt habe, dass er damals gar nicht mehr habe erzählen wollen, wo er arbeite, dass man in dieser Zeit dunkle und kalte Nächte des Misserfolgs und der Unsicherheit durchlitten habe, und welche Eigenschaften es bewirkt hätten, dass man schließlich auch aus dieser Krise wieder herausgekommen sei. Und dass diese Geschichte zeige, dass man mit schwierigen Situationen zurechtkomme und daher auch neue große Ziele erreichen könne. Er warnt aber auch, dass alle achtsam sein sollten, denn die Geschichte von 1988 zeige, dass der Erfolg nie selbstverständlich sei. Dann kommt er auf den Gründer zurück und sagt, dass sehr viel von dessen Traum erreicht sei, doch dass er in seinen Grundzügen unvermindert aktuell wäre und dass man noch eine große gemeinsame Aufgabe vor sich habe. Es gehe beispielsweise immer noch darum, Produkte auf den Markt zu bringen, die nicht nur etwas besser als die der Wettbewerber seien, sondern die den Stand der Technik neu definieren würden. Und er erzählt von seiner Vision, die in der Vision des Gründers wurzelt, und beschreibt anschaulich einen Tag in den Elektro-Werken in fünf Jahren und was man bis dahin alles erreicht habe - für die Kunden, für das Unternehmen und für die Welt. Doch er sagt auch, dass der Weg zu diesem Gipfel, zu diesen sonnigen und luftigen Höhen mit ihrer grandiosen Aussicht, nicht immer einfach sein werde, sondern zuweilen steinig, steil und rutschig und dass eine Reihe von äußeren Gefahren lauern würden, nämlich ... Und er fährt fort, dass es innere Gefahren gebe, wie die Überheblichkeit oder die Mutlosigkeit. Doch die Geschäftsleitung habe einen Plan und das sei dieser hier ... und jetzt hoffe er darauf, dass alle eine starke Seilschaft bilden. Er bitte alle, sich die unbeirrte Entschlossenheit und Zielstrebigkeit des Gründers vor Augen zu halten und seinem Beispiel zu folgen. Und er fordere alle auf, ihr Bestes zu geben.

Einschub: Die Reise des Helden

Unterbrechen wir an dieser Stelle kurz den „Tag der Gründer", um darauf einzugehen, wie wir die Herzen der Mitarbeiter gewinnen und sie zum Handeln inspirieren können. Dies geschieht nämlich nicht, indem wir die Handlungserfordernisse logisch herleiten und mit einem Wust von Powerpointfolien nur den Kopf der Mitarbeiter ansprechen. Es geschieht nicht, weil wir sagen, dass der Wettbewerb immer härter werde und wir deshalb das und das tun müssen. Der kritische Verstand der Zuhörer zieht die Argumentation unwillkürlich in Zweifel und denkt sich: „Müssen wir doch gar nicht." Und selbst, wenn er die Argumente mit dem Kopf versteht, zum Handeln fühlt er sich noch nicht motiviert. Die Lebensenergie der Mitarbeiter wecken wir, indem wir eine Geschichte erzählen. Das kann entweder nur die Geschichte der Zukunft sein[111] - die Vision mit ihren sowohl profan-geschäftlichen als auch erhaben-idealistischen Facetten - oder die noch größere Geschichte des Unternehmens von der Vergangenheit bis in die Zukunft.

Diese *große Geschichte* des Unternehmens ist, wenn sie gut erzählt wird, immer eine Variante der ältesten Geschichte der Menschheit, die Joseph Campbell die *Reise des Helden* genannt hat.[112] Der Struktur dieser Geschichte folgen unzählige Bücher, Märchen, Mythen, Sagen und Filme: Die Odyssee, Die Göttliche Komödie, Star Wars, Harry Potter, Der Froschkönig, Beowulf, Parzival (die Rittersage) und Parsifal (die Wagner-Oper), Die unendliche Geschichte, Der König der Löwen ... die Liste ließe sich noch deutlich verlängern. Vereinfacht dargestellt ereilt den Helden oder die Heldin zu Beginn der Geschichte ein Ruf. Etwas ist ins Ungleichgewicht geraten (der goldene Ball im Froschkönig ist in den Brunnen gefallen), und der Held hat den sehnlichen Wunsch, es wieder ins Gleichgewicht zu bringen. Schon ist die Spannung im Raum, denn man weiß ja nicht, ob der goldene Ball je wieder erlangt oder ob Odysseus seine Heimat jemals erreichen wird. Die Heldin will eine Vision realisieren (die sich golden, rund und nach Heimat anfühlt), doch vor deren Verwirklichung

Der weise König der Wüste spricht

„Wenn ich den Drang zum Meer in dir begründen möchte, beschreibe ich das fahrende Schiff, die Sternennächte und das Reich, das von einer Insel im Meer durch das Wunder der Düfte erbaut wird. [...] Die noch unsichtbare Insel richtet ihren Markt auf dem Meer ein, wie einen Korb voller Gewürze. Und du siehst, wie deine Matrosen nicht mehr störrisch sind, sondern von zärtlichen Gelüsten entbrennen, sie wissen selber nicht warum."

Antoine de Saint-Exupéry, Die Stadt in der Wüste „Citadelle"

hat das Leben Prüfungen gesetzt, die bestanden werden wollen. Diese Prüfungen in Form hässlicher Kröten und noch schlimmerer Grausamkeiten sind oberflächlich gesehen Gegner, doch eigentlich Helfer, die den Helden dabei unterstützen, der zu werden, der er werden soll - sofern er die Kröten nur küsst oder schluckt. Die Prüfungen setzen den Helden unter Druck, testen seine Integrität und sein Durchhaltevermögen. Der Held muss den Drachen der eigenen Negativität töten, die Heldin muss immer wieder neu über sich hinauswachsen, Risiken eingehen und mutig und integer handeln, bis schließlich - der typische Triumph in Märchen - der Prinz oder die Prinzessin geheiratet und das Königreich geerbt werden kann.

Das Bild der Reise des Helden passt auch gut zum Weg eines Unternehmens: Der Start der Reise und das initiale Ungleichgewicht geschahen, als der Gründer seinen Traum von „golden, rund und Heimat" träumte, eine neue Qualität in die Welt bringen wollte und sein Geschäft eröffnete. Schon der Start war oftmals schwierig und der Weg dann voller Prüfungen und äußerer Hindernisse in Gestalt von Wettbewerbern, Behörden, Naturkatastrophen oder begriffsstutzigen Kunden, die einfach nicht die großen Vorteile des eigenen neuen Produkts erkennen wollten. Andere waren innere Anfechtungen. Würde man in schwierigen Zeiten zusammenstehen, würde man seinem Ziel auch angesichts großer Widerstände treu bleiben, würde man das Wohl des Kunden immer an die vorderste Stelle stellen, wäre man bereit, Erreichtes und Bequemes für das große Ziel immer wieder aufzugeben, würde man auch unter Druck zu seinen Werten stehen und würde man den besonderen Versuchungen, die großer Erfolg mit sich bringt, widerstehen?

Die Geschichte des Unternehmens als Reise des Helden zu sehen und zu erzählen bedeutet, darauf zu verzichten, eine Hochglanzfassade zu polieren, und stattdessen eine authentische Geschichte zu erzählen, die auch das enthält, was wir sonst lieber unter den Teppich kehren. Eine Geschichte, die unsere äußeren Probleme und unsere inneren Anfechtungen beschreibt und wie wir damit umgegangen sind, wie wir dabei manchmal gestrauchelt sind und wieder auf einen guten Weg zurückfanden. Robert McKee, führender Coach von Regisseuren, Drehbuchschreibern und Produzenten in Los Angeles, der gelegentlich auch CEOs hilft, ihre Geschichte vor Wallstreet-Bankern zu erzählen, schreibt, dass eine Geschichte nur dann und gerade dann geglaubt wird, wenn wir die dunklen Seiten nicht verschweigen.[113] Powerpoint-Präsentation sind dagegen geradezu die Garantie dafür, Zuhörer skeptisch zu machen. (Ganz können wir natürlich nicht darauf verzichten.)

Wenn wir von der Geschichte unseres Unternehmens einschließlich seiner Vision unseren Mitarbeitern wie von einer Reise eines Helden erzählen, fesseln wir sie und wecken ihre Lebensenergie. Eine gute Geschichte lässt die Zuhörer gebannt auf der Stuhlkante sitzen. Sie identifizieren sich unwillkürlich mit dem Helden, sie wollen, dass das „Gute" über das „Böse" siegt, und sie wollen auf der Seite der

Guten sein. Sie werden sich an eine solche Rede lange erinnern, während sie Listen auf Powerpointfolien schon nach zehn Minuten wieder vergessen haben. Und sie werden danach die Geschichte ihres Unternehmens selbst neu erzählen.

Aber was machen Sie, wenn Ihr Unternehmen keine derart heroischen Geschichten bereithält? Dann erzählen Sie die Geschichte eines anderen, die ihrem eigenen Denken und Fühlen entspricht. Zum Beispiel eine solche: Als Michael H. Dale in den 1990er Jahren Präsident von Jaguar North America war, hielt er vor seinen Händlern eine sehr erfolgreiche Rede.[114] Er erzählte darin die Geschichte des Südpol-Forschers Sir Ernest Shackleton, der wahrhaftig eine Reise des Helden hinter sich gebracht hat. Sein Schiff blieb kurz vor Erreichen der Antarktis im Eis stecken und wurde nach Monaten des Wartens von Eisschollen zermalmt. Mit seiner Mannschaft kampierte er viele weitere Monate in Zelten direkt auf dem Eis, das ganz langsam nach Norden driftete, und konnte erst nach mehr als einem Jahr mit drei kleinen Rettungsbooten eine unbewohnte und unwirtliche Insel erreichen. Shackleton ließ dort die meisten seiner Kameraden zurück, segelte zu Viert in einem unsicheren Rettungsboot 800 Meilen durch die stürmische See zur nächsten Walfangstation auf einer Insel vor der argentinischen Küste und konnte nach wiederum weiteren vier Monaten zurückkehren und seine Kameraden retten. Alle hatten unter widrigsten Umständen insgesamt mehr als 600 Tage im Eis und in eisiger Kälte überlebt. Shackleton ist ein unglaubliches Vorbild für Optimismus und Durchhaltewillen auch angesichts schwierigster Bedingungen. Michael H. Dale führte einen Teil des deutlichen Umsatzwachstums im nächsten Jahr darauf zurück, dass er mit der Geschichte von Shackleton die Händler hatte inspirieren können.

Zurück zum „Tag der Gründer"

Auf dem „Tag der Gründer" bei den Elektro-Werken wird der Beamer jetzt doch noch angeworfen und Folien werden an die Wand projiziert. Zwei weitere Führungskräfte treten ans Mikrofon, denn es gibt ein paar wichtige Informationen, die heute geteilt werden sollen. Das Herz der Mitarbeiter wurde schon vorher gewonnen, jetzt ist auch ihr Kopf so „offen", dass er angesprochen werden kann.

Im nächsten Schritt treten zwei wichtige Kunden des Unternehmens auf. Sie berichten, wie sich ihre Welt verändert, was ihre eigenen Kunden künftig verstärkt von ihnen wollen, wie sie sich darauf ausrichten werden und was sie deshalb in Zukunft mehr und anders von ihren Lieferanten brauchen. Und sie berichten beide auch von besonders positiven Erlebnissen, die sie mit den Elektro-Werken in den letzten Jahren hatten, und sagen, dass sie davon gerne mehr erleben würden. Die zuhörenden Mitarbeiter setzen sich danach zu kleinen Gruppen zusammen und überlegen sich Fragen, die sie anschließend den Kunden stellen.

Den Nachmittag erwarten viele mit Spannung, denn sie wissen, dass sich, wie jedes Jahr, am Vortag ein gutes Dutzend ihrer Kollegen, die einen Querschnitt des gesamten Unternehmens (alle Funktionen, alle Hierarchieebenen) bildeten, getroffen hatten, um ein paar Thesen und Empfehlungen auszuarbeiten, die sie heute dem großen Plenum präsentieren werden. Dieser „Rat der Weisen“ hat schon Tradition bei den Elektro-Werken.[115] Wie in jedem Jahr weiß die Geschäftsleitung nicht, womit er aufwarten wird. Doch sie vertraut darauf, dass ein Querschnitt des Ganzen nur gute Empfehlungen abgeben kann, zumal alle Empfehlungen die absolut einmütige Meinung aller Mitglieder des Rats der Weisen sein müssen. Die Erfahrung in den letzten Jahren hatte schon gezeigt, dass der Rat der Weisen, der ein Fraktal des Ganzen darstellt, immer Punkte getroffen hatte, mit denen die Gesamtheit der Führungskräfte und Mitarbeiter sofort in Resonanz ging. Oft waren es Punkte, die einen blinden Fleck darstellten, etwas, bei dem die Gruppe der Mitarbeiter vorher nicht sah, wie sie kollektiv unzweckmäßige Verhaltensmuster ausführte, unter deren Konsequenzen sie dann selber litt. „Wir verbreiten zu viel operative Hektik, wir sollten uns mehr Zeit nehmen, um gemeinsam nachzudenken“ ist eine der provokativen Thesen, die der Rat der Weisen dieses Mal darstellt. Nicht ein einzelner Vertreter, sondern der gesamte Rat stellt sie vor, so dass alle aus mehreren Blickwinkeln mitbekommen, wie der Rat der Weisen das Unternehmen sieht und was er empfiehlt. Seine Thesen und Empfehlungen richten sich an alle - nicht nur an das Management - und jetzt haben auch alle in kleinen Gruppen Gelegenheit, diese zu diskutieren. Dies geschieht im World-Café-Format, das wir in Kapitel 7 beschrieben hatten. Wie immer trifft die Präsentation des Rats der Weisen sensible Punkte und bringt ein paar Saiten im ganzen System zum Schwingen, was im späteren Austausch im Plenum deutlich wird. Es werden jetzt im Plenum keine Maßnahmen festgelegt, denn es geht ja um Dinge, zu denen alle oder fast alle beitragen sollen. Doch den Beteiligten ist durch das intensive Gespräch klar geworden, was sie tun können. Und wie immer werden alle gebeten, in ihren Team-Besprechungen in den folgenden Tagen weiter zu überlegen, wie sie die Empfehlungen des Rats der Weisen umsetzen wollen. Auch die Geschäftsleitung wird überlegen, welche Konsequenzen sie ziehen will, und später den Mitarbeitern darüber berichten.

Am späten Nachmittag geht der „Tag der Gründer“ in ein großes Fest über. Da es im gleichen Raum stattfindet, besteht die letzte gemeinschaftliche Aufgabe des Tages darin, den Raum für den Abend herzurichten. Banketttische werden hereingerollt, und Gruppen decken nicht nur diese Tische ein, sondern kreieren für jeden Tisch mit bereitgestellten Materialien auch eine Dekoration, die eine der Schlüsselgeschichten der Elektro-Werke zum Thema hat. Die besten Dekorationen werden während des Abends prämiert.

Was wir hier als „Tag der Gründer“ beschrieben haben, kann es in vielen Varianten und mit unterschiedlichen Namen geben. Beispielsweise lädt das Medizintechnik-Unternehmen Medtronic einmal im Jahr einige Patienten ein, ihre Geschichte vor 2000 Mitarbeitern der Zentrale (und Zehntausenden weiteren, die das Ereignis per Life-Übertragung an anderen Standorten verfolgen) zu erzählen.[116] Die Geschichten sind oft so berührend, dass den Anwesenden die Tränen kommen - danach wissen sie wieder, wofür sie arbeiten. Ein Pharmaunternehmen ließ begeisterte Dankesbriefe von Patienten vorlesen. Ein anderes Unternehmen ließ einen Enkel des Gründers auftreten, der von seinem Großvater und was diesem wichtig war erzählte. Ziel war immer, die Kern-Leidenschaft des Unternehmens wieder wachzurufen.

Ein Zyklus von Ereignissen

Ein „Kick-off“ pro Jahr ist ein guter Anfang. Noch besser ist ein durchdachtes System von Ereignissen, die sich jährlich wiederholen. Dass es immer wieder besondere Ereignisse braucht, um die kollektive Energie zu erneuern, wusste auch Shackleton, als er zum Warten verdammt Monate mit seiner Mannschaft im Eis verbrachte. Da es nicht viel zu tun gab, hätten alle Tage im Eis gleich sein können. Doch obwohl keinerlei logischer Grund vorlag, strukturierte Shackleton diszipliniert und sorgfältig die Zeit. So fand jeden Samstagabend eine Feier mit einem kleinen Konzert und einer geringfügig besseren Mahlzeit statt. Dafür hatte er eigenhändig ein Banjo vom untergehenden Schiff gerettet, während er viele wertvollere Dinge in der See versinken ließ. Jeder Feiertag wurde förmlich begangen. Shackleton wusste intuitiv, was nötig ist, um Spirit zu managen. Unternehmen müssen ebenso die Zeit strukturieren. Sie brauchen ein System von Ereignissen, doch das passende System wird je nach Größe und Art des Unternehmens sehr unterschiedlich ausfallen.

Tex Gunning hat während seiner Zeit bei Unox/Unilever ein bis zwei Mal pro Jahr alle Führungskräfte für zwei Tage und ein Mal pro Jahr alle Mitarbeiter für einen Tag zusammengeholt, wobei das Ereignis für alle Mitarbeiter immer mit einem großen Fest endete.[117] Er scheute sich nicht, den Mitarbeitertag mit Life-Musik richtig emotional zu gestalten. Als die Mitarbeiter im großen Saal eintrafen, wurden sie von einer Band und einer Sängerin begrüßt. Die Führungskräftekonferenzen waren zum Teil Arbeitskonferenzen, doch zugleich wurden sie so gestaltet, dass der partizipative, gemeinschaftliche Geist des Unternehmens erlebt und gestärkt und die gemeinsame Vision immer wieder lebendig wurde. Wir würden im Übrigen empfehlen, zu den Konferenzen der Führungskräfte immer auch einen Anteil Mitarbeiter einzuladen. Das setzt ein Signal, macht Grenzen durchlässiger, vermindert das Misstrauen, was „die da oben“ wohl wieder machen, und erlaubt, Mitarbeiter zu belohnen.

Scheinen Ihnen das viele Veranstaltungen pro Jahr zu sein? Für Tex Gunning haben sie sich gelohnt, er konnte seine Mitarbeiter in beispielloser Weise mobilisieren und den von ihm geleiteten Unternehmensteil erfolgreich sanieren. Und es ginge sogar noch viel öfter. Sam Walton, der WalMart - das mit derzeit 2,1 Millionen Mitarbeitern weltgrößte Einzelhandelsunternehmen - aufgebaut hat, holte einige Hundert Führungskräfte und Mitarbeiter aus der Zentrale nicht nur ein oder zwei Mal pro Jahr, sondern jede Woche zusammen, immer samstags um 7:30 Uhr.[118] Es kamen immer auch Mitarbeiter aus Märkten dazu, die etwas Besonderes zu berichten hatten. Neben der Diskussion geschäftlicher Themen und neben dem Verbreiten von Informationen war das Ziel dabei, die Vernetzung zu fördern und die Leidenschaft und Begeisterung für das Unternehmen und seine Aufgabe wachzuhalten. Diese Samstags-Konferenzen wurden so unkonventionell, partizipativ, humorvoll und mit Raum für Spontaneität gestaltet, dass offenbar niemand eine davon freiwillig auslassen wollte - auch wenn der Samstagvormittag dafür geopfert werden musste. Hier wurde von Zeit zu Zeit das nächste große Ziel ausgerufen, oft in Form einer Wette, bei der Sam Walton versprach, irgendetwas Kurioses zu tun, wenn alle tatsächlich dieses Umsatz- oder jenes Rentabilitätsziel erreichen würden. Wir empfehlen nicht jedem die Imitation dieses wöchentlichen Rhythmus. Denn es braucht schon Talent, eine solche Konferenz so zu gestalten, dass sie jede Woche neu als attraktiv erlebt wird. Doch das Beispiel zeigt, in welchem Maße man Unternehmen als Gemeinschaften führen kann und dass wir das Potenzial, das in großen Gruppen steckt, in der Regel kaum ausschöpfen.

Und was ist mit kleinen Unternehmen? Nehmen wir als Beispiel den Schindlerhof, ein mit vielen Preisen ausgezeichnetes Tagungshotel in Nürnberg mit etwa 80 Mitarbeitern. Wenn Inhaber Klaus Kobjoll mit diesen einmal im Jahr zur Jahreszielplanung in ein anderes hervorragendes Hotel fährt, von dem man noch etwas lernen kann, dann ist das Arbeit und Fest zugleich. Und die Vision von dem, was der Schindlerhof sein will, wird dadurch wieder neu erfahren.

Ähnlich ist es, wenn Wolfgang Gutberlet, geschäftsführender Gesellschafter von tegut, einem Lebensmittel-Filialisten mit derzeit 300 Filialen, alle vier Wochen seine etwa zwanzig Personen starke, erweiterte Geschäftsleitung zu einem Frühstück einlädt, bei dem ein philosophischer oder literarischer Text gelesen, diskutiert und auf das Unternehmen bezogen wird.

Es gibt also viele unterschiedliche Möglichkeiten, die besten Ereignisse der Vergangenheit und Gegenwart neu zu erzählen, die Vision erlebbar zu machen und das Gemeinschaftsgefühl und die kollektive Energie zu erneuern. Hier noch ein paar Ideen:

- Ein Fest für Kunden. Es wird von den eigenen Mitarbeitern gestaltet und diese übernehmen auch sehr sichtbar die Rolle der Gastgeber. Alle Aktivitäten und Einlagen dienen nicht nur dazu, die Gäste zu unterhalten, sondern kommunizieren auch die Vision und Werte des Unternehmens nach außen und innen. Man kann die Kunden dabei sogar kreative „Spiele" spielen lassen, aus denen das Unternehmen mehr über ihre Bedürfnisse lernt.[119]
- Frühjahrsfasten. Am jeweils ersten Freitag im März legen um 14 Uhr alle ihre Arbeit nieder und räumen stattdessen auf. Aktenschränke werden entleert und ihr Inhalt geschreddert, die Inhalte von Schreibtischschubladen minimiert, Labors aufgeräumt, Produktionsräume in Ordnung gebracht. An diesem Tag stehen extra Container bereit, die all den Müll aufnehmen. Um 16:30 wird neben den Containern auf das gemeinsame Fasten angestoßen. In einer Kiste werden Vorschläge gesammelt, in welcher Hinsicht das Unternehmen sonst noch abspecken könnte: überflüssige Aktivitäten, unnötige Bürokratie, Meetings mit zweifelhaftem Nutzen, zu komplizierte Prozesse etc. (Oder es werden die besten der vorher gesammelten Vorschläge prämiert.) Wenn Sie ein solches Frühjahrsfasten durchführen, werden Sie feststellen, dass die Mitarbeiter sich danach richtig gut fühlen. Denn jeder fühlt sich erleichtert, wenn er unnötigen Ballast abgeworfen hat. Und das Ereignis macht eindrücklich klar, dass es zur Vision des Unternehmens gehört, mit leichtem Gepäck zu reisen.
- Aufnahme der Neuen. Wir hatten in Kapitel 4 bereits das Beispiel von Medtronic zitiert, wo einmal im Jahr alle neu in das Unternehmen eingetretenen Mitarbeiter in einer feierlichen Zeremonie ein Medaillon erhalten, das die Werte des Unternehmens symbolisiert. Man könnte die Neuen dabei auch symbolisch durch ein Tor gehen lassen, man könnte sie „taufen", man könnte sie auffordern, die Geschichte aus dem Unternehmen zu erzählen, die für sie am meisten dessen positiven Kern zum Ausdruck bringt. Man könnte ... es gibt noch viele Möglichkeiten.
- Tag der Freundlichkeit. Dieser wurde in dem Werk eines Unternehmens als jährliches Ereignis ausgerufen, in dem es tatsächlich nicht immer sehr freundlich zuging. Buttons wurden verteilt, und jeder sollte an diesem Tag mindestens drei Personen etwas Wertschätzendes sagen. Der Werkleiter, der viele Mitarbeiter kannte (obwohl es mehr als 1000 Werker waren), ging den ganzen Tag durch das Werk und dankte und würdigte.
- Tag der ... Es sind natürlich noch andere Tage denkbar, die einen ganz bestimmten Wert ins Bewusstsein rufen sollen. Wie wäre es mit einem Tag der Diversität?
- Global Impact Day. In Kapstadt sahen wir im Hinterhof eines Heims für Jugendliche aus schwierigen Verhältnissen eine Werkstatt, an der ein Schild darüber informierte, dass diese Werkstatt von Mitarbeitern einer großen Wirtschaftsprüfungsgesellschaft anlässlich ihres Global Impact Day errichtet worden sei. Für andere Unternehmen ist vielleicht eher ein Local Impact Day angemessen.

- Rat der Weisen - drei Mal pro Jahr. Der Rat der Weisen, den die Elektro-Werke in ihre jährliche Mitarbeiterveranstaltung integriert haben, könnte alle vier Monate zusammenkommen. Das heißt, alle vier Monate treffen sich zuerst ein rundes Dutzend Mitarbeiter (immer wieder andere) aus allen Funktionen und Hierarchieebenen und reflektieren in einem Dialog gründlich über die Situation des Unternehmens, erweitern dadurch ihre eigene Wahrnehmung und erarbeiten einmütig getragene Thesen und Empfehlungen. Und kurz danach kommen für zwei Stunden alle Mitarbeiter des Unternehmens oder eines Standortes zusammen, lassen sich die Thesen und Empfehlungen präsentieren, reflektieren über diese und leiten Konsequenzen ab. So wird in regelmäßigen Abständen ein kollektiver Reflexions- und Lernprozess in Gang gesetzt, der die Aufmerksamkeit der Mitarbeiter immer wieder auf Themen lenkt, denen sie vorher nicht genügend Aufmerksamkeit geschenkt haben - so dass alle wieder ein Stück klarer als vorher sehen, was *ist* und was es *zu tun gilt.*

- Start neuer Projekte. Projekte in einem Unternehmen starten natürlich nicht immer zu einem gemeinsamen Termin, vor allem Kundenprojekte nicht. Doch in manchen Unternehmen werden neue Wellen von Projekten auch durch die jährlichen Planungszyklen ausgelöst. Dann könnte man eine solche neue Welle mit einem Ritual starten, das die beteiligten Mitarbeiter würdigt und die hohe Bedeutung der neu begonnenen Projekte sichtbar macht. Leere Stuhlkreise könnten für die Projekte in einem großen Raum stehen, und vor den Augen aller werden diese von den Projektmitarbeitern besetzt. Es könnte sogar so sein, dass noch nicht alle Projektmitarbeiter vorab definiert sind und sich Freiwillige in Projekte einwählen, indem sie sich für alle sichtbar in den entsprechenden Stuhlkreis setzen. Bei dem gleichen Anlass könnten frühere Projekte öffentlich für beendet erklärt und könnte den Beteiligten Dank ausgesprochen werden.

- Weihnachten. Weihnachten ist im westlichen Kulturkreis das jährliche Ereignis schlechthin, bei dem die Schöpfungsgeschichte des Christentums immer wieder neu erzählt und inszeniert wird. Die Weihnachtsmythologie gibt der Zeit um und vor Weihnachten eine besondere Qualität, von der in Unternehmen allerdings oft nicht viel zu spüren ist. Das macht unser Leben ein Stück ärmer. Warum sollte ein Geschäftsführer sich nicht an einem Tag als Nikolaus verkleiden und ... Warum sollte er nicht mit seinen Kollegen der Mannschaft Weihnachtslieder vorsingen (gut, das ist nicht jedem gegeben)? Warum nicht ein Weihnachtsbaum-Schlagen mit Kindern an einem Adventssonntag in einem Wald und anschließendem warmen Punsch?

- Workshops mit dem Geschäftsleitungsteam. Zwei Mal im Jahr für zwei Tage/ zwei Nächte ist für viele ein stimmiger Rhythmus. Geschäftliche Themen werden im Mittelpunkt stehen, doch zugleich sollte Raum für das Äußern von Frustrationen und Hoffnungen, Besinnung auf die gemeinsamen Visionen und Werte, für gegenseitige Wertschätzung und für Wertschätzung und Feiern des gemeinsam Erreichten sein.

Dann gibt es in manchen Unternehmen noch Ereignisse, die sich nicht nach dem Kalender richten, die man jedoch unbedingt für ein „Fest" nutzen sollte: wenn ein großer Auftrag abgewickelt ist und ausgeliefert wird (wenn z. B. ein Schiff nach zwei Jahren Bauzeit zu Wasser gelassen wird), wenn ein Ausbildungsgang zu Ende geht, wenn der bisherige Vorsitzende des Vorstands in den Ruhestand geht und ein neuer kommt, wenn ein wichtiges Ziel erreicht wurde, wenn ein großes Projekt abgeschlossen ist oder wenn ein Leitbild, das in einem langen Prozess unter Einbeziehung vieler Mitarbeiter entwickelt wurde, schließlich fertiggestellt ist. Das sind Anlässe zum Feiern. Doch was ist eigentlich ein Fest?

Bewusstes Feiern

Die meisten Feste in Unternehmen bestehen aus geselligem Beisammensein, Essen und Trinken, vielleicht einer Rede, vielleicht auch unterhaltender Darbietungen von professionellen Künstlern. Doch ein Fest ist eigentlich viel mehr als das. Ein Fest kann mit dem besonderen Zustand verglichen werden, in dem sich die Besatzung des in der Einführung erwähnten B-17-Bombers befand, nachdem er angeschossen wurde, und wo alle trotz der tödlichen Bedrohung heiter, gelassen und geistesgegenwärtig waren. Ein Fest ist ein energetisches Gipfelerlebnis, das die Energie und Lebendigkeit der Feiernden nährt. Es ist ein Ausstieg aus der linearen Zeit, in der wir immer etwas zu tun haben. Ein Fest erhebt uns über die Sorgen und Widrigkeiten des Alltags. Es lässt die Mitarbeiter eines Unternehmens dieses für eine kurze Zeit in dem transformierten Zustand erleben, den sie als Vision vor Augen haben, schreibt Cathy DeForest.[120] Ein Fest lässt uns mehr von unserem Potenzial wahrnehmen. Während eines Festes fühlen wir uns mehr als sonst eins. Ein Fest zu gestalten, heißt, einen besonderen Raum zu schaffen, der für einen Moment das Beste in den Feiernden bewusst macht und hervorbringt.

Das ist ein hoher Anspruch - welche Elemente könnten ihn hervorbringen?[121]

Spiel: Bei einem Folienhersteller war eine Schubkarre zu einem wichtigen Symbol geworden. (Während eines Visions-Workshops hatte ein Teilnehmer gesagt, dass zur Vision gehöre, dass man das viele verdiente Geld dann mit der Schubkarre zur Bank fahren werde. Und da es in dieser Zeit dem Unternehmen schlecht ging, fanden viele diese Symbolik spontan attraktiv.) Auf einer späteren Großgruppenkonferenz stand dann schon eine reale Schubkarre auf der Bühne und wurden Schubkarren-Anstecker verteilt. Die Schubkarre fand ihren Platz danach im Foyer des Unternehmens und die Mitarbeiter begannen, sie mit Geldscheinen zu füllen. (Sie wurde dann mit einer Acrylglasscheibe abgedeckt.) Als es darum ging, ein Fest zu gestalten, kam natürlich die Schubkarre wieder ins Spiel. Es wurde ein Wettbewerb ersonnen, bei dem sechs Mannschaften à 20 Personen es mit vorgegebenen Hilfsmitteln schaffen sollten, in kurzer Zeit möglichst viel Wasser von Behältnis A in Behältnis B zu schaffen. Ein Hilfsmittel für eine Etappe der Strecke zischen A und B waren dann sechs Schubkarren. Doch die waren so umgebaut, dass sie nur völlig schräg fuhren und zudem eierten. Es war nicht ganz leicht, in ihnen Wasser zu transportieren. Das Ganze wurde, wie man sich leicht vorstellen kann, eine Mordsgaudi.

Wertschätzung: Von privaten Festen kennen wir es: Ihre besondere Atmosphäre erhalten sie oft dadurch, dass Menschen gewürdigt werden. Die Gäste werden dadurch gewürdigt, dass der Gastgeber vielleicht alle Anwesenden kurz vorstellt und sagt, zu welchem Teil seines Lebens sie gehören, und wichtigen Personen in seinem Leben ganz besonders dankt. Der Gastgeber wiederum wird durch Reden oder Sketche mit warmherzigem Humor gewürdigt. Feste in Unternehmen sind die Gelegenheit, die Mitarbeiter für das zu würdigen, was sie getan haben, und für das, was sie sind. Ein Geschäftsführer eines großen Pharmaunternehmens sagte zu seinen 1500 Mitarbeitern etwa: „es erfüllt mich mit Ehrfurcht und macht mich demütig, wenn ich mir bewusst mache, was ihr alles beigetragen habt“ und „ich hoffe, ihr seid alle stolz auf euch, denn ich bin so stolz auf euch“. Und man kann bei solcher Gelegenheit auch nacheinander den Beitrag aller Einheiten des Unternehmens hervorheben, die Betroffenen aufstehen lassen, als Gruppe fotografieren und mit Applaus bedenken. Selbst Ehemalige können eingeladen und gewürdigt werden.

Wenn der Kreis nicht zu groß ist (unter 150) und die Feiernden im Raum sich kennen, können Einzelne (Führungskräfte oder Mitglieder der Planungsgruppe für das Fest) beginnen, über einzelne Personen oder Gruppen etwas zu erzählen, was für sie wertvoll war und wofür sie dankbar sind. Und dann darf jeder, der will, an das Mikrofon und seine Geschichte erzählen, mit der er jemandem oder einer Gruppe danken und sie würdigen will. Das kann eine sehr bewegende Runde des Geschichten-Erzählens werden. In kleineren Teams kann es zum Fest dazugehören, dass jeder Einzelne nacheinander von den andern gewürdigt wird.

Der Faktor Wertschätzung kann gar nicht überschätzt werden. Wenn wir wertgeschätzt werden, wird unser Potenzial gesehen. Das führt dazu, dass wir unser eigenes Potenzial besser erkennen, und gibt uns neue Energie. Wir bringen in Menschen das hervor, was wir an ihnen wertschätzen (siehe das Zitat von Saint-Exupéry in Kapitel 8). In einem Unternehmen hatte der Gründer und langjährige Vorstandsvorsitzende, der schon vor 15 Jahren ausgeschieden war, gebeten, auf der jährlichen Veranstaltung für alle Mitarbeiter ein paar Worte sagen zu dürfen. Diese Möglichkeit wurde ihm gewährt. Im Wesentlichen sagte er, dass doch alle unheimlich stolz darauf sein könnten, was sie aus diesem Unternehmen gemacht hätten. In den Tagen darauf wurde über die wenigen Sätze des Gründers mehr geredet als über alle Reden der heutigen Vorstände zusammen.

Humor: Sketche über das Unternehmen, lustige Wettbewerbe ... und am besten ist es, wenn Menschen, die als Autoritäten angesehen werden, dabei in Rollen zu erleben sind, in denen man sie ganz anders als sonst erlebt und die dem Image der Autorität etwas Neues hinzufügen. In einer Großgruppenkonferenz mit 500 Teilnehmern durften sich etwa ein Dutzend melden, um ihre Vision des Unternehmens als Rap zu texten und darzustellen. Die musikalisch Interessierten fanden sich schnell und gingen in einen anderen Raum, wo unter Anleitung von Profis der Rap entstand. Keiner bekam mit, dass auch der Geschäftsführer, der in seiner Jugend eine Band gegründet hatte, in diesen Raum verschwand. Am Abend erlebten dann alle ihren Chef als Rap-Sänger völlig überraschend mit Sonnenbrille und Baseball-Kappe.

Zusammen etwas tun: Darüber hatten wir auch schon in Kapitel 8 geschrieben. Wenn alle das Gleiche tun, wird die Gemeinschaft erlebbar: Je nach Anlass könnten sogar Wunderkerzen oder Kerzen eine Rolle spielen, man könnte singen (und sei es nur der Refrain des oben erwähnten Raps), trommeln, das große Feuer anzünden ...

Ein besonderes Umfeld: Ein besonderes Umfeld lässt die Feiernden sich auch als etwas Besonderes fühlen. Dekoration, Licht, Musik, die Location, künstlerische Darbietungen, Filme, Kunstwerke ... das ist nichts Neues, sondern intuitives Wissen der meisten Gastgeber und Geschäftsgrundlage von Eventagenturen. Für die besondere Atmosphäre lassen sich enorme Summen ausgeben, und für jeden Anlass ist das richtige Maß zu finden. Die aufwändigste Abendunterhaltung, die wir erlebt haben, bestand in einem Musical, das speziell für das Unternehmen getextet, komponiert, geprobt und vorgeführt wurde - im Musicaltheater am Potsdamer Platz in Berlin.[122] Das Musical hat gezündet und sehr zur Stimmung der Veranstaltung, in die es eingebettet war, beigetragen. Doch auch mit weit bescheideneren Mitteln lassen sich sehr schöne Feste gestalten.

Wie entsteht ein bewusstes Fest, wie wir es hier skizziert haben? Es entsteht nicht dadurch, dass wir eine Abteilung wie Unternehmenskommunikation oder eine Eventagentur dafür verantwortlich machen. Es entsteht vielmehr, indem wir die Talente der Mitarbeiter nutzen. Für gute Feste braucht es Begabungen. Es sind Begabungen, die im normalen Alltag oft nicht zum Vorschein kommen können. Doch in jedem Unternehmen sind solche Talente vorhanden. Suchen Sie also Freiwillige, die Freude daran haben, ein Fest zu gestalten. Reden Sie dann mit ihnen darüber, was das Fest aus Ihrer und deren Sicht bewirken soll. Warten Sie danach auf Überraschungen, Sie werden nicht enttäuscht werden. Wertvoll kann es auch sein, wenn alle Bereiche oder Abteilungen des Unternehmens aufgefordert werden, irgendetwas für das Fest vorzubereiten. Da jeder Bereich vor den anderen glänzen will, wird sich jeder Beteiligte große Mühe geben.

Ein Fest kann eine demoralisierte oder einfach von den Kämpfen des Alltags erschöpfte Mannschaft wieder zu neuem Leben erwecken. Und wenn auch große Feste naturgemäß selten stattfinden können, sollte man doch viele Anlässe zum Feiern nutzen. Doch dann gibt es auch Situationen, in denen einem nicht nach Feiern, sondern nach Trauern zumute ist. Und auch hierfür braucht es eine Art Fest, einen besonderen Raum, der das Trauern ermöglicht.

Bewusstes Trauern

Vier Wochen, nachdem zwei Software-Unternehmen fusioniert hatten, kamen die jeweiligen Ressorts für Programmierung zu einer zweieinhalbtägigen Großgruppenkonferenz zusammen. Sie begann in zwei Räumen. Denn zunächst sollten sich die Mitarbeiter der beiden früheren Unternehmen getrennt treffen. In diesen beiden Räumen sprachen zuerst die jeweiligen bisherigen Geschäftsführer. Sie erzählten mit sehr persönlichen Worten, was die Fusion bei ihnen ausgelöst habe. Man müsse jetzt umziehen, andere private Pläne seien durchkreuzt, man könne nicht mehr so eng mit bestimmten Mitarbeitern zusammenarbeiten, es seien auch Sorgen entstanden, wie die Zusammenarbeit nach der Fusion denn klappen werde, das und das habe bisher immer viel Freude gemacht und sei vielleicht so nicht mehr machbar ... Am Ende nahmen die Ressortleiter (in ihren jeweiligen Räumen) eine weiße Blume und steckten sie in eine große Vase, auf der das Logo des bisherigen Unternehmens prangte. Danach war jeder dran, der etwas sagen wollte. Mitarbeiter nahmen das Mikrofon und erzählten, was die Fusion bei ihnen ausgelöst habe und wovon sie sich jetzt verabschieden müssten. An den Verlust geschätzter Kollegen wurde ebenso erinnert wie an besonders gute gemeinsame Erlebnisse. Manche dankten für die bisherige Zusammenarbeit. Und immer stellten sie eine weitere Blume in die Vase. Schließlich wurde ein letztes Mal auf die Zeit im alten Unternehmen angestoßen. Danach erst kamen beide Gruppen in einer gemeinsamen Konferenz zusammen.

Hans Jecklin, der schon erwähnte Musik-Unternehmer in der Schweiz, musste einen Geschäftsbereich seines Unternehmens schließen und alle dort arbeitenden Mitarbeiter entlassen. Die Mitarbeiter waren wie gelähmt, als er ihnen diese Entscheidung eröffnete. Einer schlug vor, sich am nächsten Tag wieder zu treffen. Hans Jecklin berichtet darüber: „Als wir am anderen Morgen wieder zusammenfanden, richtete sich die ganze Wut und Aggression gegen mich. Ich wusste, dass ich mich dem stellen musste, wenn ich wollte, dass alle ihre Kraft wiederfinden sollten. In den kommenden Wochen setzten wir diese Kreis-Sitzungen fort. Mit der Zeit entstand ein intensiver Austausch zwischen den Mitarbeitern, Gesprächsrunden, in denen sie sich mit ihrer Situation auseinandersetzten und sich gegenseitig

Mut machten, die Krise als Chance zu nutzen. [...] Der Austausch im Kreis wirkte auf alle heilsam. Wir konnten die ursprüngliche Verzweiflung viel besser ertragen, als wenn wir es mit Einzelgesprächen versucht hätten. An ihrem letzten Arbeitstag ... hatten bis auf einen einzigen Mitarbeiter alle eine neue Aufgabe gefunden.“[123] Durch das gemeinsame Gespräch kommt man besser und schneller durch den universellen Kreislauf des Trauerns, der immer mit einem Schock beginnt und - wenn er wirklich durchlaufen wird - mit neuer Energie endet.

Initiation der Neuen

Wie wir schon erwähnt haben, kann man regelmäßige Veranstaltungen durchführen, die speziell der Aufnahme neuer Mitarbeiter dienen und eine Art Initiation darstellen. Doch der Prozess dieser Initiation kann noch viel intensiver sein und maßgeblich zum Energiefeld/Bewusstsein des Unternehmens beitragen. Das Potenzial, das hierin liegt, wird selten ausgeschöpft.

Ein entscheidender Faktor bei solch einer Initiation liegt nach Jim Channon darin, dass die Initianden hinterher etwas zu erzählen haben.[124] Im besten Fall erzählen sie noch nach Jahrzehnten von den ersten Wochen, die sie erlebt haben. Und obwohl es damals vielleicht mühsam oder sehr ungewohnt für sie war, leuchten auch nach Jahren noch ihre Augen dabei.

In einer japanischen Bank durchlaufen von der Hochschule kommende Einsteiger ein Programm, das wie in der Reise des Helden eine Reihe hässlicher Kröten bereithält, die zu küssen sind. Eine solche Kröte besteht darin, dass die Teilnehmer sich vom Trainingszentrum aus in umliegende Dörfer begeben und wem immer sie treffen, ihre freiwillige und unentgeltliche Mitarbeit für einen ganzen Tag anbieten. So fegt bald der eine einen Hof, der Nächste mäht einen Rasen und so fort. Abends wird darüber reflektiert, und dann wächst die Erkenntnis, dass die Freude an der Arbeit nicht durch ihren Inhalt und ihre Bezahlung bestimmt wird, sondern durch die innere Einstellung dazu und durch das Gefühl, etwas Sinnvolles beitragen zu können. Der Höhpunkt dieser Initiation besteht darin, sich unter einen eiskalten Wasserfall zu stellen, was der eigens dafür angereiste CEO als Erster vormacht. Danach sind die Initianten dann vollwertige Mitglieder der Bank.

Viel zu japanisch, mögen Sie denken. Doch diese Art der Initiation ist eigentlich eine europäische, genauer eine preußische Erfindung. Und jeder, der eine Grundausbildung bei der Bundeswehr mitgemacht hat, weiß von den Kröten, die diese bereithält, zu berichten: lange Märsche mit schwerem Gepäck, das ewige Auseinandernehmen, Reinigen und Zusammensetzen der Waffe ... Diese Tätigkeiten haben natürlich auch für sich einen Sinn, doch es geht dabei auch darum, dass man hinterher etwas zu erzählen hat. Wenn es schwer ist, Teil einer Gemeinschaft zu werden, dann schätzt man es hinterher umso mehr, dabei zu sein. Unternehmen machen es ihren Mitarbeitern in dieser Hinsicht meist viel zu einfach.

Etwas anders ist es bei den dm Drogeriemärkten. Auszubildende werden während ihrer Ausbildungszeit in Theaterprojekte einbezogen und stehen dabei selbst auf der Bühne. Das ist schon eine Kröte für jemanden, der nicht leicht und frei vor Publikum spricht. Doch das Selbstbewusstsein wächst dadurch, die Auszubildenden sollen hinterher selbstbewusster auf Kunden zugehen. Und sie haben etwas zu erzählen ...

Kapitel 10: Der Dynamik des Lebens Raum geben

Energie wird in der Gemeinschaft der Mitarbeiter freigesetzt, wenn dafür Raum gegeben wird. Eine hervorragende Möglichkeit, dies in begrenztem Rahmen zu tun, ist die Meeting-Methode Open Space Technology. Hier wird sie vor allem dargestellt, weil sie zeigt, was es heißt, in Unternehmen mit Energie zu arbeiten, weil sie eine gute Metapher dafür ist, wie Organisationen arbeiten könnten, und weil sich mit Open Space-Meetings Unternehmen transformieren lassen.

Wie würden wir in Unternehmen handeln, wenn wir annähmen, dass sich geeignete Bedingungen herstellen lassen, unter denen die selbstorganisierende Dynamik des Lebens die Initiativen, Handlungsweisen und Ideen entstehen lässt, die im gegebenen Moment gebraucht werden? Wie würden wir handeln, wenn wir annähmen, dass sich gerade komplexe, unübersichtliche Situationen am besten bewältigen lassen, wenn wir Selbstorganisation - den zentralen Mechanismus des Lebens zum Umgang mit Veränderung - nutzen? Was würden wir tun, wenn wir annähmen, dass Organisationen eine inhärente Tendenz haben, ihr höchstes Potenzial zu realisieren - dass diese Tendenz allerdings meist behindert wird? Wie würden wir handeln, wenn wir glaubten, dass die Realisierung dieses Potenzials nicht eine lineare Schrittfolge von der Gegenwart in die Zukunft ist, bei der Stufe für Stufe etwas hinzugefügt werden muss, sondern dass diese Zukunft wie das Samenkorn eines Baumes bereits jetzt als Potenzial vollständig vorhanden ist und dass nur etwas wegzulassen ist: Hindernisse? Wie würden wir handeln, wenn wir annähmen, dass unsere Führungskräfte und Mitarbeiter schon jetzt in der Lage und willens sind, Initiative zu zeigen, Verantwortung zu übernehmen, im Sinne des Ganzen unternehmerisch zu handeln, in Teams zu arbeiten, Veränderungen einzuleiten, konstruktive Dialoge zu führen und Konflikte zu lösen, dass manche (vielleicht viele) von ihnen es nur noch nicht entdeckt haben? Wie würden wir handeln, wenn wir davon ausgingen, dass wir (bis auf vielleicht wenige Ausnahmen) genau die richtigen Mitarbeiter haben und dass die von uns gewünschte Unternehmenskultur mit genau diesen Mitarbeitern machbar ist? Wie würden wir handeln, wenn wir diesen Mitarbeitern vertrauten?

Wir würden handeln „als ob". Als ob wir bereits da wären. Wir würden von der Zukunft her „rückwärts leben", wie es *Alice* von der Königin empfohlen wurde. Wir würden der Dynamik des Lebens vertrauen. Wir würden dieser selbstorganisierenden Dynamik Raum geben und dabei nur sicherstellen, dass die große Richtung stimmt und die Grenzen des Spielfelds abgesteckt sind.

Der weise König der Wüste spricht

„Mein Vater sagte: Du musst erschaffen. Wenn du hierzu befähigt bist, gib dich nicht mit dem Organisieren ab. Es werden hunderttausend Diener entstehen, um deiner Schöpfung zu dienen; sie werden darin gedeihen wie die Würmer im Fleische. Wenn Du eine Religion begründest, so kümmere dich nicht um das Dogma. Es werden hunderttausend Kommentatoren entstehen, um es aufzubauen. Erschaffen bedeutet das Sein erschaffen, und eine jede Schöpfung ist unaussprechlich. Wenn ich eines Abends jenes Stadtviertel betrete, das wie eine Kloake ins Meer hinabrinnt, ist es nicht meine Aufgabe, die Kanalisation, die Rieselfelder und die Straßenbauämter zu erfinden. Ich bringe die Liebe zur sauberen Schwelle mit, und rings um diese Liebe entstehen die Straßenkehrer, die die Gehsteige waschen, entstehen die Polizeiverordnungen und die Müllkutscher.“

Antoine de Saint-Exupéry, Die Stadt in der Wüste „Citadelle“

Die Details überließen wir anderen - natürlich wissend, dass es auch Führungssituationen geben kann, in denen wir tief in die Details einsteigen müssen. Doch wir würden Könner in der Kunst des Raum-gebens und Geschehen-lassens werden und dem Macher in uns eine Erholungspause gönnen.

Eine Möglichkeit, dieses Geschehen-lassen in einem gesetzten Rahmen zu praktizieren, ist die Meeting-Methode Open Space Technology, die von Harrison Owen entwickelt wurde.[125] Es handelt sich um ein Meeting-Format, das mit 12, 20, 30 oder auch 300 und mehr Teilnehmern möglich ist, das drei Stunden oder drei Tage dauern kann und das viel zu oft als reines Großgruppenformat wahrgenommen wird. Dabei ist es hervorragend für mittelgroße Gruppen geeignet. Wir möchten es hier nicht nur vorstellen, weil es unter geeigneten Bedingungen außergewöhnlich produktive Meetings ermöglicht und weil es wie kaum eine andere Methode die selbstorganisierende Dynamik des Lebens nutzt, indem es eine Situation „am Rande des Chaos" erzeugt. Vielmehr möchten wir hier Open Space-Meetings beschreiben, weil sie sehr gut veranschaulichen, wie Organisationen eigentlich funktionieren - gäbe es nicht meist viele Barrieren, die dies verhindern. Open Space-Meetings geben einen Ausblick auf das höchste Potenzial, das in Unternehmen und anderen Organisationen steckt. Sie zeigen, was es heißt, der Energie des Lebens Raum zu geben und mit dieser Energie zu arbeiten, so dass inspirierte Leistung entsteht. Sie sind nicht nur eine Meeting-Methode, sondern eine Metapher und ein Modell für Organisationen - ein neues Bild, das unsere bisherigen Theorien der Organisation erweitert und das uns hilft, auf eine neue, den Mustern des Lebens angemessenere Weise zu organisieren. Wir möchten die Methode Open Space Technology auch vorstellen, weil sie ein wertvolles Werkzeug darstellt, um die Energie und Kultur von Unternehmen nachhaltig zu verändern, sofern man häufig genug damit arbeitet, auch in nicht so großen Gruppen, auch nur einen halben Tag, statt sie nur alle drei Jahre für 100 oder 300 Personen über zwei Tage zu nutzen.

„Unseren Prozess der Produktentwicklung und -einführung weiter optimieren" heißt das Thema eines eineinhalbtägigen Meetings, zu dem sich 31 Personen angemeldet haben. Das Unternehmen hat schon seit Jahren Erfahrungen mit Simultaneous Engineering gesammelt und heute will es reflektieren, wie gut dieser Prozess läuft, wo vielleicht übertrieben wurde und was weiter verbessert werden kann. Die Teilnehmer sind gekommen, weil sie das Thema interessiert. In der Einladung wurde betont, dass sich diejenigen anmelden sollten, die etwas zur Verbesserung des Entwicklungsprozesses beitragen wollen. So ist eine bunt gemischte Teilnehmergruppe entstanden, die sich natürlich aus Entwicklern, doch auch aus Mitarbeitern der Produktion, des Controllings, des Einkaufs, der Kundenbetreuung und des Industrial Engineering zusammensetzt. Als sie im Tagungsraum eintreffen, sind sie zunächst überrascht. Denn sie finden keine Stuhlreihen vor, auch kein großes U mit oder ohne Tische, sondern 31 Stühle, die in einem geschlossenen Kreis stehen. Nachdem alle Platz genommen haben, begrüßt der Veranstalter des Meetings, spricht darüber, was er sich von dieser Zusammenkunft erhofft, und bittet alle, sich einzubringen. Und er stellt eine Hand voll Rahmenbedingungen vor, die allen deutlich machen, dass der gemeinsame Handlungsspielraum groß ist, aber auch ein paar Grenzen hat. Zum Beispiel dürfen keine neuen Anforderungen an die IT entstehen, da diese bereits ausgelastet ist. Dann übergibt er an den Moderator, der etwa 15 Minuten spricht. Auch er nennt das Thema - die zentrale Fragestellung - des Meetings. Er fügt hinzu, dass es keine Agenda gibt, dass inhaltlich rein gar nichts vorbereitet wurde und dass die Agenda gleich mit Beteiligung aller entstehen wird. Er kündigt an, dass er in Kürze allen, die das wollen, die Möglichkeit geben wird, in die Mitte des Kreises zu kommen, ein dort liegendes Blatt Papier zu nehmen, ihr Anliegen darauf zu schreiben und sich dann vor die Gruppe zu stellen und ihr dieses Anliegen vorzuschlagen. Er sagt, dass man nur ein solches Anliegen vorstellen solle, für das man Leidenschaft empfände und für das man Verantwortung übernehmen wolle. Also nichts, wo irgendjemand anderes irgendetwas tun solle. Er beschreibt auch noch, wie es hinterher weitergehen wird, dass beispielsweise später Freiwilligengruppen miteinander arbeiten werden und dass jede Gruppe noch während des Meetings ein Protokoll schreiben solle.

Schließlich ist alles Notwendige gesagt, und der Moderator verlässt den runden Raum inmitten der Stühle. Dieser Raum ist jetzt offen für die Initiativen der Teilnehmer. Einen kurzen Moment liegt eine fragende Spannung in der Luft: Wird jetzt jemand aufstehen? Wer wird der Erste sein? Wer hat den Mut dazu? Dann kommt der Erste in die Mitte und weitere folgen. Mal zügiger, mal langsamer kommen Teilnehmer in die Mitte des Kreises, stellen nacheinander ihre Anliegen vor und hängen sie an eine große Wand. Diese ist in Abschnitte unterteilt. Über einem steht „10:30 h - 12:00 h“, über dem nächsten „13:00 h - 14:30 h“ und so fort. Nach etwa dreißig Minuten hängen in jedem Zeitabschnitt drei oder vier Themen, zu denen später parallel kleine Gruppen arbeiten werden.

Jetzt beginnt der Marktplatz. Die 24 Teilnehmer stehen auf, gehen zu der Wand mit den Themen und tragen sich dort ein, wo sie mitmachen wollen. Das eine oder andere Thema wird noch zusammengelegt oder wandert in einen anderen Zeitabschnitt, und dann hat die Gruppe in relativ kurzer Zeit etwas vollbracht, das vorher einige nicht für möglich gehalten hätten: Sie hat sich eine Agenda gegeben, die den Interessen der Teilnehmer entspricht. Ab jetzt arbeiten die Teilnehmer für den Rest des Tages in den kleinen Gruppen, mal zu neunt, mal zu zwölft, mal zu fünft. Es sind immer genau die zusammen, die sich für das jeweilige Anliegen am meisten interessieren. Und wenn jemand entdeckt, dass er in der Gruppe, die er gewählt hat, doch nichts beitragen oder lernen kann, dann hat er die Freiheit, jederzeit die

Gruppe zu wechseln. *Gesetz der zwei Füße* wird diese Regel genannt. Nach der letzten Arbeitsrunde des Tages kommen alle nochmals im großen Kreis zusammen, reflektieren kurz über den Tag, und anschließend werden noch die letzten Protokolle fertiggeschrieben.

Am nächsten Morgen liegt im Inneren des Kreises ein kleiner Berg von Heften. Über Nacht produziert findet sich in ihnen das Ergebnis der gemeinsamen Arbeit - die Protokolle aller Gruppen des vorherigen Tages. Das erste Exemplar wird symbolisch dem Veranstalter des Meetings überreicht, dann beginnen alle, die Protokolle zu lesen. Anschließend wird priorisiert und werden auch noch einige wenige Themen/Protokolle zusammengelegt, die zu sich überschneidenden Ergebnissen gekommen sind. Das geschieht nicht, weil die Ergebnisse mit niedriger Priorität nicht gut wären oder nicht umgesetzt werden sollen, sondern damit die Gruppe weiß, für welche Ergebnisse in diesem Moment offensichtlich besonders viel Energie da ist und in welche dementsprechend auch viel Energie investiert werden sollte. Auf die vier wichtigsten Themen verteilen sich die Teilnehmer nochmals in einer letzten Runde, um für diese die nächsten Schritte zu planen, die vor allem darauf zielen, diese Gruppen arbeitsfähig zu machen. Dann kommen alle noch einmal im großen Kreis zu einem abschließenden Austausch und der Verabschiedung zusammen. Wie nahezu immer äußern sich auch dieses Mal die Teilnehmer sehr positiv zu den Ergebnissen und zum Ablauf des Meetings.

Mit der Energie arbeiten

Damit ist beschrieben, was an der sichtbaren Oberfläche eines Open Space-Meetings passiert. Doch Open Space Technology hat eine auch unsichtbare Dimension. Open Space Technology ist eine Vorgehensweise, die in jeder Phase der Energie des Lebens Raum gibt und bewusst mit dieser Energie arbeitet. Das beginnt mit den einleitenden Worten des Moderators. Oberflächlich besehen erklärt er einfach 15 Minuten lang, wie das Meeting abläuft. Doch unter der Oberfläche tut er das, was Antoine de Saint-Exupéry den Vater des Königs zu seinem Sohn sagen lässt: „Erschaffen bedeutet das Sein erschaffen, und eine jede Schöpfung ist unaussprechlich." Man könnte sagen, der Moderator erschafft das Sein in Form eines Energiefeldes, das der Gruppe einen Handlungsraum gibt und ihr Tun in eine produktive Richtung lenkt. Dabei ist „erschaffen" bereits ein irreführendes Wort, denn der Moderator tut im konventionellen Sinne nichts, um dieses Sein zu erschaffen. Dieses Sein - das Energiefeld - entsteht durch sein Sein. Das Energiefeld entsteht durch seine Präsenz, die auf die Teilnehmer wirkt und sie dadurch ebenfalls präsenter werden lässt. Es entsteht durch seine generell positiven Erwartungen, dass die Gruppe produktiv sein wird, und durch die Abwesenheit von spezifischen Erwartungen, die auf ganz bestimmte Ergebnisse gerichtet sind. Es entsteht durch seine Ausstrahlung von Vertrauen, dass in diesem offenen Raum genau das Richtige passieren wird und dass jeder die Freiheit hat, diesen Raum zu nutzen. Es entsteht dadurch, dass er die anwesenden Menschen voll und ganz annimmt und nicht Gedanken hegt, dass diese Gruppe vielleicht doch zu konservativ ist oder zu träge oder zu unkreativ.

Wenn der Moderator geendet hat, kommen die Teilnehmer, die das wollen, in die Mitte des Kreises. Sicher, es kostet Überwindung, das zu tun, denn in die Mitte eines Kreises von Menschen zu gehen, bedeutet immer, sich zu exponieren und verletzlich zu machen. Doch diese Hürde ist bewusst gesetzt. Denn so kommen nur diejenigen Teilnehmer des Meetings in die Mitte, die wirklich Leidenschaft - Energie - für ihr Thema haben. Die Präsenz des Moderators - sein In-Kontakt-mit-sichselbst-sein - bewirkt, dass auch die Teilnehmer mehr in Kontakt mit sich selbst kommen und empfänglicher werden für die Impulse des Leben, die sich durch sie zeigen wollen. Das offenkundige Resultat besteht darin, dass die notorischen Vielredner nicht unbedingt diejenigen sind, die mit einem Anliegen in die Mitte kommen. Und auf der anderen Seite kommen Menschen in die Mitte, die vorher selbst nicht geglaubt hätten, dass sie das tun würden. Sie berichten dann, dass plötzlich irgendetwas sie gezogen habe, unbedingt jetzt ein Anliegen zu benennen.

Wenn kurz darauf die Themen-Gruppen arbeiten, hat jeder in jedem Moment die Freiheit, genau das zu tun, was er will. Jeder kann jederzeit eine Gruppe verlassen und zu einer anderen gehen oder sogar einfach mal eine Pause machen. Und genau das hat der Moderator auch der Gruppe klargemacht, dass es völlig okay ist, wenn eine Kleingruppe später als zum offiziellen Termin startet oder früher oder später aufhört. Jeder kann seiner Leidenschaft, seiner Energie, seinem Flow folgen.

Es klingt vielleicht nach Chaos, sich derart der Energie und Dynamik des Lebens zu überlassen, doch die Resultate von Open Space-Meetings übertreffen (sofern sie sorgfältig vorbereitet wurden) immer wieder die Erwartungen. In kurzer Zeit werden substanzielle Ideen, Maßnahmen, Empfehlungen etc. erarbeitet und dokumentiert. Zugleich haben die Teilnehmer nicht das Empfinden, hart zu arbeiten. Hinterher sagen sie oft, sie haben sich wie selten sonst in jedem Moment des Meetings „richtig" gefühlt. Und viele sagen, ihre Energie für die gemeinsame Sache sei durch das Meeting erneuert worden. Sie fühlen sich neu inspiriert. Und genau das ist es auch, was geschieht, wenn wir mit der Energie des Lebens arbeiten, statt sie zu behindern. Doch von wie vielen Meetings lässt sich schon sagen, dass sie inspirierend wirken und die Energie der Beteiligten erneuern?!

Auf der weichen Seite haben Open Space-Meetings noch weitere positive Folgen. Die Teilnehmenden kommen einander näher und wachsen zu einer Gemeinschaft zusammen. Sie vernetzen sich intensiv und lernen viel voneinander. Und nicht zuletzt: Sie wachsen persönlich dabei. Das gilt ganz besonders für diejenigen, die als Initiatoren eines Anliegens in die Mitte des Kreises treten und dann eine Freiwilligengruppe leiten. Wie schon beschrieben, erfordert es Mut, das zu tun. Und diejenigen, die diesen Mut haben, wachsen daran. Open Space-Meetings lassen Menschen größer werden. Das Leben bekommt in ihnen mehr Raum. Und ganz natürlich schließt sich meistens auch das Bedürfnis nach Verantwortung für „mein Thema" an.

Open Space Technology als Werkzeug der Transformation

Da die Methode Open Space seit 1995 im deutschen Sprachraum eingesetzt wird, haben auch bereits eine ganze Reihe von Unternehmen damit Erfahrungen gemacht (wenn auch der Name Open Space leider oft für Meetings verwendet wird, die kaum noch oder gar nicht mehr der Methode Open Space ähneln). Meist waren das dann große Veranstaltungen mit 50, 100 oder noch mehr Teilnehmern, für die ein externer Moderator engagiert wurde. Und in vielen Fällen fand nach einer ersten großen Open Space-Konferenz die nächste erst wieder nach ein paar Jahren statt. Das ist auch richtig, denn mehrtägige, große Open Space-Konferenzen sind mit der gleichen Gruppe nur selten in jährlichem Rhythmus sinnvoll. (Ausnahmen sind überdurchschnittlich wissensbasierte Organisationen wie Schulen oder Beratungsunternehmen oder die wissensbasierten Teile von Organisationen wie die Entwicklungsressorts oder die Führungskräfte.) Doch das transformierende Potenzial, das Open Space-Meetings neben ihrem sachlichen Nutzen bieten, kommt erst durch häufigeren Einsatz in einem Unternehmen wirklich zum Tragen. Das Energiefeld und die Kultur des Unternehmens verändern sich, wenn immer wieder überall im Hause kleinere Open Space-Meetings stattfinden. Wenn sie zu passenden Fragestellungen mit 15, 20 oder auch noch mehr Teilnehmern abgehalten werden, und dann vielleicht auch nur drei, vier oder sechs Stunden dauern. Dann gehen die Qualitäten, die Open Space-Meetings fordern und fördern - Initiative zeigen, Verantwortung übernehmen, unternehmerisch handeln, Mut haben und etwas riskieren, über das Gewohnte hinausgehen, im Team arbeiten, sich vernetzen, Diversität als Bereicherung verstehen, über den Tellerrand des eigenen Aufgabenfeldes hinausschauend den anderen einen Beitrag leisten wollen und können und noch manches mehr - dann gehen diese Qualitäten in den genetischen Code des Unternehmens über. Sie lassen es immer fähiger werden, mit Wandel und Komplexität gut umzugehen. Für die Durchführung von Open Space-Meetings ausgebildet zu werden, ist deshalb auch aus unserer Sicht eine der kraftvollsten Unterstützungen, die Unternehmen ihren Führungskräften angedeihen lassen können.

Und dann werden durch jedes einzelne Meeting auch geschäftliche Themen sehr effektiv vorangebracht. In dem komplexen und dynamischen Umfeld, in dem sich Unternehmen heute bewegen, geht es immer wieder darum, die richtigen neuen Fragen zu identifizieren und zu diesen mit der richtigen Mischung von Leuten ein Gespräch zu führen, das unterschiedliche Perspektiven vernetzt und kreative Antworten hervorbringt. Genau dafür eignen sich Open Space-Meetings besonders gut, denn sie sind eine effektive Methode, um sowohl neue Fragen zu identifizieren, als auch neue Antworten zu entdecken. Open Space-Meetings vermögen eine hohe Diversität der Teilnehmer so zu verbinden, dass innovative Ansätze daraus entstehen. World Café oder der Dialog im Kreis kommen dafür übrigens genauso infrage.

Als Führungskräfte meinen wir häufig, dass wir immer die richtigen Antworten haben und geben müssten. Doch Raum für Energie geben wir nicht, indem wir immer schon Antworten vorgeben. Energie wird vielmehr evoziert, indem wir eine Frage stellen und andere an deren Beantwortung beteiligen. Energie wird auch hervorgerufen, indem wir fragen, was jetzt die wichtigste Frage wäre - nämlich jene Frage, deren Beantwortung uns am meisten voranbringen würde. Lebensenergie braucht offenen Raum - open space - zur Entfaltung, und eine Frage öffnet diesen Raum. Mike Szymanczyk, CEO von Philip Morris USA, berichtet in Juanita Browns Buch über World Café, wie sehr er auf regelmäßige Dialoge zu strategischen Fragen setzt - und darauf, dass alle Bereiche des Unternehmens ihre strategischen Fragen identifizieren, zu denen es sich lohnt, strategische Dialoge durchzuführen.[126] Er sieht sich als Architekt einer sozialen Infrastruktur, zu der regelmäßige Gesprächsplattformen in den Formaten Open Space, World Café und dem Dialog im Kreis gehören. Er schreibt dazu: „Ich habe entdeckt, dass gewöhnliche Menschen in einer guten Infrastruktur bessere Resultate als ihre brillanteren Kollegen in einem weniger geeigneten System erzielen."[127] Je mehr sich ein Unternehmen aufmacht, eine soziale Infrastruktur aufzubauen, die immer wieder Raum für Lebendigkeit gibt, die die Diversität der Mitarbeiter zusammenbringt, diese miteinander vernetzt und aktiv nutzt, umso lebendiger und effektiver ist es und umso mehr Lebensfreude ist in ihm wirksam.

Open Space als Metapher und Modell für Organisationen

Kommen wir zurück zu einem wichtigen Grund, warum wir an dieser Stelle die Methode Open Space vorgestellt haben. Open Space Technology ist eine Metapher dafür, wie Organisationen unter der Oberfläche funktionieren und wie sie viel intensiver und offensichtlicher funktionieren würden, wenn wir bestehende Barrieren beseitigten. Das gilt nicht für die tägliche Routine, die Prozesse, die regelmäßig und stabil ablaufen sollen. Doch es gilt für jene Sphäre von Organisationen, in der Neuerungen stattfinden und in der auf Anforderung von Kunden oder aufgrund anderer unvorhergesehener Ereignisse flexibel und kreativ reagiert werden muss. Diese Neuerungen und kreativen Handlungen geschehen in der Regel nicht nach Plan. Zwar gibt es beispielsweise für Produktentwicklungen oft einen Prozess, mit dem diese gemanagt werden sollen. Doch Durchbruchs-Innovationen finden fast immer außerhalb und oft sogar trotz und nicht aufgrund dieses Prozesses statt.

Neues entsteht, weil Menschen inspiriert sind, etwas Neues in die Welt zu bringen. Neues entsteht, weil Menschen den Impuls des Lebens in Form der Leidenschaft für eine Idee in sich verspüren. Doch dieser Impuls kann in keiner Weise geplant oder angeordnet werden. Man kann ihm nur Raum geben und dafür geeignete Bedingungen erzeugen. Und obwohl diese Bedingungen selten optimal sind, gibt es in Unternehmen immer wieder Menschen, die mit einer Idee vorangehen und sich jenseits formaler organisatorischer Zuständigkeiten Mitstreiter suchen, um ihre Idee voranzubringen oder um eine Problemlösung für einen bestimmten Kunden zu finden. Bildlich gesehen treten sie wie in einem Open Space-Meeting in die Mitte des Kreises und sammeln eine Gruppe von Freiwilligen um sich.

Eine Mitarbeiterin eines medizintechnischen Unternehmens erzählte uns, dass in ihrer Abteilung schon seit zwei Jahren ein Thema nicht richtig vorangekommen sei, obwohl es ihrem Chef sehr wichtig war. Der hatte mit diesem Thema zwei Kollegen unserer Gesprächspartnerin beauftragt, doch die brachten nie Ergebnisse zustande. Immer war ihnen etwas anderes wichtiger. Schließlich schlug diese Mitarbeiterin ihrem Chef vor, das Thema doch ihr und einer weiteren Kollegin zu übertragen. „Ja, könnt ihr das denn?“, fragte er ungläubig, gab den beiden dann aber doch die Aufgabe. Die beiden Frauen hatten wirklich Leidenschaft für dieses Thema, und so war es binnen weniger Wochen zufriedenstellend gelöst. Viel zu oft werden Mitarbeiter in Unternehmen mit Innovations-Aufgaben beauftragt, für die sie keine Leidenschaft aufbringen. Viel zu häufig gibt man nicht denen, die diese Leidenschaft hätten, den Raum, sich zu melden und in Führung zu gehen. Viel zu oft werden auch nicht das Bewusstsein für die externen und internen Realitäten und der Sog einer Vision geschaffen, obwohl sie den idealen Nährboden für freiwilliges Handeln in die von der Führungsspitze gewünschte Richtung darstellen. Das Resultat ist deshalb eine Art der Veränderung, die alle Beteiligten viel Kraft und viel Zeit kostet. Dabei könnte Veränderung deutlich leichter vonstatten gehen. Wenn wir mit dem Leben statt dagegen arbeiteten.

Wenn wir lebendige, innovative Unternehmen voller Energie schaffen wollen, dann sind Open Space-Meetings ein gutes Modell für das, was wir tun müssen. Wir könnten dann tatsächlich jedes einzelne Element eines Open Space-Meetings durchgehen und überlegen, wie es auf das ganze Unternehmen übertragen werden kann.

- Open Space-Meetings haben ein Thema, für das die Teilnehmer Leidenschaft haben. Entsprechend würden wir den Mitarbeitern eine Zielrichtung vorgeben, die ihnen wirklich wichtig ist - die ihre Leidenschaft weckt und fokussiert. Was das für ein ganzes Unternehmen bedeutet, haben wir in Kapitel 4 dargelegt.
- Wir würden diese Zielrichtung einem großen Kreis bewusst machen und ein Gefühl von Dringlichkeit erzeugen. Darüber hatten wir in Kapitel 8 geschrieben.
- In Open Space-Meetings kommen Menschen mit unterschiedlichen Perspektiven und Ideen zusammen und vernetzen sich in verschiedenen Kleingruppen intensiv. Entsprechend würden wir in Unternehmen Räume schaffen, in denen sich Menschen mit unterschiedlichen Perspektiven miteinander vernetzen können und in denen auf natürliche Weise Gemeinschaft entstehen kann. Darauf waren wir in Kapitel 6 und 7 eingegangen. Und wir haben in diesem Kapitel darauf hingewiesen, dass es eine „soziale Infrastruktur" wiederkehrender Dialogplattformen braucht.
- In Open Space-Meetings gibt es eine klare, aber nur minimale vorgegebene Struktur, so dass der offene Raum so offen wie möglich bleibt und trotzdem Orientierung existiert. Entsprechend würden wir in Unternehmen Strukturen schaffen, die ähnlich minimal und Raum-öffnend sind - befreiende statt einengende Strukturen. Darauf werden wir in Kapitel 12 noch kommen.
- In Open Space-Meetings sitzen die Teilnehmer in den Kleingruppen in Kreisen und fühlen sich dabei wohl und zu produktivem Arbeiten angeregt. Im Kapitel 11 werden wir noch zeigen, welche Bedeutung solche Kreise auch für den Alltag von Unternehmen haben.
- In Open Space-Meetings präzisieren wir, wie groß das „Spielfeld" für die Teilnehmer ist - wir sagen also vorab, was nicht veränderbar ist. Entsprechend würden wir in Unternehmen allen Mitarbeitern deutlich machen, wie groß ihr „Spielfeld" ist. Damit ist nicht der individuelle Freiraum einzelner Mitarbeiter gemeint, sondern der kollektive Freiraum aller. Die Erfahrung zeigt übrigens, dass dieser kollektive Freiraum sehr leicht für kleiner gehalten wird, als er tatsächlich ist.[128]
- Open Space-Meetings bieten Teilnehmern eine einfache Möglichkeit, ihr Anliegen auf die gemeinsame Agenda zu setzen und andere Interessierte zu finden. Sie gehen in die Mitte, kündigen ihr Thema an und hängen es an das gemeinsame Anschlagbrett. Entsprechend sollten wir es unseren Mitarbeitern auch im Alltag erleichtern, ein Thema auf die Agenda des Bereichs oder des ganzen Unternehmens zu setzen und Gehör und eine Gruppe von Freiwilligen zu finden. Wie ist das möglich?

Der Leiter eines Produktionswerks beschloss, sich alle drei Monate mit seinen 25 wichtigsten Führungskräften für einen halben Tag im Open Space-Format zu treffen. Doch er stellte dafür nicht nur 25, sondern 28 Stühle auf. Drei Stühle waren vorgesehen für andere Mitarbeiter, die in diesen Kreis ein Thema einbringen oder einfach einmal dabei sein wollten. Jeder Mitarbeiter des Werks konnte an dem Meeting teilnehmen. Man musste sich bloß anmelden, damit dann nicht plötzlich zehn Personen vor drei Stühlen standen. Und da vorher etwa 150 Mitarbeiter an einer großen Open Space-Konferenz teilgenommen hatten, wussten sie auch, worauf sie sich einlassen, wenn sie kommen.

Das ist nur eine Möglichkeit, Mitarbeitern die Gelegenheit zu geben, ein eigenes Anliegen auf die Agenda zu setzen, doch nicht die einzige. Letztlich muss immer ein Weg gefunden werden, der genau zur jeweiligen Situation passt. Und dieser Weg kann immer wieder anders aussehen. Dee Hock fand einen eigenen Weg, als er CEO von VISA war und dort ein äußerst anspruchsvolles IT-Projekt für das erste VISA-eigene System zur Authorisierung und Verrechnung von Zahlungen begann. Die für das Projekt verantwortliche Gruppe arbeitete in einem sehr engen zeitlichen und budgetären Rahmen, der von Experten nicht für machbar gehalten wurde. Wenig Geld, wenig Zeit und für das Unternehmen stand sehr viel auf dem Spiel – also genau die Situation, in der die meisten wohl entscheiden würden, dass es eine straffe Führung, die alles plant und steuert, und nicht ausgerechnet Selbstorganisation braucht. Doch genau auf diese statt auf das sonst übliche Overengineering setzte Dee Hock:

„Rasch kam es zur Selbstorganisation. Eine ganze Wand des Raums wurde zu einer Pinnwand, auf der jeder bis zum Projektende verbleibende Tag eingetragen wurde. Jemand nahm eine ungespülte Kaffeetasse und befestigte sie mit einer langen Schnur am aktuellen Datum. Jede Aufgabe, die erledigt werden musste, wurde mit Endtermin und Namen des verantwortlichen Mitarbeiters auf Zettel geschrieben und an dem betreffenden Termin an der Wand befestigt. Jeder konnte die Aufgaben durchgehen, weitere hinzufügen oder Termine ändern, vorausgesetzt, er sprach sich mit den Betroffenen ab. Jeder konnte jederzeit beobachten, wie sich das Gesamtbild entfaltete und entwickelte. Jeder konnte sehen, wie das Ganze von seiner Arbeit abhing und wie seine Arbeit mit jedem Teil des Projekts verbunden war. Immer wieder versammelten sich Gruppen vor der großen Wand, diskutierten und trafen Entscheidungen. Wenn alles erledigt war, lösten sie sich wieder auf. War eine Arbeit fertiggestellt, wurde der Zettel entfernt. Jeden Tag rückte die Tasse am Faden unaufhaltsam weiter. An jedem Tag fand sich für jeden Zettel, der hinter dem Faden zurückblieb, eine Gruppe Freiwilliger, die die erforderliche Arbeit leisteten ... Immer wieder tauchten spontan Führer auf. Nichts war unter Kontrolle, doch alles war in Ordnung. Der Einfallsreichtum explodierte. Individualität und Vielfalt blühten. Die Leute überraschten sich mit dem, was sie erreichen konnten, und staunten über die unterdrückten Talente, die bei anderen zum Vorschein kamen. Rang und Position wurden bedeutungslos. Die Macht über andere wurde bedeutungslos. Zeit wurde bedeutungslos. Die Begeisterung, das Unmögliche möglich zu machen, wuchs, und es entstand eine Gemeinschaft, die auf einem gemeinsamen großen Ziel, auf Werten und auf Menschen basierte."[129]

Dieses Beispiel zeigt, wie ein offener Raum und eine Agenda, die jeder beeinflussen kann, enorme Kräfte freisetzen. Das nächste Kapitel beginnt mit einer Geschichte, in der der offene Raum und die von allen beeinflussbare Agenda wiederum auf andere Weise geschaffen werden.

Kapitel 11: Time Out Be

> *Auch kleine Gruppen brauchen Zeiten, während derer dem Leben wirklich Raum gegeben wird, ein ungewöhnlich guter Dialog stattfindet und sich die Energie der Gruppe regeneriert. Das können in der Tat Meetings sein, wenn sie bewusst und sorgfältig gestaltet sind. Das eng getaktete Getriebe des Unternehmensalltags braucht als Ausgleich Ereignisse - kleine, mittlere und große -, während derer sich die Energie und Gemeinschaft nähren und erneuern kann.*

Jim Rough ist ein Berater aus der Nähe von Seattle, von dem wir in den vergangenen Jahren einiges lernen durften. In den 1980er Jahren arbeitete er als interner Personalentwickler in einem Sägewerk nahe den großen Wäldern des Staates Washington.[130] Die Arbeiterschaft dieses Werks, etwa 300 Mann stark, war unmotiviert, unzufrieden, sogar verbittert und wütend und machte den Vorarbeitern wie dem Management vor allem Schwierigkeiten. Die Beziehungen zwischen der Führung und den Mitarbeitern waren frostig, und die Produktivität des Werks krebste auf unterirdischem Niveau. In dieser Situation schlug Jim Rough der Werkleitung vor, sogenannte Qualitätszirkel einzuführen. Das war zu Beginn der 1980er Jahre noch eine innovative Methode, die gerade erst außerhalb Japans bekannt wurde. Dadurch könne die Produktivität, die Qualität und die Zufriedenheit der Mitarbeiter erhöht werden. Von Produktivität und Qualität wollte die Werkleitung allerdings nichts wissen, doch wenn er dafür sorgen könne, dass die Arbeiter weniger Schwierigkeiten machten, solle er loslegen. Er dürfe jedoch kein Geld für Trainings ausgeben. Diese Einschränkung erwies sich nachträglich als Segen, denn sie führte dazu, dass die zwei Gruppen - eine für jede Schicht -, die Jim Rough in der Folge startete und moderierte, ganz anders arbeiteten, als dies Qualitätszirkel üblicherweise tun. Denn diese werden in der Regel darauf beschränkt, nur solche Probleme zu lösen, die aus ihrem eigenen, engen Arbeitsbereich stammen, und sich auch nur sachliche Probleme vorzunehmen, die sich mit rationalen Werkzeugen wie dem Fischgrät-Diagramm lösen lassen.

Jim Rough wollte jedoch vor allem dem Raum geben, wofür die Arbeiter wirklich Leidenschaft hatten - er wollte der Energie des Lebens Raum geben und sie nicht durch einengende Vorgaben strangulieren. Doch natürlich war es nicht so, dass die Arbeiter in den beiden Gruppen gleich Themen hatten, bei denen sie etwas verbessern wollten. Sie waren jahrzehntelang nicht gefragt worden, und die dadurch erzeugte Passivität war ihnen in Fleisch und Blut übergegangen. Zuerst kam einfach nur ein Schwall von Frustration und destruktiven und egoistischen Vorschlägen wie dem, die Vorarbeiter zu feuern. Jim Rough schuf trotzdem Bedingungen für ein reflexives Gespräch, in dem jeder seine Gedanken und Ideen einbringen konnte und in dem jedem zugehört wurde. Und so ebbte die Wut langsam ab und lösten sich die Passivität und die Frustration auf. Der Gruppe wurde bewusst, dass die Vorarbeiter im Grunde okay waren und selber mit Schwierigkeiten zu kämpfen hatten. Es wurde ihr klar, dass das eigentliche Problem das fehlende Vertrauen zwischen Arbeitern und Management war. Beide Gruppen waren zu dieser Erkenntnis gelangt, und bereits dieses neue Bewusstsein änderte etwas an den Beziehungen der Sägewerker mit ihren Vorarbeitern. In der Folge wurden sachliche Probleme angegangen, die mit dem Produktionsprozess und dem Drumherum zu tun hatten. Manche konnten die Arbeiter selber lösen, für andere brauchten sie die Vorarbeiter oder höhere Führungsebenen. Und indem sie diese um Hilfe baten, wuchs das Vertrauen, von dem vorher so wenig vorhanden war. Die Arbeiter in den beiden Gruppen waren mit wachsender Begeisterung bei der Sache.

Doch interessanterweise geschah die Veränderung nicht nur mit den zwei Dutzend Arbeitern, die diesen beiden Gruppen angehörten. Die konstruktive Einstellung und Bereitschaft zur Mitwirkung bei der immer weiteren Optimierung des Betriebsablaufs färbten auch auf die anderen 280 Arbeiter ab. Diese beobachteten, was die beiden Gruppen taten, wollten darüber informiert werden, an welchen Themen sie arbeiteten, und halfen dann mit, die Probleme zu lösen. In der Folge machten die Qualität und Produktivität des Werks gewaltige Sprünge nach oben. Eine ehemals frustrierte und innerlich emigrierte Mitarbeiterschaft identifizierte sich mehr denn je mit ihrer Arbeit und mit ihrem Werk. Und das alles, weil in zwei Gruppen der Raum für Lebendigkeit geöffnet und ein Feuer entzündet wurde. Und weil diese die Möglichkeit hatten, über ihre Anliegen die ganze Schicht zu informieren - also die Agenda der Organisation zu beeinflussen.

Jim Rough entwickelte aus dieser Erfahrung zwei Werkzeuge, die aus unserer Sicht eine hohe Bedeutung für jedes Unternehmen haben, das sein gesamtes Potenzial freisetzen will:

- den *Rat der Weisen (Wisdom Council)*, den wir bereits in Kapitel 9 vorgestellt hatten, und
- die Moderationsmethode *Dynamic Facilitation.*

Der *Rat der Weisen* entstand aus der Beobachtung, dass eine ein größeres System repräsentierende kleine Gruppe, die sich in regelmäßigen Abständen und in immer wieder neuer Zusammensetzung traf, einen Dialog von hoher Qualität führte und dadurch zu kreativen, gemeinsamen Erkenntnissen kam, das größere System beeinflussen und „anzünden“ konnte, wenn sie das größere System immer wieder über ihre Erkenntnisse informierte und reflektieren ließ. Jim Rough beobachtete auch, dass dann, wenn sich seine beiden Gruppen einmal aus verschiedensten

Gründen für ein paar Wochen nicht trafen, das ganze Werk langsam wieder begann, in Richtung seiner ursprünglichen passiven Haltung zu degenerieren. Ein *Rat der Weisen* sollte also ebenfalls regelmäßig zusammenkommen und der größeren Organisation immer wieder Impulse geben, wie wir das in Kapitel 9 auch vorgeschlagen hatten.

Die Moderationsmethode *Dynamic Facilitation* entstand, weil Jim Rough feststellte, dass alles, was er in seiner Ausbildung über Moderation gelernt hatte, nicht funktionierte, als er plötzlich mit einer Gruppe resignierter und wütender Arbeiter in einem Raum war. Konventionelle Moderation strukturiert gerne einen Prozess und führt diszipliniert durch denselben: Zuerst machen alle zusammen Schritt A (z. B. Lösungsalternativen suchen), dann machen alle Schritt B (z. B. Lösungsalternativen bewerten) und so fort. Der Moderator achtet darauf, dass dem vorab festgelegten roten Faden stets gefolgt wird. Doch dieses rigide Vorgehen entspricht nicht der Funktionsweise unseres Geistes, der nun mal oft eine Idee zu Schritt C hat, wenn eigentlich erst Schritt A dran ist, und der gerne noch etwas zu Schritt A sagen möchte, wenn der offizielle Ablauf Schritt D vorsieht. Eine straff strukturierte Moderation entspricht nicht der Spontaneität und Unvorhersehbarkeit des Lebens und unterdrückt eher Lebendigkeit, als dass sie sie fördert. Der Dialog mit den Arbeitern konnte nur funktionieren, wenn sie das sagen durften, was sie in diesem Moment sagen wollten - wenn sie also ihrer Energie folgen konnten. Wir haben im Übrigen die Erfahrung gemacht, dass Vorstandsteams in dieser Hinsicht große Ähnlichkeiten mit frustrierten Arbeitern haben. Sie lassen sich auch nicht gerne durch einen Moderator verstrukturieren. Es ist nur die gezähmte „Mittelschicht", die es brav über sich ergehen lässt, einem vorgegebenen Prozess statt ihren spontanen Impulsen und ihrer eigenen Leidenschaft zu folgen.

Jim Rough entwickelte daher eine Form der Moderation, die keinerlei Struktur vorgibt, sondern die den Raum für den freien Fluss des Gesprächs öffnet und sich vor allem darauf konzentriert, eine hohe Qualität des Dialogs herbeizuführen - selbst und gerade in Situationen, die emotional geladen sind. Der Moderator sorgt dafür, dass die Ideen aller hervorgelockt werden, dass allen aufmerksam zugehört wird und dass destruktive Ping-Pong-Situationen, in denen zwei Parteien ihre Argumente und Abwertungen wie Tischtennisbälle hin- und herschlagen, sofort unterbunden werden. Der Moderator achtet nicht einmal darauf, dass die Gruppe beim gewählten Thema bleibt, sondern hilft ihr, in jedem Moment des Gesprächs ihrem eigenen Takt, ihrer eigenen Leidenschaft zu folgen. Das genaue Vorgehen von *Dynamic Facilitation* haben wir an anderer Stelle beschrieben.[131] Hier möchten wir nur darauf hinweisen, dass es ein Werkzeug ist, das sich ausgezeichnet für schwierige oder konfliktäre oder sogar als nicht lösbar erscheinende Themen eignet sowie für Situationen, bei denen es aus Sicht der Beteiligten um etwas geht und wo

Leidenschaft und Emotionen im Spiel sind. Gerade in solchen Situationen ist es wichtig, der selbstorganisierenden Dynamik des Lebens Raum zu geben. Das erfordert zuweilen die Bereitschaft und Geduld, eine ganze Zeit lang ein scheinbares Chaos auszuhalten. Doch genau dieses Chaos ermöglicht die Selbstorganisation, die schließlich einen spontan auftretenden Durchbruch erzeugt. Dann ist eine höhere Ebene von Kohärenz erreicht und es muss keine Entscheidung mehr getroffen werden. Allen ist plötzlich klar, was der richtige Weg ist. Wenn eine hohe Qualität des Dialogs herbeigeführt wird, kann die richtige Entscheidung emergieren. *Dynamic Facilitation* folgt dabei genau den Mustern des Lebens, die wir in Kapitel 2 beschrieben haben und die eine produktive Selbstorganisation fördern: Ordnung am Rande des Chaos zulassen (wenig Struktur), Diversität fördern (alle unterschiedlichen Sichtweisen ausdrücken) und Vernetzung ermöglichen (einander aufmerksam zuhören).

Vom Halbkreis zum vollen Kreis

Wenn eine Gruppe mit *Dynamic Facilitation* arbeitet, sitzt sie in einem Halbkreis. Die andere Hälfte des Kreises besteht aus ein paar Flipcharts und Pinnwänden, auf denen der Verlauf des Gesprächs ständig notiert und sortiert wird. Das ist allerdings nicht die einzige Weise, wie sich ein Dialog von hoher Qualität und eine außergewöhnliche Lebendigkeit erzeugen lassen. Eine zweite Form besteht darin, dass die Gruppe in einem vollen Kreis sitzt. Und das ist sicherlich die älteste Form, in der Menschen zusammenkommen, um als Gruppe ein wirklich gutes Gespräch miteinander zu führen. In alten Zeiten versammelten sich Menschen im Kreis um ein Feuer, das ihnen Wärme und Schutz vor wilden Tieren bot. Seit Urzeiten wurde im Kreis am Feuer Rat gehalten. Schon immer war der Kreis ein Symbol für Gemeinschaft. Er war und ist Ausdruck dafür, dass in dieser Gesprächssituation alle gleichwertig sind und dass alle es verdienen, gehört zu werden. Schon immer schuf der Kreis einen besonderen Raum - ein Gefäß - für ein aufmerksames, zugewandtes Miteinander.

Doch genau dieser Kreis ist erstaunlich selten in unseren Unternehmen vorhanden. Besprechungsräume sind meist mit einem großen, massiven Tisch, der kaum bewegt werden kann, zugestellt. Und da wir unbewusst gerne hinter einem Tisch Schutz suchen, erkennen wir nicht, dass diese Tische ein künstlicher Überbau sind, der das Entstehen eines lebendigen Dialogs behindert. Lars Kolind hat in seiner Zeit als CEO von Oticon alle Tische aus den Besprechungsräumen entfernen und stattdessen kreisrunde Sofas aufstellen lassen. Neben der verbesserten Gesprächsqualität war das überraschende Resultat auch, dass die Meetings kürzer wurden. Und beklagen wir uns nicht oft über lange und unproduktive Meetings?

Doch es geht um weit mehr als einfach nur darum, in einem Kreis zu sitzen. Es geht darum, den Rahmen zu schaffen, in dem ein außergewöhnlich gutes Gespräch stattfinden kann. Es geht darum, mit Hilfe des Kreises eine Situation zu erzeugen, in der die Beteiligten mehr als sonst in Kontakt mit sich selbst und mit anderen sind - und in der sie mehr als sonst in Verbindung mit dem größten gemeinsamen Ziel stehen. Es geht tatsächlich darum, mit der Energie und Dynamik des Lebens - mit Inspiration - Verbindung zu halten und ihr Raum zu geben - in uns und in der Gruppe. Denn dann können ungewöhnlich gute Ergebnisse entstehen und können Emotionen geheilt werden, wenn das erforderlich ist. Dazu gehört allerdings noch etwas mehr, als sich einfach nur in einen Kreis von Stühlen zu setzen, auch wenn das allein schon für einige ein großer Schritt ist.

Dieses Buch soll kein Handbuch für Moderatoren sein, daher loten wir hier nicht jedes Detail des Arbeitens im Kreis aus. Wir weisen nur auf ein paar ausgewählte Elemente hin, die einen Geschmack davon geben sollen, was es heißt, das Potenzial des Kreises bewusst zu nutzen. Wir haben zum Arbeiten im Kreis viel von Birgitt Williams[132] gelernt, die ihr Vorgehen *Whole Person Process Facilitation* nennt, sowie von Christina Baldwin und Ann Linnea, die den Kreis als *PeerSpirit Council*[133] bezeichnen (peer-led and spirit-centered). Auch der *Dialog* von David Bohm ist eine sehr verwandte Methode.[134] Aus unserer Sicht ist der Kreis neben den anderen in diesem Buch bereits erwähnten Methoden eines der Schlüsselwerkzeuge, um Unternehmen und Organisationen voller Lebendigkeit und fokussierter Energie zu schaffen.

Bewusst beginnen

Der Beginn eines Meetings: Der Erste kommt in den Raum, legt seine Unterlagen ab und fängt an, mit seinem Handy zu telefonieren. Der zweite Ankommende sieht den ersten ins Gespräch vertieft und nimmt das zum Anlass, den Raum wieder zu verlassen, um selbst draußen ungestört zu telefonieren. Der Dritte setzt sich und checkt die E-Mails in seinem Blackberry. So treffen nach und nach alle ein, manche nehmen sich einen Kaffee, andere telefonieren, und dann geht es auf Geheiß oder Vorschlag einer Person plötzlich los, während zwei oder drei noch mit ihren Telefonaten oder E-Mails beschäftigt sind, und schon ist man mittendrin.

Aber niemandem ist bewusst geworden, dass man soeben einen besonderen Raum betreten hat oder zumindest hätte betreten sollen - einen Raum, in dem es darauf ankommt, anderen überaus aufmerksam zuzuhören, in Kontakt mit sich selbst und anderen zu sein und das gemeinsame Ziel der Gruppe und des Meetings im Bewusstsein zu halten. Dieses Bewusstsein, dass wir jetzt einen besonderen Raum betreten, in dem wir als ganze Menschen gefragt sind, kann nur entstehen, wenn das Meeting im Kreis mit einer ritualisierten Eröffnung begonnen wird. Dieses Ritual muss so beschaffen sein, dass die Teilnehmer von ihrer vorherigen Geschäftigkeit Abstand gewinnen, nicht nur äußerlich, sondern auch innerlich ruhig werden, mit sich selbst Kontakt aufnehmen (Wie geht es mir jetzt? Was will ich hier?) und den inneren Freiraum schaffen, um anderen gut zuhören zu können. Es geht auch hier darum, ein Sein zu erschaffen - ein Energiefeld speziell für dieses Meeting. Das Ritual dieses Übergangs kann unterschiedlich gestaltet sein. Doch es wird immer mit einem kleinen Moment der Stille beginnen.

Vielleicht wird die Stille für die Reflexion über eine Frage genutzt, bei der es um das eigene Befinden oder sogar schon um das Thema des Meetings geht, und jeder macht sich schweigend zwei Minuten lang Notizen. Vielleicht wird die Betrachtung eines analogen Objekts (eines Bildes oder eines Gegenstands aus der Natur) dazu verwendet, die gestellte Frage intuitiver als sonst zu beantworten - und dadurch noch mehr in Kontakt mit sich selbst zu kommen. Vielleicht sind tatsächlich alle eine Minute lang still und nehmen ihre Atmung und ihren Körper wahr. Und nach diesem reflexiven Moment kommt dann jeder Einzelne nacheinander dran, stellt sich vor, sofern sich nicht schon alle kennen, und beantwortet die Frage oder die Fragen, über die reflektiert wurde.

- Hans Jecklin begann in den letzten Jahren als Unternehmer seine Geschäftsleitungssitzungen immer mit einem kleinen Ritual, das er „Wir-Runden" nannte.[135] Jeder sollte den anderen sagen, wie es ihm persönlich gehe (dass sie vielleicht gerade an ihren kranken Mann denke), wie es ihm im Unternehmen gehe (dass er sich vielleicht nicht genug wahrgenommen fühle) und wie es ihm als Weltbürger gehe. Die Geschäftsleitungssitzungen bekamen dadurch „die Offenheit und Lebendigkeit, durch die sich sinnvolle Entscheidungen leichter treffen lassen", schreibt Jecklin.[136] Und als er in einer stressigen Phase die Wir-Runden einige Zeit wegließ, bat seine Personalchefin ihn, sie wieder einzuführen: „Unsere Sitzungen verlaufen völlig anders. Auch du bist offener, als wenn du dich direkt in Sachprobleme stürzt", sagte sie ihm.
- Wolfgang Gutberlet, Inhaber des bereits weiter oben erwähnten Lebensmittel-Filialisten tegut, führt jeden Morgen um 8:15 Uhr mit den anwesenden Mitgliedern der erweiterten Geschäftsleitung eine „Stehung" durch, die mit einer Minute der Stille und einer Losung für die Woche beginnt. „Es ist dann schwerer, sich während des Tages zu streiten", sagt er.[137]
- „Was war Ihr größtes Erfolgserlebnis in der vergangenen Woche? Und welche Eigenschaften von Ihnen haben es möglich gemacht?"[138] Diese Frage zu Beginn eines wöchentlichen Meetings bringt uns wieder in Verbindung mit unserem großen Potenzial, das wir allzu leicht aus den Augen verlieren. Als Führungs-

kräfte sollten wir tatsächlich unseren Mitarbeitern helfen, sich immer wieder ihrer großen Potenziale bewusst zu werden - zum Beispiel, indem wir ein Meeting mit der Frage nach dem größten Erfolgserlebnis beginnen. Es kann auch die Frage danach sein, was dem Team gemeinsam besonders gut gelungen ist und was das möglich machte.

Im Grunde ist die Eröffnung eines zweistündigen Meetings vergleichbar mit der Eröffnung der Olympischen Spiele. Diese beginnen mit einer überaus sorgfältig gestalteten Zeremonie, die den Geist der sportlichen Fairness, der Kooperation trotz Wettbewerb, der Freude am Spiel und an der Leistung und der Gemeinschaft über alle Nationen hinweg beschwört. Diese Werte werden in Ansprachen hervorgehoben und in Darstellungen dramatisiert. So wird das Energiefeld/Bewusstsein für die Spiele geschaffen. Das olympische Feuer wird entzündet und soll während der gesamten Dauer der Spiele daran erinnern. Die Eröffnung eines zweistündigen Meetings erfordert in kleinerem Rahmen die gleiche Sorgfalt wie die Eröffnung der Olympiade.

Sich mit einer Mitte verbinden

Ein Kreis hat immer eine Mitte und es ist sinnvoll, diese Mitte bewusst zu gestalten, um die besondere Atmosphäre zu schaffen, die ein gutes Gespräch fördert. Das mag befremdlich, da ungewohnt, erscheinen, und ist doch richtig. Die Mitte kann den Zweck der gemeinsamen Zusammenkunft oder den Zweck des Unternehmens symbolisieren, wenn man sie entsprechend gestaltet. Und dann erinnert sie die Teilnehmenden ständig an diesen Zweck. Als wir uns kürzlich mit einer kleinen Gruppe trafen, die eine Konferenz für ein großes, über 200 Personen umfassendes Produktentwicklungsprojekt planen sollte, brachte der Projektleiter den Prototyp mit, um den es letztlich ging. Er wurde auf eine Kiste in die Mitte des Kreises gestellt. So könnten auch die Leitlinien eines Unternehmens oder ein physisches Symbol, das es dafür gibt, in der Mitte eines Kreises liegen. Vielleicht bringt zu Beginn eines neuen Projekts jedes Mitglied des Teams ein Symbol für das mit, was durch das Projekt erreicht werden oder was dieses Projekt auszeichnen soll, und alle diese Symbole werden in der Vorstellungsrunde vorgezeigt, erläutert und dann in die Mitte des Kreises gelegt. Die Wirkung der Mitte entsteht dabei nicht einfach durch die Gegenstände, die sich dort befinden, sondern durch das, was zu ihnen gesagt wird. Es reicht meist, zu Beginn darauf hinzuweisen, dass sich in der Mitte etwas befindet, das das gemeinsame große Ziel symbolisiert, und dass während dieses Meetings jeder dieses Ziel im Auge behalten und im Sinne dieses Ziels etwas beitragen möge. Und wenn nötig kann man später wieder von neuem auf die Mitte verweisen und sie ins Bewusstsein rufen.

Der weise König der Wüste spricht

„Ich werde eine Hymne auf die Stille schreiben. Stille, du Musikantin der Früchte! Die du Keller, Kammern und Speicher bewohnst! Du Gefäß voller Honig, den der Fleiß der Bienen ansammelt! Du Ruhe des Meeres in seiner Fülle! Stille, in die ich die Stadt von der Höhe der Berge einschließe, ihren verstummten Wagenlärm, ihre Schreie und den hellen Klang ihrer Schmiedehämmer! Alles ist schon im Gefäß des Abends aufgehoben. Gott wacht über unserem Fieber, sein Mantel breitet sich über die Unruhe der Menschen."

Antoine de Saint-Exupéry, Die Stadt in der Wüste „Citadelle"

In alten Zeiten war die Mitte ein Feuer. Und wir haben alle schon erlebt, dass ein Feuer eine beruhigende, zentrierende Wirkung hat und Gesprächen eine neue Qualität gibt. Vater und Sohn verstehen sich seit einigen Jahren immer schlechter, doch dann gehen sie zusammen zelten, sitzen für Stunden um ein Feuer, erzählen sich in der kühler werdenden Nacht ihre Geschichten und heben ihre Beziehung auf eine ganz neue Ebene. In Besprechungsräumen lässt sich nun kaum ein Feuer entzünden, doch es gibt Alternativen, die einem Feuer nahekommen. Und in bestimmten Situationen empfinden es auch Mitarbeiter in Unternehmen als angemessen, um eine Art Feuer zu sitzen und sich während ihres Zusammenseins wie vom olympischen Feuer an einen gemeinsamen Geist erinnern zu lassen: wenn die Situation sehr konfliktär ist, wenn eine schmerzhafte, schwierige Situation zusammen durchlebt wird, wenn in Ruhe über die Zusammenarbeit in den letzten Monaten reflektiert werden soll oder wenn in abendlicher und nächtlicher Runde persönliche Geschichten erzählt werden, um mehr zu einer Gemeinschaft zusammenzuwachsen.

Vor einiger Zeit erzählten wir einer Kollegin aus einer anderen Beratergruppe von der Möglichkeit, in der Mitte eines Kreises eine Kerze aufzustellen. Als wir ihr nach einem halben Jahr wieder begegneten, berichtete sie begeistert davon, wie sie das einmal getan hatte. Die Gruppe sei völlig zerstritten gewesen und mit ihren Themen keinen Millimeter mehr weitergekommen. Dann habe sie einfach eine Kerze aufgestellt und gesagt, dass diese das symbolisiere, was alle trotz allem verbinde, dass es jetzt darum gehe, ein ausnehmend gutes Gespräch zu führen und sich besser denn je zuzuhören, und dass jeder einfach zur Kerze statt zu den anderen sprechen solle. Die Ergebnisse seien beeindruckend gewesen. Binnen weniger Stunden habe die Gruppe einen Konflikt gelöst, der sie vorher über Monate blockiert hatte.

Das Gespräch verlangsamen

Meist findet das Gespräch in einem Kreis frei und ungesteuert statt. So wie Menschen eben ein Gespräch führen. Dann kann es wiederum Momente geben, in denen es angezeigt ist, den Verlauf des Gesprächs deutlich zu verlangsamen oder es sogar zu unterbrechen. Vielleicht ist das Gespräch zu schnell geworden und die Qualität des Zuhörens hat nachgelassen, vielleicht sind Emotionen ins Spiel gekommen. Dann kann jeder im Kreis darum bitten, dass entweder eine Pause gemacht wird, dass alle eine Minute still sein sollen oder dass ein Redeobjekt benutzt wird. Ein Redeobjekt ist ein Gegenstand, der in vielen Naturvölkern Jahrtausende in Gebrauch war oder noch ist. Es dürfte kaum ein erprobteres Werkzeug zur Förderung von Dialog geben. In einem Kreis kann ein Redeobjekt sehr wertvolle Dienste leisten.

Das Objekt kann ein Stein, ein Stab oder etwas anderes sein. Wer es in der Gruppe in der Hand hält, darf als Einziger reden. Alle anderen sind derweil aufmerksame Zuhörer. In einer kritischen Gesprächssituation wird das Redeobjekt beispielsweise einmal im Kreis herumgegeben, so dass jeder ganz in Ruhe und mit der Aufmerksamkeit aller seine Sichtweise beitragen kann. Oder es wird in die Mitte gelegt, und jeder, der etwas sagen möchte, steht auf und nimmt sich das Redeobjekt und legt es wieder in die Mitte, wenn er fertig ist. Der Gebrauch eines Redeobjekts verlangsamt das Gespräch und erzeugt sowohl eine neue Qualität des Zuhörens wie eine neue Qualität des Sprechens. Wenn wir zuhören, hören wir respektvoller zu. Wenn wir sprechen, sprechen wir mit mehr Kontakt zu unseren inneren Impulsen und daher mit mehr Gewicht. Das aufmerksame Zuhören fördert dabei ein authentischeres Sprechen und das authentische Sprechen fördert ein aufmerksameres und respektvolleres Zuhören. Und wenn wir in die Mitte gehen müssen, um das Objekt zu erhalten, kommt ein weiterer Effekt hinzu:

Birgitt Williams hat uns darauf hingewiesen, dass wir jedes Mal ein Stück wachsen, wenn wir in die Mitte eines Kreises gehen. Wir gehen nicht so einfach in einem Kreis in die Mitte, denn das ist ein Akt, mit dem wir uns exponieren und der Mut erfordert. Wir gehen nur in die Mitte und holen uns das Redeobjekt, wenn wir etwas sagen wollen, für das wir Leidenschaft haben. In die Mitte eines Kreises zu gehen, heißt immer auch, in Führung zu gehen. Und wenn wir vor den Augen einer Gruppe in die Mitte gehen, wächst wieder ein Stück unsere Fähigkeit, mutig zu sein und in Führung zu gehen. Die Konsequenz für Unternehmen ist sehr einfach: Wir sollten immer wieder Situationen schaffen, in denen Mitarbeiter aufgefordert sind, in die Mitte eines Kreises zu gehen - sei es in kleinen Meetings mit fünf oder zehn Teilnehmern, die im Kreis abgehalten werden, oder sei es in Open Space-Meetings mit 15, 25 oder 150 Teilnehmern. Das ist ein einfacher Weg, ganz ohne Training den Faktor Leadership in einem Unternehmen zu stärken.

Die Konsequenz ist nicht, dass wir im Kreis andauernd ein Redeobjekt nutzen sollten. Jeder in der Gruppe darf sagen, wenn das Objekt gebraucht werden soll. Und jeder darf auch vorschlagen, dass die Gruppe zu einer schnelleren Gesprächsform zurückkehren soll. Wenn es ein Gespräch zu einem wirklich schwierigen Thema zu führen gilt, bei dem kreatives Denken benötigt wird, dann kann der verlangsamte Dialog geradezu Wunder bewirken und innovative Durchbrüche ermöglichen, die vorher keiner für möglich hielt.

Time Out Be

Beenden wir an dieser Stelle unsere Exploration des Kreises, obwohl noch längst nicht alles gesagt ist. Es dürfte klar geworden sein, dass Meetings im Kreis Dialoge von hoher Qualität fördern können. Unsere Unternehmen kranken in großem Stil an zu schlechten Dialogen, in denen beispielsweise nicht alle unterschiedlichen Sichtweisen zum Ausdruck gebracht und alle Zweifel artikuliert werden können. Die Folge ist unter anderem, dass wir in Meetings wieder und wieder über die gleichen Themen diskutieren und getroffene Entscheidungen nicht umsetzen. Immer wieder berichten uns Vorsitzende von Geschäftsleitungen oder Vorständen davon, wie groß der Konsens im Leitungsgremium sei. Doch drei Sätze später erzählen sie dann, dass diese Konsens-Entscheidungen nicht so umgesetzt werden wie verabredet und dass der Vorstand im Unternehmen den Ruf habe, sich nicht einig zu sein. Der Grund dafür ist oft, dass ein Dialog in wirklich hoher Qualität im Vorstand nie stattgefunden hat.

Es dürfte auch deutlich geworden sein, dass Meetings im Kreis unsere Energie erneuern können. Der Kreis kann eine regenerierende Wirkung haben. Und solche regenerierenden Auszeiten - Inseln im Getriebe des Alltags - brauchen Gruppen und Organisationen:

- Zeiten der Reflexion,
- Zeiten, in denen man ein besonders gutes Gespräch führt,
- Zeiten, die die Energie der Beteiligten erneuern,
- Zeiten, in denen der ganze Mensch und nicht nur der Kopf eingeladen ist,
- Zeiten, in denen man überkommene Glaubensmuster aufweicht und sich klarer über die Realität wird (denken Sie an die eingangs erwähnten wütenden Arbeiter, denen klar wurde, dass ihre Vorarbeiter eigentlich okay waren),
- Zeiten, in denen man sich wieder die gemeinsamen Ziele und Ideale bewusst macht,
- Zeiten, in denen der Raum dafür da ist, dass die Teilnehmer eigene Anliegen einbringen können,
- Zeiten, die als kreativ erlebt werden,
- Zeiten, in denen die kollektive Intelligenz genutzt wird,
- Zeiten, in denen die Hierarchie keine Rolle spielt,
- Zeiten, in denen das Gefühl der Gemeinschaft erneuert wird,
- Zeiten, in denen ggf. emotionale Wunden geheilt werden,
- Zeiten, in denen das Arbeiten richtig Freude macht,
- Zeiten also, in denen die selbstorganisierende Dynamik des Lebens Transformation und Durchbrüche erzeugen kann.

Jim Rough nennt diese Zeiten *tobe - time out be* -, Zeiten des Seins statt des geschäftigen Tuns.[139]

Wir brauchen diese Time out be-Ereignisse regelmäßig in Organisationen. Wir brauchen Meetings, die unsere Energie und Gemeinschaft erneuern, umso mehr, als es uns der strukturierte, eng getaktete und viele Ansprüche stellende Alltag schwermacht, mit unserer Energie, unserer Kreativität und mit anderen in Kontakt zu sein. Das gilt insbesondere für Geschäftsleitungen, deren Agenden prall gefüllt sind. Gerade deshalb empfehlen wir ihnen, sich immer wieder den Raum zu nehmen, der ein wirklich gutes, reflexives Gespräch entstehen lässt. Wolfgang Gutberlet von tegut zieht sich mit seiner Geschäftsleitung vier Mal im Jahr für zwei Tage zu einem Off-Site zurück. Um den Aspekt der Stille noch stärker zu betonen, war er zu diesem Zweck auch schon in einem Kloster.

Time out be-Ereignisse braucht es natürlich auch im Rest des Unternehmens. Mit den Worten des im letzten Kapitel erwähnten Mike Szymanczyk, CEO von Philip Morris USA, benötigen wir in Unternehmen eine soziale Infrastruktur Raum öffnender Dialog-Ereignisse. Wir haben in den vorherigen Kapiteln viele davon aufgeführt. Es gibt große Time out be-Ereignisse wie interaktive Großgruppen-Konferenzen, Feste, Kick-offs, virtuelle Jam Sessions à la IBM oder den Rat der Weisen, der alle paar Monate für zwei Stunden ein großes Forum bekommt. Es gibt mittlere - Open Space-Meetings und World Cafés mit 15 oder 30 Teilnehmern. Und es gibt kleine - das Arbeiten im Kreis oder mit Dynamic Facilitation. Letztere sind in jedem Team eines Unternehmens möglich und sollten in Geschäftsleitungsmeetings genauso eingesetzt werden wie drei Etagen tiefer. Die genannten Methoden sind dem Leben abgelauscht, sie entsprechen den Mustern des Lebens und sie fördern es. Kleinere und mittlere Ereignisse mit den genannten Werkzeugen selbst durchführen zu können, ist für uns eine Schlüsselqualifikation von Führungskräften in der Zukunft.

Kapitel 12: Befreiende Strukturen

Strukturen können Energie sinnvoll kanalisieren, aber auch ersticken. Daher sind die Strukturen oder die soziale Architektur eines Unternehmens mit großer Sorgfalt zu gestalten. Patentlösungen gibt es dafür nicht. Die Strukturen müssen zur jeweiligen Aufgabe des Unternehmens passen. Doch es ist immer sinnvoll, die Mitarbeiter an der Gestaltung der sozialen Architektur zu beteiligen.

Sein Saulus-Paulus-Erlebnis hatte Götz Werner, der Gründer der dm Drogeriemarkt-Kette, etwa 15 Jahre nachdem er 1973 seinen ersten Markt eröffnet hatte. Bis dahin schwebte ihm zwar schon vor, dass die Mitarbeiter eigenständig und im Sinne des Ganzen handeln sollten, doch zugleich wurden viele der Maximen des mechanistischen Managements befolgt, die wir im ersten Kapitel beschrieben haben. Oben sollte gedacht und unten sollte ausgeführt werden. Die Filialen sollten alle gleich gestaltet sein, obwohl tatsächlich kein Grundriss dem anderen glich und die Wettbewerbsverhältnisse überall anders waren. Eine Armada von Bezirksleitern sollte sicherstellen, dass alle Filialen dem gleichen Schema entsprachen. Bei jedem Filialbesuch gaben sie eine Reihe von Anweisungen, die nach ihrer Abreise abzuarbeiten waren. Die Filialen selbst hatten praktisch keine Möglichkeiten, eigenständige, geschweige denn unternehmerische Entscheidungen zu treffen. Doch mit zunehmendem Wachstum erzeugte diese Art der Führung immer mehr Stress bei den Führungskräften. Das Unbehagen der Führungsspitze wuchs. Und dann brachte ein Erlebnis in der Filiale in Ettlingen das Fass zum Überlaufen. Götz Werner beschrieb es so:

„Wir hatten damals vor den Duft-Discount Theken gestellt, die abgesperrt waren, um Diebstahl zu verhindern. Ich stand vor der Theke und habe mich mit der Filialleiterin unterhalten. Und während ich mich so über alles Mögliche unterhalte, wie Inventurdifferenz, Diebstahl, und dabei die Filialleiterin frage, ob sie denn hier im Kosmetikbereich auch viel Diebstahl habe, lehne ich mich an die Theke, und dabei schiebt sich die Theke nach hinten. Da war mir klar, wenn ich die Theke nach hinten schieben kann, dann kann ich ja auch ganz leicht ins Regal greifen. Ich sagte es der Filialleiterin, diese erwiderte: Ja, auf diese Weise wurde auch schon zweimal geklaut. Und dann habe ich gefragt: Was haben Sie denn dagegen unternommen? Die Filialleiterin: Ich habe den Bezirksleiter informiert, dass die Theke befestigt werden muss. – Ich weiß noch wie heute, dass ich da rausgegangen bin und nur gesagt habe: Also jetzt weiß ich, wo das Problem liegt.“[140]

Das Problem war für Götz Werner nicht ein nachlässiger Bezirksleiter, das Problem war die Hierarchie an sich.[141] In der Folge lautete bei dm das Motto „Filialen an die Macht". Die Ebene der Bezirksleiter wurde abgeschafft, die verbleibenden Regionalverantwortlichen hatten sich plötzlich um 20 oder mehr Filialen zu kümmern und konnten daher gar nicht mehr all die Entscheidungen treffen, die früher die Bezirksleiter getroffen hatten. Die Filialleiterinnen bekamen ganz neue Aufgaben und Kompetenzen, die sie nie gehabt hatten: Warenpräsentation, Sortimentsgestaltung, Einstellung neuer Mitarbeiter ... Die Maxime der totalen Standardisierung wurde als illusionär erkannt und fallen gelassen. Selbstverständlich gab es weiter verbindliche Standards, doch diese ließen den Filialen genügend Freiraum, eigenständig auf die lokalen Markt- und Wettbewerbsverhältnisse zu reagieren. Um das tun zu können, erhielten die Filialen Zahlen, die vorher das Privileg und die Machtbasis der Bezirksleiter waren. Das Informationssystem wurde so weiterentwickelt, dass die Filialen die Daten erhielten, die unternehmerisches Handeln möglich machten. Die Dezentralisierung von Kompetenzen machte bei den Filialleitern im Übrigen nicht halt. Auch die Mitarbeiter bekamen mehr Verantwortung, sie können seitdem beispielsweise eigenständig ihren Personaleinsatzplan erstellen - eine Aufgabe, die früher bei der Filialleitung lag. Überhaupt wurde eine Art der Führung propagiert, die auf Dialog statt auf Anweisung setzt.

Die soziale Architektur gestalten

In der Folge wurde Götz Werner klar, dass es darauf ankommt, Strukturen sehr bewusst zu gestalten. Er schrieb: „Ich bin heute davon überzeugt, dass ein Unternehmen zu führen bedeutet, Wasserbauer zu sein. Als Wasserbauer modelliert man das Gelände und nicht das Wasser. Das Wasser fließt nämlich nicht rechts herum, weil der Wasserbauer dem Wasser sagt, dass es das soll, sondern weil der Wasserbauer das Umfeld so modelliert hat, dass es rechts herum fließen kann."[142] Götz Werner greift damit ein Thema auf, über das schon 1981 Tom Peters geschrieben hatte.[143] Dieser wies darauf hin, dass die in einem weiten Sinne verstandenen Strukturen eines Unternehmens, bestehend aus sämtlichen Systemen, Regeln, Prozessen, Usancen, Meeting-Formaten und physischen Strukturen, wie eine Sprache sind, die den Charakter des Unternehmens formt. Diese Strukturen lenken Energie und Aufmerksamkeit. Sie können Lebendigkeit zulassen oder strangulieren. Daher sind sie mit größter Sorgfalt zu gestalten.

Wir können hier auch das Bild des Architekten verwenden. Unternehmen brauchen eine bewusst gestaltete soziale Architektur oder soziale Infrastruktur. Das ist jedoch eine Aufgabe, die oft vernachlässigt wird. Zahllose Unternehmen formulieren Leitbilder, Philosophien oder Unternehmensgrundsätze. Doch kaum ein Unternehmen macht sich in der Folge daran, seine soziale Architektur mit Blick auf sein Leitbild neu zu durchdenken und zu gestalten. Dabei haben alle Strukturen (Systeme, Regeln, Prozesse ...) in Summe einen erheblichen Einfluss darauf, ob das Leitbild oder die Philosophie gelebt wird oder nicht. Götz Werner würde vielleicht sagen, dass die meisten Unternehmen nur dem Wasser sagen wollen, dass es wie im Leitbild beschrieben fließen soll, doch vergessen, die Landschaft entsprechend zu modellieren. Sie handeln dann wie ein Verkehrsplaner, der von den Autofahrern eigenständiges, flexibles Fahren fordert, doch lauter Ampel-Kreuzungen statt Kreisverkehre installiert.

Wie wir in Kapitel 2 ausführten, haben lebendige Systeme durchaus Strukturen, doch es sind Strukturen „am Rande des Chaos“ - Strukturen, die genügend Freiraum für dezentrale Initiative lassen (Kreisverkehr!) und die leicht verändert werden können. Lebendige Systeme sind vernetzt. Sie brauchen also Strukturen, die diese Vernetzung ermöglichen und fördern und Informationen möglichst frei fließen lassen. Lebendige Systeme schließlich leben von Diversität und Experimenten. Ihre Strukturen dürfen also nicht alles und jedes standardisieren.

Es gibt nicht die eine richtige soziale Architektur für Unternehmen. Viel zu unterschiedlich sind ihre jeweiligen Aufgaben. Jedes Unternehmen muss die für sein Geschäft geeigneten Strukturen finden. Man könnte mehrere Bücher nur über dieses Thema schreiben. Wir beschränken uns an dieser Stelle bewusst. Wir lassen beispielsweise den großen Bereich der industriellen Produktion außen vor, denn über innovative Strukturen in der Produktion gibt es eine Menge Literatur und berühmte Vorbilder wie beispielsweise das Produktionssystem von Toyota. Stattdessen berichten wir über zwei skandinavische Unternehmen, die beide auf ihre Weise eine soziale Architektur geschaffen haben, die wertvolle Anregungen für alle Unternehmen liefert. Das erste ist eine Bank aus Schweden, die Svenska Handelsbanken, das zweite der schon mehrfach erwähnte Hersteller von Hörgeräten aus Dänemark, Oticon.

Svenska Handelsbanken und der Verzicht auf Budgets

Im Jahr 2002 schrieb Jan Wallander mit 82 Jahren ein bemerkenswertes kleines Buch: *Decentralisation - Why and How to Make it Work.*[144] In den 32 Jahren davor war er zuerst Vorsitzender des Vorstands, dann Vorsitzender des Aufsichtsrats und schließlich Ehrenvorsitzender des Aufsichtsrats der Svenska Handelsbanken, einer schwedischen Universalbank, die in ganz Skandinavien eine starke Marktposition (und auch in Deutschland eine noch kleine, doch wachsende Zahl von Filialen) hat. Über diesen langen Zeitraum war die Svenska Handelsbanken gemäß

Der weise König der Wüste spricht

„Die Flüchtlinge aus der Berberei, die nicht arbeiten wollen, legen sich schlafen. Betätigung unmöglich. Aber ich zwinge keine Arbeit auf, sondern Gefüge. Und ich weiß die Tage zu unterscheiden. Und ich füge die Menschen in ihre Rangordnung ein und baue mehr oder mindere Wohnungen, damit sich Eifersucht einstellt, und ich schaffe Regeln, die mehr oder minder gerecht sind, um verschiedene Regungen hervorzurufen. Und ich kann mich nicht für die Gerechtigkeit erwärmen, denn sie besteht hier darin, diesen vollkommen erstorbenen Pfuhl verfaulen zu lassen. Und ich zwinge sie, eine Sprache anzunehmen, da meine Sprache für sie einen Sinn hat. [...] So sind sie also ohne ihr Zutun in die Unbedingtheit eines Netzes eingeknüpft, über das sie nicht urteilen können, da es schlechthin da ist. Die Häuser ‚sind' verschieden. Die Mahlzeiten ‚sind' verschieden. [...] Und das Fest bewirkt, dass sie sich von etwas entfernen oder sich ihm nähern. Und mehr oder minder schöne Häuser gewinnen oder verlieren. Und eintreten oder herauskommen. Und ich werde weiße Linien durch das Feld hindurch ziehen, damit Gefahrenzonen und Sicherheitszonen entstehen. Und ich werde eine verbotene Stätte einführen, in der man mit dem Tode bestraft wird, damit sie sich im Raum zurechtfinden. Und so wird die Qualle Knochen bekommen. Und sie wird zu gehen beginnen. Und das ist wunderbar."

Antoine de Saint-Exupéry, Die Stadt in der Wüste „Citadelle"

unabhängigen Studien hinsichtlich Profitabilität und Kosteneffizienz permanent an der Spitze der europäischen Banken. Erreicht wurde dieses herausragende Ergebnis unter anderem aufgrund einer bemerkenswerten sozialen Architektur, die die Energie der Mitarbeiter freisetzte und in Richtung gemeinsamer Ziele lenkte.

Wie bei dm bestand die Kernidee dieser Architektur darin, Kompetenzen so weit wie möglich an die Basis, also in die Filialen und die regionalen Zentralen, zu verlagern - und zwar weit stärker, als das in Banken normalerweise üblich ist. Jan Wallander machte zum Beispiel der Praxis ein Ende, den Filialen ein Budget vorzugeben. Den Prozess der Budgetierung, der in den meisten Unternehmen jedes Jahr viel kostbare Zeit der Führungskräfte absorbiert, stellte er vollständig ein. Er meinte, dass man von den Filialen nicht unternehmerisches Handeln erwarten könne, wenn man ihnen vorgebe, mit welchen Leistungen sie welche Einnahmen erzielen sollen und wie viel Geld sie wofür ausgeben dürfen. Bei Svenska Handelsbanken wurden die Filialen in der Folge nur noch an ihrer Profitabilität gemessen. Sie haben die Freiheit, darüber zu entscheiden, welche Produkte sie schwerpunktmäßig verkaufen wollen, und können in bestimmten Grenzen sogar die Preise festlegen. Die Filialen dürfen eigenständig entscheiden, wie viele Mitarbeiter sie beschäftigen wollen. Und sie können seit 2001 innerhalb einer gewissen Bandbreite sogar bestimmen, wie sie diese Mitarbeiter bezahlen wollen. Die Kompetenzen für die Kreditvergabe wurden bedeutend ausgeweitet. In den Filialen von Svenska Handelsbanken haben mehr als 50 Prozent aller Mitarbeiter (einschließlich der Trainees und Teilzeitkräfte) die Berechtigung, Kredite zu vergeben, ohne dass eine zweite Person gefragt werden muss. (Die Svenska Handelsbanken zeichnet sich durch überdurchschnittlich geringe Kreditausfälle aus, war während der schwedischen Finanzkrise der 1990er Jahre die einzige Großbank, die keine staatliche Hilfe in Anspruch nehmen musste und steht auch in der gegenwärtigen Krise besser als alle anderen schwedischen Großbanken da.)

Die Dezentralisierung hatte erhebliche Folgen für die Zentralabteilungen in Stockholm. Abteilungen in der Zentrale einer Bank haben üblicherweise viel Macht. Sie können die Filialen zwar nicht direkt anweisen, doch sie bereiten die Entscheidungen des Vorstands vor und haben daher viel Einfluss. Was Zentralabteilungen sagen, wird in den Filialen gehört. Jan Wallander griff zu einer radikalen Maßnahme, um diesen Einfluss einzudämmen. Er verbot den Zentralabteilungen, irgendwelche Memos an die Filialen zu senden, außer solchen, die für die Abwicklung des täglichen Geschäfts oder zur Erfüllung gesetzlicher Berichtspflichten unbedingt gebraucht wurden. Eine zweite noch grundlegendere Änderung bestand darin, dass die Zentralabteilungen ihre Leistungen an die Filialen verkaufen mussten. Ein Komitee, das die Filialen und die regionalen Zentralen repräsentierte, konnte fortan entscheiden, welche Leistungen es von den Zentralabteilungen kaufen wollte und wie viel es dafür zu bezahlen bereit war. Das bedeutete für die Zentralabteilungen eine Kehrtwende in Selbstverständnis und Arbeitsweise um 180 Grad - eine Kehrtwende, die ihnen zunächst überhaupt nicht willkommen war.

Wer Banken kennt, weiß, dass zwischen der sozialen Architektur der Svenska Handelsbanken und derjenigen der meisten anderen Banken Welten liegen. Banken sind in aller Regel erheblich zentralisierter organisiert, erwarten aber von ihren Filialen dennoch unternehmerisches Handeln. Budgets sind nicht nur in Banken, sondern in Unternehmen überhaupt eine Art unantastbares und kaum hinterfragtes Heiligtum. Sie täuschen eine Vorhersagbarkeit und Stabilität der Verhältnisse vor, die es gar nicht gibt. Eine Reihe von Unternehmen haben sich daher zum Beyond Budgeting Round Table[145] zusammengetan, um Alternativen zur herkömmlichen Budgetierung auch in nicht-filialisierten Systemen zu suchen.

Übrigens war der Weg, den Svenska Handelsbanken beschritt, mitnichten ein leichter. Die Widerstände des mittleren Managements waren enorm. Führungskräfte fanden tausend Argumente, warum sie selbst zwar mehr Kompetenzen erhalten, diese jedoch keinesfalls weiter nach unten delegieren sollten. Mitarbeiter mussten nach und nach für ihre größeren Aufgaben qualifiziert werden. Große Kunden, die im Aufsichtsrat der Bank saßen, kamen zu Jan Wallander und sagten ihm, dass sie es gewohnt seien, mit dem Mann an der Spitze zu sprechen. Wallander hatte den Mut, ihnen zu entgegnen, dass sie zwar gerne kommen dürften, doch dass die eigentliche Entscheidung jemand zwei Etagen tiefer treffen und er sich in diese Entscheidung keinesfalls einmischen werde. Auch hier zeigt sich wieder, dass es sehr entschiedene Führung braucht, um den Raum zu öffnen, der Lebendigkeit zulässt.

Svenska Handelsbanken vergleicht im Übrigen regelmäßig seine Profitabilität mit dem Durchschnitt aller skandinavischen Banken und liegt jetzt schon 36 Jahre in Folge darüber.

Oticons *Spaghetti Organisation*

Zwischen 1988 und 1998 war Lars Kolind CEO des dänischen Hörgeräteherstellers Oticon.[146] Als er begann, steckte das Unternehmen in erheblichen Schwierigkeiten. Es hatte wesentliche Marktentwicklungen, beispielsweise die zu digitaler Technologie und die zu Hörgeräten, die sich in den Gehörgang versenken ließen, über Jahre verschlafen. Kolind stand vor der Aufgabe, ein taubes Unternehmen wieder hören zu lehren und eine selbstzufriedene Bürokratie in eine hoch-innovative, lebendige Organisation zu verwandeln. Die Herausforderung wurde gemeistert. Oticon verwandelte sich innerhalb kurzer Zeit in ein sehr erfolgreiches und dynamisches Unternehmen. Auf dem Weg dorthin führte Lars Kolind einige bemerkenswerte organisatorische Innovationen ein. Er schuf eine wegweisende neue soziale Architektur, die er *Spaghetti Organisation* nannte. Dieser Name passt gut zum Grad ihrer Geordnetheit und inneren Vernetzung.

In der Zentrale in Kopenhagen, die mit 150 Mitarbeitern alle Bereiche außer der Produktion und dem Versand umfasste, löste er die vorhandene Hierarchie schlichtweg auf. Die Aufgaben der Führungskräfte wurden in drei Teile zerlegt und neu verteilt. In der Folge gab es *Projektleiter, Mentoren* und *Gurus*.

Projektleiter waren Mitarbeiter, die ein oder mehrere Sachgebiete verantworteten. Temporäre wie permanente Sachaufgaben wurden als Projekte bezeichnet. Projektleiter konnten für ein Sachgebiet Mitarbeiter haben, waren aber nicht deren Vorgesetzte. Projektteams sollten als Teams Verantwortung übernehmen. Wenn also jemand krank wurde oder in Urlaub fuhr, sorgte nicht der Projektleiter für die Stellvertretung, sondern die zu vertretende Person tat dies selbst. (Der Krankenstand sank dadurch, wie man sich vorstellen kann.) Mitarbeiter konnten völlig frei entscheiden, an welchem Projekt sie mitarbeiten wollten, und Projektleiter konnten die Mitwirkung von Mitarbeitern dankend ablehnen. (Es entstand also das gleiche Maß an Freiheit, wie in den in Kapitel 10 beschriebenen Open Space-Meetings.) Lars Kolind nahm es in Kauf, dass Projekte verwaisten, weil sich keine Mitarbeiter dafür fanden. Das konnte geschehen, weil Mitarbeiter die Aufgabe als nicht interessant oder den Projektleiter als nicht kompetent empfanden. Wenn es am Projektleiter lag, wurde dieser motiviert, die Rolle eines Spezialisten zu übernehmen, und ein geeigneterer Ersatz wurde gefunden. Wenn die Aufgabe als nicht interessant empfunden wurde, war sie vielleicht tatsächlich nicht wichtig und konnte eingestellt oder nach außen vergeben werden.

Ihre *Mentoren* wählten sich die Mitarbeiter ebenfalls selbst. Diese dienten als Coach für ihre Mentees und sollten sie inspirieren, ihr Bestes zu geben. Die Mentoren beurteilten einmal im Jahr ihre Mentees und passten deren Gehalt an. Und Mentor konnte natürlich nur jemand werden oder bleiben, der oder die auch von Mitarbeitern für diese Aufgabe ausgewählt wurde.

Gurus schließlich waren für eine Profession zuständig, wie beispielsweise Qualitätsmanagement, Wissensmanagement oder Finanzen. Sie hatten die Verantwortung dafür, dass alle Mitarbeiter in dieser Profession immer auf dem aktuellen Stand waren und dass deren Tätigkeit die professionellen Standards des Unternehmens erfüllte. Die Mitarbeiter konnten selbst wählen, welchen Professionen sie angehören wollten.

Über den Projektleitern gab es noch eine Ebene der Projekt-Eigner, die jeweils die Übersicht über etwa 20 Projekte behielten. Sie sollten in diese aber nur intervenieren, wenn irgendetwas grundsätzlich schiefzugehen drohte. Ihre wichtigere Aufgabe bestand darin, alle Hemmnisse zu beseitigen, die die Projekte behinderten.

Ein weiterer interessanter Aspekt der *Spaghetti Organisation* von Oticon bestand darin, dass jeder Mitarbeiter sich neben seiner Hauptaufgabe noch eine zweite suchen sollte, die nichts mit seiner primären Qualifikation zu tun hatte. Jeder sollte zusätzliche Talente in sich entdecken und neue Kompetenzen entwickeln. Oticon profitierte sehr von dieser Regelung. Die Mitarbeiter lernten ihr Unternehmen aus neuen Blickwinkeln kennen und vernetzten sich mit Mitarbeitern anderer Bereiche. Und sie erwarben zusätzliche Fähigkeiten, die Oticon weniger anfällig machten, wenn ein Mitarbeiter das Unternehmen verließ.

Bemerkenswert war schließlich noch der Prozess der Leistungsbeurteilung und der Vergütung, den die Mentoren einmal pro Jahr durchführten. Sie folgten dabei fünf Schritten:[147]

1. Der Mentor bittet seinen Mentee zu erläutern, welchen Beitrag er in den letzten zwölf Monaten für das Unternehmen geleistet hat. Dabei zählt ohne Ausnahme alles, was für das Unternehmen wertvoll war. Auch wenn er beim Firmenfest mitgeholfen oder sich besonders für Kollegen in einem anderen Bereich eingesetzt hat.
2. Die Mentorin prüft diese Angaben, indem sie mit Kollegen ihres Mentees spricht.
3. Der Mentor zieht daraufhin interne und externe Gehaltsstatistiken zu Rate und empfiehlt eine Anhebung oder Herabsetzung des Gehalts seines Mentees für die nächsten zwölf Monate. (Der Mentor ist dabei nicht an ein Gehaltssystem gebunden; die Gehaltsskalen, die es vorher gab, wurden ersatzlos abgeschafft.)
4. Alle Mentoren und Mentorinnen treffen sich einmal pro Monat, um über die Gehaltsanpassungen der Mitarbeiter, die ursprünglich in diesem Monat eingestellt wurden, zu beraten.
5. Der Mentor trifft sich ein zweites Mal mit dem Mentee und teilt ihm das Ergebnis mit. Wenn der Mitarbeiter unzufrieden ist, kann er sich bei niemandem beschweren. Doch er kann sich für das folgende Jahr einen neuen Mentor suchen.

Diesem neuen System schlug zunächst viel Skepsis entgegen. Doch mit der Zeit akzeptierte jeder, dass es zu fairen, leistungsorientierten Gehältern führte. Die Spreizung der Gehälter nahm dadurch generell zu. Die Top Performer verdienten als Konsequenz mehr (und blieben dadurch dem Unternehmen länger erhalten), die Low Performer verdienten weniger (und liefen nicht in Scharen weg).

Die von Oticon eingeführte *Spaghetti Organisation* hatte noch weitere interessante Aspekte, die wir in diesem Buch nur teilweise aufzählen können. Es spielte beispielsweise keine Rolle, wo und zu welcher Zeit man arbeitete. Man konnte auch zuhause oder im Park oder um Mitternacht arbeiten. Allein die Resultate zählten. Des Weiteren wurde die physische Struktur der Büros im Zuge eines Umzugs in eine ehemalige Fabrikhalle radikal geändert. Alles wurde auf Räder gestellt, um maximale Flexibilität zu gewährleisten: Tische, Stühle, Schränke, Stellwände, Hunderte von Pflanzen, die als mobiler Sichtschutz dienten. Die alten Möbel wurden in einer großen Auktion an die Mitarbeiter versteigert. Die Mitarbeiter bekamen schnurlose statt stationärer Telefone. Jeder Mitarbeiter sollte immer von jetzt auf gleich seinen Arbeitsplatz an anderer Stelle im Unternehmen einrichten können. Projektteams sollten sich schnell neu zusammensetzen und auch wieder trennen können. Tische wurden aus den Meetingräumen entfernt und stattdessen kreisrunde Sofas aufgestellt. An anderen Meetingorten gab es gar keine Stühle mehr, sondern nur Stehtische. Kaffeestationen wurden nicht mehr in kleinen Küchen versteckt, sondern in der Mitte der Arbeitszonen aufgestellt, so dass dort Begegnung möglich wurde. Nur fünf „Einzelzellen" konnten tageweise für die Arbeiten gebucht werden, für die man völlig ungestört sein wollte. Auch Lars Kolind selbst musste sie für konzentrierte Arbeiten buchen, da er sonst an immer wieder anderen Orten inmitten seiner Mitarbeiter saß.

Wie man sich vorstellen kann, war auch der Übergang zur *Spaghetti Organisation* kein leichter. Das mittlere Management hatte etwas dagegen, abgeschafft zu werden. Als Lars Kolind seine Ideen das erste Mal in einer Versammlung allen Mitarbeitern vorstellte, begegnete ihm zunächst ungläubiges Schweigen. Doch dann schlug eine mutige Sekretärin spontan vor, dass diejenigen, die dieses System unterstützen würden, doch die Hand heben sollten. Es waren tatsächlich 80 Prozent der Mitarbeiter, allerdings nicht 80 Prozent des Managements. Für Kolind war das dennoch der Startschuss, eine Entwicklung in Gang zu setzen, die sich für Oticon sehr lohnen sollte. Das Unternehmen wuchs jährlich im zweistelligen Bereich, und das auch noch fünf Jahre, nachdem Lars Kolind Oticon verlassen hatte.

Elemente der sozialen Architektur

Die drei Fallgeschichten weisen auf viele wichtige Elemente einer sozialen Architektur hin:

- Die Hierarchie, die steil oder flach sein kann
- Entscheidungskompetenzen, die zentral oder dezentral sein können
- Der Standardisierungsgrad von Leistungen, Prozessen etc.

- Die Minimum-Standards, an die sich dezentrale Einheiten halten müssen und die deren unternehmerischen Freiraum definieren
- Budgets, deren Grad an Detaillierung erheblich differieren kann oder die im Extremfall nicht vorhanden sind
- Informationssysteme, die Informationen für Entscheidungen im Sinne des Ganzen wenigen, vielen oder allen verfügbar machen
- Zentralabteilungen, die ihre Leistungen verkaufen oder nicht verkaufen müssen
- Der Spezialisierungsgrad von Mitarbeitern, der hoch oder niedrig sein kann und entsprechend schmale oder breite Kompetenzen erfordert und fördert
- Aufgaben und Fach-Vorgesetzte, die frei gewählt oder nicht frei gewählt werden können
- Disziplinarische Vorgesetzte (Mentoren), die frei gewählt oder nicht frei gewählt werden können
- Leistungsbeurteilungs- und Vergütungssysteme, die nur den Beitrag in Bezug auf zu Beginn des Jahres vereinbarte Ziele oder aber den gesamten Beitrag eines Mitarbeiters berücksichtigen
- Enge oder weite Spreizung der Gehälter entsprechend der Leistung
- Verantwortung für die alltägliche Organisation der Arbeit eines Teams (z. B. Personaleinsatz, Aufteilung der Arbeit, Stellvertretung bei Krankheit und Urlaub) nur beim Vorgesetzten oder im gesamten Team
- Starre Wände und schwer bewegliche Möbel und Stellwände oder „alles auf Rädern“
- Autonomie über Arbeitszeit und Arbeitsort vorhanden oder nicht vorhanden
- Zonen der Begegnung nicht vorhanden, nur am Rande vorhanden oder in der Mitte und einladend
- Meetingräume mit Stühlen und fest platzierten Tischen oder Meetingräume ohne Tische oder sogar ohne Stühle

Doch zur sozialen Architektur zählt noch viel mehr, beispielsweise

- Programme, die die Rotation von Mitarbeitern fördern
- Karrierewege, z. B. nur Linien- oder auch Projekt- und Fachkarrieren
- Talentmanagement
- Zielsetzungssysteme, die einseitig finanziell orientiert sind oder auch andere Erfolgsfaktoren berücksichtigen (Balanced Scorecard)

- Berichtssysteme, die einseitig finanziell orientiert sind oder auch andere Erfolgsfaktoren berücksichtigen
- Meeting-Formate, z. B. was wird in bestimmten Meetings immer zuerst besprochen?
- Beteiligung der Mitarbeiter am Gewinn
- Zertifizierung - wie kann sie gehandhabt werden, so dass Prozesse flexibel bleiben?
- Die Größe von Standorten
- Mess- und Kennzahlensysteme, die zentral vorgegeben oder von den Mitarbeitern selbst entwickelt werden und die ihnen rasches Feedback über ihre Leistung ermöglichen
- Organisationsanweisungen, Vorschriften, Regeln
- Regelmäßige Foren, die ein strategisches Thema penetrieren
- Auszeichnungen und Belohnungen
- Gebäude, die hohe Türme oder Campus-ähnliche Gelände sein können
- Ein Arbeitsumfeld, das eher einförmig, formell und farblos oder das bunt, individuell, informell und kreativitätsfördernd sein kann
- Unterstützungssysteme für Communities of Practice, z.B. Budgets, Kommunikationsmöglichkeiten
- Unterstützungssysteme für Innovatoren, z. B. frei nutzbare Zeit für Ingenieure, Bewerbungsmöglichkeiten um Ressourcen bei mehreren Instanzen
- Die Plattformen für Dialog und Begegnung, die wir bereits in vorherigen Kapiteln vorgestellt haben
- IT-gestützte Plattformen für Kommunikation, Dialog und Wissensverbreitung wie ein wiki-basiertes Intranet (ein Intranet, an dem wie bei Wikipedia jeder alles ändern kann) oder das Konferenz-Tool Open Space-Online[148]

Wir möchten nochmals betonen, dass es nicht die eine einzige richtige soziale Architektur für alle Unternehmen gibt. Jede Situation ist individuell zu betrachten. Und auch innerhalb von Unternehmen kann es höchst unterschiedliche Teilsysteme mit unterschiedlichen Menschentypen geben, die ihre jeweils eigenen sozialen Architekturen erfordern. Die drei Fallgeschichten können Anregungen geben, doch letztlich muss jedes Unternehmen seine eigenen Strukturen entwickeln und sein Gelände so modellieren, dass das Wasser in die richtige Richtung fließt. Für jene wachsenden Teile von Unternehmen, die besonders innovativ oder flexibel an

Kundenwünschen orientiert arbeiten müssen, die also Wissensarbeit statt industrieller Arbeit leisten, werden „Spaghetti-ähnliche" Strukturen, die die Offenheit und Vernetzung eines Open Space-Meetings in den Alltag übertragen, aus unserer Sicht die zielführendsten sein.

Wir haben gute Erfahrungen damit gemacht, die Gestaltung der sozialen Architektur nicht nur dem obersten Management und seinen Stäben zu überlassen, sondern auch größere Gruppen einzubeziehen. Wenn wir beispielsweise eine interaktive Großgruppenkonferenz mit 50 oder 500 Führungskräften und Mitarbeitern durchführen, die die Entwicklung oder Einführung eines neuen Leitbilds als Schwerpunkt hat, dann lassen wir diese Gruppe in einer Phase auch daran arbeiten, wie die soziale Architektur beschaffen sein sollte, die dieses Leitbild unterstützt. Daraus entstehen dann auch Gruppen, die sich nach der Konferenz daran machen, diese soziale Architektur zu bauen. In viel größerem Stil hat das im Übrigen IBM getan. In Kapitel 6 berichteten wir bereits, dass IBM im Jahr 2003 seine neuen Werte in einem ValuesJam über 72 Stunden mit 50.000 Mitarbeitern diskutierte.[149] Einige Zeit später fand ein weiterer großer 72-Stunden-Jam statt, in dem gefragt wurde, welche Hindernisse der Umsetzung der Werte entgegenstünden. Darin wurde offensichtlich, dass die Führungskräfte häufig mit der Schwierigkeit konfrontiert waren, rasch genug die Entscheidungen zu bekommen, die sie für ein Kundenprojekt brauchten, und dass die Kundenorientierung darunter litt. IBM zog daraus eine mutige Konsequenz: Allen Führungskräften wurde erlaubt, pro Jahr US-Dollar 5.000 für ein Kundenprojekt auszugeben, ohne dass sie jemand anderen fragen mussten. Bei 22.000 Führungskräften war das immerhin eine 100 Millionen-US-Dollar-Wette in die Vertrauenswürdigkeit der eigenen Führungskräfte. Sie hat sich laut CEO Samuel Palmisano gelohnt. Das Beispiel zeigt, dass auch die Basis wichtige Impulse zur Gestaltung der sozialen Architektur geben kann und gefragt werden sollte.

Schluss: Der Kreis schließt sich

Der Organisationskompass ist ein auf uralte Weisheit zurückgehendes Werkzeug der Navigation, das eine ganzheitliche Betrachtung von Organisationen und ein bewusstes Angehen ihrer Entwicklung erlaubt. Dieser Kompass ist die Struktur, die diesem Buch zugrunde liegt.

Ab Kapitel 4 folgte der Aufbau dieses Buchs einer natürlichen Ordnung, die uralten Traditionen entstammt. Die Anthropologin Angeles Arrien hat die Weisheitslehren von Naturvölkern in verschiedenen Teilen der Erde erforscht und dabei festgestellt, dass diese immer wieder auf vier grundlegende Archetypen Bezug nehmen: den Krieger, den Seher, den Heiler und den Lehrer.[150] Die besondere Qualität der Kriegerin ist die Kraft, die der Seherin die Vision, die der Heilerin die Liebe und die der Lehrerin die Weisheit. Es fällt nicht schwer, sich vorzustellen, dass diese Qualitäten in Unternehmen gebraucht werden. Diese Archetypen werden traditionell Himmelsrichtungen zugeordnet und bilden in vielen Darstellungen einen Kreis oder einen Kompass, der in den meisten Fällen so angeordnet ist wie in Abbildung 1. Bei den nordamerikanischen Ureinwohnern wird dieser Kreis *medicine wheel* (Medizinrad) oder *sacred hoop* (heiliger Ring) genannt. Der in diesem Zusammenhang ungewohnt erscheinende Begriff *medicine* wurde seinerzeit als Übersetzung gewählt, weil das Rad mit den vier Richtungen ein Konzept für Heilung und Ganzwerdung beinhaltet. Als Menschen sollten wir alle vier Archetypen - den Krieger, den Seher, den Heiler und den Lehrer - in uns entwickeln, um heil oder ganz zu werden. Und wie wir im Folgenden beschreiben werden, müssen auch Unternehmen diese vier Seiten in sich entwickeln, um zu voller Lebendigkeit und Kraft zu gelangen.

Abbildung 1: Das Medizinrad

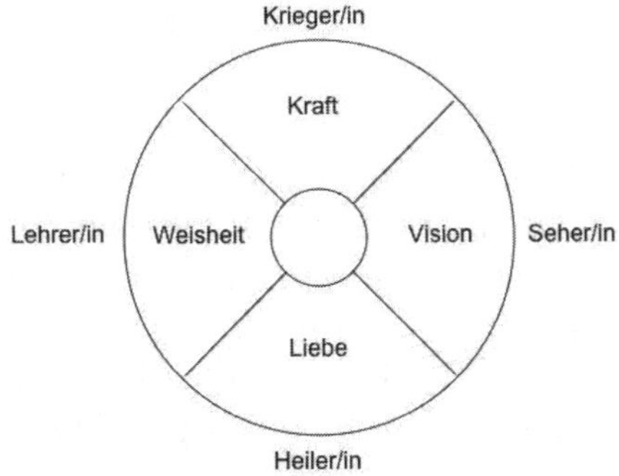

Harrison Owen übertrug dieses Konzept auf Organisationen und machte dabei die folgenden Zuordnungen:[151]

Kieger/in	Kraft	Norden	= Führung
Seher/in	Vision	Osten	= Vision
Heiler/in	Liebe	Süden	= Gemeinschaft
Lehrer/in	Weisheit	Westen	= Management

Birgitt Williams ergänzte dieses Konzept. In die Mitte des Kreises setzte sie den Zweck der Organisation. Die Diagonalen bezeichnete sie als die Beziehungen, die alle Elemente dieses Rades und alle Teile einer Organisation verbinden. Birgitt Williams zeigte auch Wege auf, wie mit diesem Konzept gearbeitet werden kann, und nannte es *medicine wheel tool.*[152] Gemeinsam mit anderen deutschsprachigen Kollegen fanden wir dafür den Namen *Organisationskompass.*[153]

Damit wurde ein Denkrahmen geschaffen, der alle grundlegenden Faktoren abbildet, die die Lebendigkeit einer Organisation ausmachen und dem wir mit diesem Buch gefolgt sind.

Abbildung 2: Das Medicine Wheel Tool bzw. der Organisationskompass

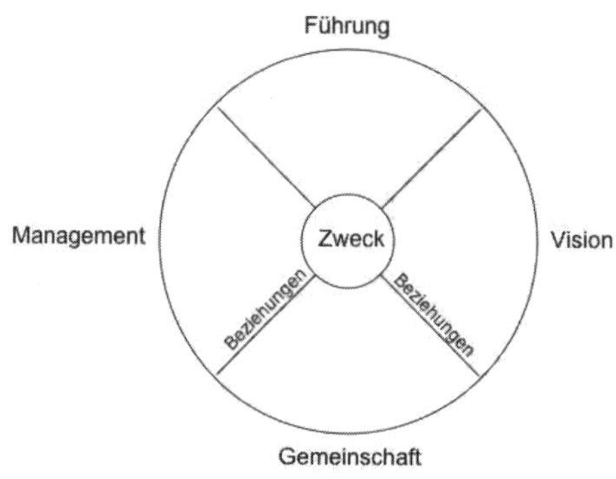

Zweck: Mit dem Zweck in der Mitte hatten wir in Kapitel 4 begonnen. Zum Zweck zählen die Kern-Leidenschaft (oder der Kern-Zweck) des Unternehmens und sein höherer Zweck. Er ist die Keimzelle des Unternehmens, aus der heraus sich alles entwickelt und die stabil bleibt, selbst wenn die Zeiten sich ändern. Die Kern-Leidenschaft kann über Jahrzehnte und noch länger die gleiche bleiben, während die Führung wechselt. Wenn die Kern-Leidenschaft nicht nur nicht mehr gefühlt wird, sondern tatsächlich erloschen ist, erlischt auch das Unternehmen.

Führung: Die Führung im Norden steht für das mutige Vorangehen, für das Finden neuer Wege, für das Eingehen von Risiken und das Treffen schwieriger Entscheidungen. Führung in diesem Sinne haben wir in diesem Buch nicht näher thematisiert, doch sie ist natürlich essenziell für jedes Unternehmen. Führung ist in dieser Hinsicht auch der Gegenpol zur Gemeinschaft im Süden, bedeutet sie doch ein Heraustreten aus dieser Gemeinschaft, ein Sich-Exponieren und Sich-Verletzlichmachen. Führung ist zugleich aber auch sehr auf die Gemeinschaft im Süden bezogen, denn sie beinhaltet, andere dazu zu inspirieren, ihr zu folgen, und die Bedingungen dafür zu schaffen, dass andere aufblühen können. Führung steht auch für die Werte und Prinzipien, die die Führenden leiten und mit denen sie die Geführten inspirieren. Über diesen Aspekt der Führung hatten wir mehr in Kapitel 4 geschrieben.

Vision: Die Vision im Westen des Kompasses ist in diesem Zusammenhang die Zukunft, die das Unternehmen erreichen und erschaffen will. Wir hatten in Kapitel 5 über das nächste große Ziel geschrieben, das erreicht werden soll. In der Regel liegt es ein paar, gelegentlich sogar zehn Jahre in der Zukunft. Doch in Krisenzeiten, wenn es um das Überleben des Unternehmens geht, kann der Horizont auch auf wenige Monate heranrücken. Es gibt auch nicht immer ein einziges alles andere überragendes Ziel. Manchmal sind es mehrere gleichrangige Ziele. Die Summe der großen Ziele ist die Vision im Sinne des Medizinrades. Wir übersetzen das englische *vision* an dieser Stelle lieber mit *große Ziele*, da die Vision, wie wir schon in Kapitel 5 darlegten, für uns einen ganzheitlichen Zielzustand beschreibt, in dem nicht nur die großen Ziele, sondern auch die Werte, die Kern-Leidenschaft und der höhere Zweck des Unternehmens verwirklicht sind. Vision in unserem Sinne deckt also das Zentrum, den Norden und den Osten des Rades ab. Zudem ist eine Vision nicht denkbar ohne die inneren Bilder und die damit einhergehenden positiven Gefühle der Beteiligten. Sie ist ein höchst subjektives Phänomen.

Gemeinschaft: Was die Gemeinschaft im Süden bedeutet, haben wir in Kapitel 6 ausgeführt. Ein lebendiges Unternehmen, das alle Energien der Mitarbeiter freisetzt, ist nur denkbar, wenn die Führungsspitze das Unternehmen als Gemeinschaft betrachtet und als Gemeinschaft führt. Die Gemeinschaft muss horizontal in jedem Team, in jedem Bereich, im ganzen Unternehmen sowie mit externen Partnern wie beispielsweise Lieferanten entstehen. Und Führungskräfte und Mitarbeiter sollten sich vertikal über alle Ebenen hinweg als Gemeinschaft verstehen und behandeln. Kraftvoll wird die Gemeinschaft erst durch ein Verständnis der Realitäten von Markt und Wettbewerb, mit denen das Unternehmen konfrontiert ist, durch den ungetrübten Blick auf interne Realitäten und durch ein Verständnis des Zwecks, der gemeinsamen Werte und der großen Ziele des Unternehmens. Kraftvoll wird sie, wenn alle Mitarbeiter attraktive Bilder der Zukunft und des höchsten Potenzials des Unternehmens vor Augen haben. Wir haben in den Kapiteln 6 bis 11 Wege aufgezeigt, wie Gemeinschaft in diesem Sinne entstehen und erhalten werden kann.

Management: Management bedeutet Strategien entwickeln, Maßnahmen planen, organisieren und Ressourcen bereitstellen. Managen heißt auch, geeignete Strukturen, Prozesse, Systeme, Meeting-Formate und Regelwerke zu schaffen. In Kapitel 12 hatten wir dargelegt, dass lebendige, innovative Unternehmen befreiende Strukturen brauchen. Und damit diese befreiend und nicht einengend und bürokratisch werden, bedarf es in der Tat der Weisheit, also der Qualität des Lehrers im Westen des Kompasses. Die Strukturen im Westen sind ein stabilisierender Faktor im Unternehmen und damit der Gegenpol zum Streben nach den großen Zielen im Osten. Zugleich steht Management für das Planen und Organisieren der *jetzt* zu vollziehenden Schritte, damit die großen Ziele *in Zukunft* erreicht werden.

Beziehungen: Zuletzt zu den Diagonalen des Rades. Sie sind Linien, die trennen, und Linien, die verbinden. Unter Beziehungen verstehen wir in diesem Zusammenhang die Vernetzung der Diversität, die Vernetzung aller Mitarbeiter und der externen Partner, die Begegnung der unterschiedlichen Perspektiven und den dadurch entstehenden Informationsfluss. Es braucht eine intensive, unvoreingenommene, offene Begegnung mit einer Haltung des Fragens und der Neugier auf Neues. Dann kann Information fließen, die den Empfänger tatsächlich verändert und daher wirklich etwas bewegt. Wir hatten über diese dichte Vernetzung der Diversität und den ungehinderten Fluss von Informationen als Treibstoff für Lebendigkeit und Selbstorganisation in Kapitel 7 geschrieben.

Die Vernetzung, der Informationsfluss, die intensive Begegnung und das sich daraus ergebende ständige Lernen sind wiederum die Voraussetzung für alles andere. Die Kern-Leidenschaft und der höhere Zweck im Zentrum des Rades werden nur gefühlt werden, wenn die Führenden in einen so intensiven und offenen Kontakt mit ihren Kunden, Mitarbeitern und anderen Partnern treten, dass diese Begegnungen sie verändern. Die Diagonalen wirken also wieder auf das Zentrum - den Zweck - ein.

Und damit schließt sich der Kreis.

Der Organisationskompass ist ein einfaches, doch umfassendes und ganzheitliches Navigationswerkzeug. In Abbildung 3 stellen wir ihn mit den Bezeichnungen dar, die angemessen sind, wenn der Kompass die Faktoren eines lebendigen, gesunden, innovativen Unternehmens darstellen soll. Der Kompass kann auf vielen Ebenen eingesetzt werden - für ein Projekt, ein Team, einen Bereich -, und je nachdem variieren dann etwas die Bezeichnungen für die vier Himmelsrichtungen.

Abbildung 3: Elemente eines lebendigen, gesunden, innovativen Unternehmens

Der Organisationskompass ist ganzheitlicher als andere Konzepte, legt die Gewichtungen anders und gibt eine Reihenfolge vor, in der man sich seinen Aspekten widmen sollte. Die meisten anderen Modelle betonen sehr stark das Management im Westen des Kompasses und teilen dieses in mehrere Faktoren wie Strukturen, Prozesse, Systeme etc. auf. Doch dafür fehlen dann oft andere Seiten ganz. Der Faktor Gemeinschaft fehlt beispielsweise in vielen Modellen, wie etwa dem EFQM-Modell.

Das Zentrum, der Norden, der Osten und der Süden des Organisationskompasses haben mit dem *Sein* des Unternehmens zu tun. Hier etwas zu tun heißt, an dem Sein, dem Energiefeld/Bewusstsein des Unternehmens, zu arbeiten. Wenn die Kern-Leidenschaft gefühlt wird, wenn mit hohen Werten geführt wird, wenn an die Erreichbarkeit großer Ziele geglaubt wird und wenn alle sich als eine Gemeinschaft empfinden, werden entsprechende inspirierende Geschichten erzählt, die das Energiefeld/Bewusstsein repräsentieren. Erst im Westen geht es um konkrete, fassbare Dinge wie Strukturen, die letztlich natürlich auch wieder das *Sein* beeinflussen. Interessanterweise sind die meisten Unternehmen im Westen des Kompasses sehr stark. Das heißt nicht, dass sie befreiende Strukturen haben, sondern dass sie viele und zum Teil eher einengende Strukturen haben. Von Balanced Scorecard über Performance Management zur ISO-Zertifizierung und vielem anderen mehr wird die Klaviatur professioneller Managementmethoden beherrscht und extensiv ausgelebt. Die anderen Himmelsrichtungen des Organisationskompasses sind meist schwächer ausgeprägt. Dabei sind es gerade die anderen Seiten, die die Energie erzeugen, die dann durch die richtigen Strukturen kanalisiert wird. Oder anders ausgedrückt: Die professionellsten Strukturen, Systeme und Prozesse können ihren Nutzen nicht voll entfalten, wenn den anderen Faktoren, die ein lebendiges Unternehmen ausmachen, nicht genügend Aufmerksamkeit geschenkt wurde.

Daher sind manche Unternehmen mit bekannten Managementmethoden wie beispielsweise TQM auch unzufrieden und verwerfen sie wieder. Das lag aber nicht an den Methoden, sondern daran, dass nicht die Grundlage geschaffen wurde, die diese Methoden erst erfolgreich macht.

Die Reise durch den Organisationskompass beginnt in der Mitte. Egal, ob es um ein kleines Projekt oder um ein ganzes Unternehmen geht, immer beginnt es mit der Frage, ob Klarheit und Einigkeit über und Leidenschaft für den Zweck des Vorhabens bestehen. Dann geht es weiter im Norden mit Führung und im Uhrzeigersinn weiter rund um das Rad. Es braucht eine mutige, entschiedene Führung, und diese Führung muss sich über ihre Werte und Prinzipien im Klaren sein. Es braucht eine klare Vorstellung von der Zukunft, die erschaffen werden soll. Und dann muss die Gemeinschaft für diese Zukunft gewonnen werden. Schließlich sind mit dieser Gemeinschaft Strategien und Maßnahmen zu planen und die Strukturen zu schaffen, die der Gemeinschaft ein optimales Arbeiten erlauben. Ein Unternehmen wird diesen Kreislauf rund um den Organisationskompass nicht nur einmal durchwandern. Er muss immer wieder von Neuem durchlaufen werden. Der Organisationskompass ist eine einfache, doch wirksame Hilfe, um immer wieder zu reflektieren, wo man in Bezug auf die wesentlichen Faktoren, die ein lebendiges und innovatives Unternehmen ausmachen, steht.

Der weise König der Wüste spricht

„... allein die starken Reiche köpfen die schlafenden Schildwachen, aber jene Reiche haben kein Recht mehr zu köpfen, die Schildwachen abordnen, damit sie schlafen. Denn es gilt, die Strenge gut zu verstehen. Man erweckt die Reiche nicht dadurch aus dem Schlaf, dass man die schlafenden Schildwachen köpft, sondern die schlafenden Schildwachen werden geköpft, wenn die Reiche aus ihrem Schlaf erwacht sind. Und auch hier verwechselst du Wirkung und Ursache. Und weil du siehst, dass die starken Reiche die Köpfe abschlagen, willst du dadurch an Kraft gewinnen, dass du sie abschlägst, und bist doch nur ein blutrünstiger Possenreißer.
Begründe die Liebe: so begründest du die Wachsamkeit der Schildwachen und verdammst dadurch die Schläfer, denn sie sind schon durch sich selber vom Reiche abgetrennt."

Antoine de Saint-Exupéry, Die Stadt in der Wüste „Citadelle"

Damit ist unsere Reise um den Kompass zu Ende und es beginnt die Ihre. Für Ihre Reise wollen wir Ihnen mit diesem Buch neue Bilder mitgeben. Neue Bilder davon, was Unternehmen und Organisationen sind und wie sie „funktionieren" und die über die konventionellen, mechanistischen Metaphern der militärischen Hierarchie oder des exakt laufenden Uhrwerks hinausgehen. Lassen Sie uns zum Schluss diese neuen Bilder nochmals zusammenstellen:

- Die Organisation als Energiestrom, der im besten Fall kraftvoll, kohärent und fokussiert und im schlechtesten Fall kraftlos, zerfleddert und unfokussiert ist (Einführung)
- Die Organisation als lebendiger Organismus, der sich durch Diversität, Vernetzung, Kooperation und Ordnung am Rande des Chaos entwickelt und permanent nach weiterer Entfaltung strebt (Kapitel 2)
- Die Organisation als Selbstorganisation, die im besten Fall generativ wirkt und Ordnungen höherer Kohärenz und Energie erzeugt und die im schlechtesten Fall verfestigte Sichtweisen, Verhärtungen und Konflikte und damit eine Zerstreuung der Energie bewirkt (Kapitel 2)
- Die Organisation als inhärente Tendenz, in ihr Potenzial - ihre größtmögliche Vision von sich selbst - hineinzuwachsen, also als inhärente Tendenz zur Entfaltung, zur Regeneration und Gesundung und zum Erfolg (Kapitel 3)
- Die Organisation als Energiefeld/Bewusstsein, das das Handeln der Mitarbeiter ausrichtet und inspiriert und Realitäten manifestiert (Kapitel 3)
- Die Organisation als die Summe der Geschichten, die sich die Mitarbeiter über sich selbst und die Welt erzählen, oder der Bilder, die sie sich von der Vergangenheit, Gegenwart und Zukunft des Unternehmens machen und die das kollektive Energiefeld/Bewusstsein repräsentieren (Kapitel 3)
- Die Organisation als eine langfristig stabile Kern-Leidenschaft, die der Kern der größtmöglichen Vision und die Keimzelle der ganzen Organisation ist und aus der heraus sich alles entwickelt, sofern die Organisation mit ihrer Kern-Leidenschaft in Kontakt bleibt
- Die Organisation als Gemeinschaft, die im besten Fall als wechselseitige Verbundenheit gefühlt und im schlechtesten Fall durch Geschichten von Trennung und Gegnerschaft überlagert wird und kaum mehr spürbar ist (Kapitel 6)
- Die Organisation als ein Gewebe der Gespräche, durch das das Neue generiert wird und dessen Entstehung im besten Fall gefördert und im schlechtesten Fall unterbunden wird (Kapitel 7)

- Die Organisation als Ganzheit, die dann am meisten Energie hat, wenn sie mit der heutigen Realität, mit ihrem Potenzial und ihren Zielen für die Zukunft in Kontakt ist (Kapitel 8)
- Die Organisation als Open Space-Meeting (Kapitel 10)
- Die Organisation als eine Fülle von Strukturen, die in der Summe befreiend oder strangulierend wirken können (Kapitel 12)

Mögen diese Bilder Ihnen als Landkarten auf Ihrer Reise dienen!

Danksagung

Dieses Buch wäre nicht entstanden, wenn wir in den letzten 15 Jahren nicht vielen großartigen Lehrern von der anderen Seite des Atlantiks begegnet wären, die ihre Einsichten und Werkzeuge großzügig mit uns geteilt haben. Ihr Beitrag war und ist für uns unschätzbar. Sie alle waren eine große Inspiration. Wir danken Christina Baldwin, David Cooperrider, Robert Fritz, Robert W. Jacobs, Sandra Janoff, Ann Linnea, Harrison Owen, Jim Rough, Max Schupbach, Marvin Weisbord und Diana Whitney. Wir danken besonders Birgitt und Ward Williams, deren Denken und Arbeit uns nachhaltig geprägt hat. Ohne den Kontakt mit ihnen wäre dieses Buch nicht entstanden.

Einige Kollegen und Freunde haben sich die Mühe gemacht, einen ersten Entwurf dieses Buchs zu lesen. Ihr Feedback hat uns wertvolle Impulse gegeben und uns angeregt, unseren Entwurf zu verbessern. Wir danken daher Hans Jecklin, Isabella Klien, Ralf Nacke, Petra Rahlfs, Andreas Reisner, Tobias Tafel, Bertram Valentin, Hans Wielens und Stephan Zilkens für die Zeit und Energie, die sie diesem Buch gewidmet haben.

Wir danken Markus Wortmann für seine inspirierenden Bilder zu den Zitaten von Antoine de Saint-Exupéry. Und nicht zuletzt danken wir Ulrike M. Vetter vom Gabler Verlag, deren sorgfältige Betreuung zur Qualität dieses Buches sehr beigetragen hat.

Matthias zur Bonsen

Jutta I. Herzog

Myriam Mathys

Anmerkungen und Quellenangaben

Anmerkungen

1 Aldous Huxley, Die ewige Philosophie, München: Piper 1987, S. 59 f.

2 Das bestätigt auch Renee A. Levi, der 32 Gruppen, die einen Zustand von „Resonanz“ erreicht haben, untersucht hat. Renee A. Levi, Group Magic: An Inquiry into Experiences of Collective Resonance, Dissertation an der Saybrook Graduate School and Research Center, San Francisco 2003 (Download der Zusammenfassung unter www.resonanceproject.org/execsum.cfm?pt=0)

3 Peter B. Vaill, Spirited Leading and Learning. Process Wisdom for a New Age, San Francisco, CA: Jossey-Bass 1998, S. 35 ff. Vgl. auch Peter B. Vaill, Toward a Behavioural Description of High-Performing Systems, in: Morgan W. McCall und Michael Lombardo (Hrsg.), Leadership. Where Else Can We Go?, Durham NC: Duke University Press 1978, S. 103-125

4 Es gibt in der akademischen Welt immerhin eine Professorin (an der Universität St. Gallen), die Energie in Unternehmen zu ihrem Thema gemacht hat: Heike Bruch. Heike Bruch und Bernd Vogel, Organisationale Energie. Wie Sie das Potenzial Ihres Unternehmens ausschöpfen, Wiesbaden: Gabler 2005

5 Margaret J. Wheatley und Myron Kellner-Rogers, A Simpler Way, San Francisco: Berrett-Koehler 1996

6 Joachim Bauer, Prinzip Menschlichkeit. Warum wir von Natur aus kooperieren, Hamburg: Hoffmann und Campe 2007, S. 14 und 98

7 Eric Trist und Ken Bamforth, Some Social and Psychological Consequences of the Long Wall Method of Coal Getting, in: Human Relations, 4/1951, S. 3-38

8 Margaret J. Wheatley, Leadership and the New Science. Discovering Order in a Chaotic World, San Francisco: Berrett-Koehler 1999

9 20 Second Interview. A Few Words with Barack Obama, veröffentlicht bei Amazon.com auf den Seiten zu Barack Obamas Büchern, Juli 2007

10 Diese kurze Beschreibung der Geschichte des Universums fußt auf der Beschreibung von Brian Swimme und Thomas Berry, Die Autobiographie des Universums, München: Eugen Diederichs 1999

11 Margaret J. Wheatley und Myron Kellner-Rogers, A Simpler Way, San Francisco: Berrett-Koehler 1996, S. 3 und S. 33

12 Richard T. Pascale, Mark Millemann und Linda Gioja, Surfing the Edge of Chaos. The Laws of Nature and the New Laws of Business, New York: Three Rivers Press 2000, S. 115 f.

13 Joachim Bauer, Prinzip Menschlichkeit. Warum wir von Natur aus kooperieren, Hamburg: Hoffmann und Campe 2007, S. 129 f.

14 ibid., S. 21 ff.

15 Stuart Kauffman, Der Öltropfen im Wasser. Chaos, Komplexität, Selbstorganisation in Natur und Gesellschaft, München: Piper 1998, S. 39

16 M. Mitchell Waldrop, Inseln im Chaos. Die Erforschung komplexer Systeme, Hamburg: Rowohlt 1993

17 Stuart Kauffman, Der Öltropfen im Wasser. Chaos, Komplexität, Selbstorganisation in Natur und Gesellschaft, München: Piper 1998, S. 424 ff.

18 n.n., IAB: Zuwanderung nutzt der Wirtschaft, in FAZ, 31.5.2007, S. 14

19 Peter Kruse, Erfolgreiches Management von Instabilität. Veränderung durch Vernetzung, Offenbach: Gabal 2004, S. 15

20 Brian Swimme und Thomas Berry, Die Autobiographie des Universums, München: Eugen Diederichs 1999, S. 101 f.

21 zitiert in Hans A. Wüthrich, Dirk Osmetz und Stefan Kaduk, Musterbrecher. Führung neu leben, Wiesbaden: Gabler 2006, S. 91

22 Etienne C. Wenger und William M. Snyder, Communities of Practice: The Organizational Frontier, in: Harvard Business Review, January-February 2000, S. 139-145

23 Der Hinweis auf die Arbeit von William Ogburn und Dorothy Thomas sowie die nachfolgenden Beispiele entstammen Malcolm Gladwell, In the Air. Who Says Big Ideas Are Rare?, in: The New Yorker, 12. Mai 2008

24 Hans-Peter Dürr, Marianne Österreicher, Wir erleben mehr als wir begreifen. Quantenphysik und Lebensfragen, Freiburg: Herder 2001, S. 33 ff.

25 Fritjof Capra, Wendezeit. Bausteine für ein neues Weltbild, München: Droemersche Verlagsanstalt Th. Knaur 1988, S. 83

26 Hans-Peter Dürr, Marianne Österreicher, Wir erleben mehr als wir begreifen. Quantenphysik und Lebensfragen, Freiburg: Herder 2001, S. 60

27 David R. Hawkins, Die Ebenen des Bewusstseins. Von der Kraft, die wir ausstrahlen, Kirchzarten: VAK Verlag 2002

28 Das Konzept der kreativen Spannung zwischen Vision und Wirklichkeit stammt von Robert Fritz, The Path of Least Resistance, New York: Fawcett Columbine 1984

29 Peter B. Vaill, Spirited Leading and Learning. Process Wisdom for a New Age, San Francisco, CA: Jossey-Bass 1998, S. 35 ff.

30 Harrison Owen, Spirit. Transformation and Development in Organizations, Potomac, MA: Abbott Publishing, 1987

31 vgl. hierzu Arnold Mindells Ausführungen über sekundäre Prozesse. Arnold Mindell, Mitten im Feuer. Gruppenkonflikte kreativ nutzen, München: Sphinx Heinrich Hugendubel Verlag 1997, S. 42

32 Arnold Mindell, The Leader as Martial Artist. Techniques and Strategies for Resolving Conflict and Creating Community, Portland, Oregon: LaoTse Press 1992, S. 27

33 aus einer Werbebroschüre der „Zeit"

34 Paul Hawken, Growing a Business, New York: Fireside 1988, S. 61

35 Max Schupbach nennt das, was wir als Kern-Leidenschaft oder Kern-Zweck bezeichnen, daher auch sehr treffend Kern-Mythos. Max Schupbach, Worldwork - Transformation von Organisationen, Kollektiven, Unternehmen und der Öffentlichkeit, Portland OR 2006 (Download unter http://www.maxfxx.net/wwdeutsch.pdf)

36 Die Geschichte von John Akehurst wurde berichtet in Elizabeth Debold, Das Unternehmen, die Welt zu retten, in: What is Enlightenment?, Sommer 2005, S. 34-69

37 ibid., S. 49

38 David R. Hawkins, Die Ebenen des Bewusstseins. Von der Kraft, die wir ausstrahlen, Kirchzarten: VAK Verlag 2002; Don Edward Beck und Christopher C. Cowan, Spiral Dynamics. Leadership, Werte und Wandel, Bielefeld: J. Kamphausen 2007; Richard Barrett, Liberating the Corporate Soul. Building a Visionary Organization, Boston: Butterworth-Heinemann 1998

39 Richard Barrett, Liberating the Corporate Soul. Building a Visionary Organization, Boston: Butterworth-Heinemann 1998, S. 66 ff. und Richard Barrett, Building a Values-Driven Organization, Boston: Butterworth-Heinemann 2006, S. 23 ff.

40 John P. Kotter, Matsushita Leadership. Lessons from the 20th Century's Most Remarkable Entrepreneur, New York: The Free Press 1997, S. 108 ff.

41 „Recognizing our responsibilities as industrialists, we will devote ourselves to the progress and development of society and the well-being of people through our business activities, thereby enhancing the quality of life throughout the world."

42 siehe Kapitel 5

43 Rosabeth Moss Kanter, Transforming Giants. What Kind of Company Makes it its Business to Make the World a Better Place, in: Harvard Business Review, January 2008, S. 43-52

44 Hans Jecklin und Martina Köhler, Wirtschaft wozu? Abschied vom Mangel, Winterthur: Edition Spuren 2003

45 „I don't know how many years it's going to take us, but I want Toyota to come up with the dream car - a vehicle that can make the air cleaner than it is, a vehicle that cannot injure people, a vehicle that prevents accidents from happening, a vehicle that can make people healthier the longer they drive it, a vehicle that can excite,

entertain and evoke the emotions of its occupants, a vehicle that can drive around the world on just one tank of gas. That's what I dream about. We would like to develop such vehicles as quickly as possible. [...] Our engineers are working right now to develop the technologies we need and to incorporate them into vehicles." Katsuaki Watanabe (im Interview), Lessons from Toyota's Long Drive, S. 82, in: Harvard Business Review, July-August 2007, S. 74-83

46 Robert J. Schläpfer, Das Unternehmen zur kreativen Gemeinschaft ausrüsten. Gedanken und Wünsche für eine gesunde Wirtschaft, in: io Management Zeitschrift 57 (1988) Nr. 4, S. 169-173

47 John P. Kotter, Matsushita Leadership. Lessons from the 20th Century's Most Remarkable Entrepreneur, New York: The Free Press 1997, S. 183

48 Peter Spiegel, Muhammad Yunus – Banker der Armen, Freiburg: Herder 2006, S. 84

49 Peter B. Vaill, Spirited Leading and Learning. Process Wisdom for a New Age, San Francisco, CA: Jossey-Bass 1998, S. 49

50 Bill George, Authentic Leadership. Rediscovering the Secrets to Creating Lasting Value, San Francisco: Jossey-Bass 2003

51 inspiriert von Wolfgang Gutberlet, geschäftsführender Gesellschafter von tegut

52 Wolfgang Jenewein und Felicitas Morhart, Wie Jürgen Dormann ABB rettete, in: Harvard Businessmanager, September 2007, S. 22-32

53 www.valuescentre.com

54 Bill George, Authentic Leadership. Rediscovering the Secrets to Creating Lasting Value, San Francisco: Jossey-Bass 2003

55 Lance Secretan, Inspirieren statt motivieren, Bielefeld: J. Kamphausen 2006

56 Sue Edstrom, Circle Tale: Reigniting the Spirit of Caring, im Newsletter von Peer-Spirit, Mai 2007, www.peerspirit.com/htmlpages/newsletter200705.html

57 Gary Hamel und C. K. Prahalad, Strategic Intent, in: Harvard Business Review, May-June 1989, S. 63-76

58 Ryuzaburo Kaku, The Path of Kyosei, in: Harvard Business Review, July-August 1997, S. 55-63

59 John P. Kotter, Matsushita Leadership. Lessons from the 20th Century's Most Remarkable Entrepreneur, New York: The Free Press 1997, S. 181 ff.

60 Matthias zur Bonsen, Führen mit Visionen, Wiesbaden: Gabler 1994

61 Peter B. Vaill, Spirited Leading and Learning. Process Wisdom for a New Age, San Francisco, CA: Jossey-Bass 1998, S. 64

62 Ryuzaburo Kaku, The Path of Kyosei, in: Harvard Business Review, July-August 1997, S. 55-63

63 „All people, regardless of race, religion or culture, harmoniously living and working together into the future" www.canon.com/about/philosophy/index.html

64 www.cauxroundtable.org

65 Samuel J. Palmisano (im Interview), Leading Change When Business is Good, in: Harvard Business Review, December 2004, S. 60-70

66 Heribert Schmitz, Raus aus der Demotivationsfalle, Wiesbaden: Gabler 2005, S. 81

67 ibid., S. 83

68 Ralph Stayer, How I Learned to Let my Workers Lead, in: Harvard Business Review, November-December 1990, S. 66-83

69 Juanita Brown, Corporation as Community: A New Image for a New Era, in: John Renesch (Hrsg.), New Traditions in Business. Spirit and Leadership in the 21st Century, San Francisco: Berrett-Koehler 1992, S. 123-139

70 www.nytimes.com/2008/03/18/us/politics/18text-obama.html, deutsche Übersetzung in der Frankfurter Allgemeine Sonntagszeitung, 30. März 2008, S. 2 f.

71 Vgl. die Ausführungen von Arnold Mindell zum Thema „Rang". Arnold Mindell, Mitten im Feuer. Gruppenkonflikte kreativ nutzen, München: Sphinx Heinrich Hugendubel Verlag 1997, S. 50 ff.

72 Götz Werner, Führung für Mündige. Subsidiarität und Marke als Herausforderungen einer modernen Führung, Karlsruhe: Universitätsverlag Karlsruhe 2006, S. 35 f.

73 ibid., S. 34

74 Philip H. Mirvis und Karen Ayas, Reflective Dialogue, Life Stories, and Leadership Development, in: SoL Reflections, Volume 4, Number 4, S. 39-48 (Download unter www.ripplesgroup.com/pdfs/sol_reflective_dialogue.pdf)

75 Diesen Prozess haben wir von Christina Baldwin und Ann Linnea gelernt. Christina Baldwin, Storycatcher. Making Sense of Our Lives through the Power and Practice of Story, Novato CA: New World Library 2005, S. 27 ff.

76 Ein anderer Weg zu Gemeinschaft ist der Community-Building-Prozess, den Scott Peck entwickelt hat. M. Scott Peck, Gemeinschaftsbildung: Der Weg zu authentischer Gemeinschaft, Brandau: eurotopia-Verlag 2007, siehe auch Matthias zur Bonsen und Hans Jecklin, Community Building, in: Agogik 4/1998, S. 25-42 (Download unter www.all-in-one-spirit.de/lit/cb/cb01.htm)

77 Philip Mirvis, Karen Ayas und George Roth, To the Desert and Back. The Story of One of the Most Dramatic Business Transformations on Record, San Francisco: Jossey-Bass 2003, S. 72 ff.

78 Manitonquat Medicine Story, Ending Violent Crime, Greenville NH: Story Stone Publishing, zu beziehen bei www.circleway.org

79 Philip H. Mirvis und Karen Ayas, Reflective Dialogue, Life Stories, and Leadership Development, in: SoL Reflections, Volume 4, Number 4, S. 39-48 (Download unter www.ripplesgroup.com/pdfs/sol_reflective_dialogue.pdf)

80 „Unilever's mission is to add vitality to life." www.unilever.com/ourvalues/purpose-andprinciples/ourpurpose/?linkid=navigation

81 Die Geschichte über Bletchley Park erzählte im Zusammenhang mit Diversität Scott E. Page, The Difference. How the Power of Diversity Creates Better Groups, Firms, Schools and Societies, Princeton, New Jersey: Princeton University Press 2007, S. 3 f.

82 Erich Jantsch, Die Selbstorganisation des Universums. Vom Urknall zum menschlichen Geist, München: Carl Hanser 1979, S. 387

83 Thomas Petzinger Jr., The New Pioneers, New York: Simon & Schuster 1999, S. 193 f.

84 McKinsey & Company, Women Matter. Gender Diversity, a Corporate Performance Driver, 2007, S. 14-16

85 Peter B. Vaill, Spirited Leading and Learning. Process Wisdom for a New Age, San Francisco, CA: Jossey-Bass 1998, S. 41

86 Dirk Böttcher, Lass 1000 Blumen blühen, in: Brand Eins 05/2007, S. 81-85

87 Paul Hawken, Growing a Business, New York: Fireside 1988, S. 219

88 Marvin Weisbord und Sandra Janoff, Don't Just Do Something, Stand There! Ten Principles for Leading Meetings That Matter, San Francisco: Berrett-Koehler 2007, S. 17

89 M. Mitchell Waldrop, Inseln im Chaos. Die Erforschung komplexer Systeme, Reinbek: Rowohlt 1993, S. 370 f.

90 Lars Kolind, The Second Cycle. Winning the War Against Bureaucracy, Upper Saddle River: Wharton School Publishing 2006, S. 185 ff.

91 Etienne C. Wenger und William M. Snyder, Communities of Practice: The Organizational Frontier, in: Harvard Business Review, January-February 2000, S. 139-145

92 Pressemitteilung von IBM vom 14.11.2006: IBM Invests $100 Million in Collaborative Innovation Ideas, www-03.ibm.com/press/us/en/pressrelease/20605.wss

93 Polly LaBarrre, This Organization is Dis-Organization. How Denmark's Oticon thrives on Chaos., in: Fast Company, June/July 1996, S. 77

94 Paul Hawken, Growing a Business, New York: Fireside 1988, S. 178

95 Noel M. Tichy und Stratford Sherman, Control Your Destiny or Someone Else will, New York: HarperBusiness 2001, S. 467

96 James A. Belasco und Ralph C. Stayer, Flight of the Buffalo. Soaring to Excellence, Learning to Let Employees Lead, New York: Warner Books 1993

97 Juanita Brown und David Isaacs, Das World Cafe. Kreative Zukunftsgestaltung in Organisationen und Gesellschaft, Heidelberg: Carl-Auer-Systeme 2007, S. 41 f.

98 zitiert in Juanita Brown und David Isaacs, Das World Cafe. Kreative Zukunftsgestaltung in Organisationen und Gesellschaft, Heidelberg: Carl-Auer-Systeme 2007, S. 32

99 zitiert in Richard T. Pascale, Mark Millemann und Linda Gioja, Surfing the Edge of Chaos. The Laws of Nature and the Laws of Business, New York: Three Rivers Press 2000, S. 83

100 zitiert in Juanita Brown und David Isaacs, The World Cafe. Shaping Our Future Trough Conversations That Matter, San Francisco: Berrett-Koehler 2005, S. 31 ff. (Die Geschichte von Yvon Bastien ist nur in der englischen Ausgabe dieses Buches enthalten.)

101 Über interaktive Großgruppen-Konferenzen haben wir ausführlich an anderer Stelle geschrieben: Matthias zur Bonsen, Real Time Strategic Change. Schneller Wandel mit großen Gruppen, Stuttgart: Klett-Cotta 2003

102 Frank Whyte, Der Overview Effekt, München: Goldmann 1993

103 Richard T. Pascale, Mark Millemann und Linda Gioja, Surfing the Edge of Chaos. The Laws of Nature and the Laws of Business, New York: Three Rivers Press 2000

104 Noel M. Tichy und Stratford Sherman,Control Your Destiny or Someone Else Will, New York: HarperBusiness 2001, S. 236

105 Dave Ulrich, Steve Kerr und Ron Ashkenas, GE Work-Out. How to Implement GE's Revolutionary Method for Busting Bureaucracy and Attacking Organizational Problems - Fast, New York: McGraw-Hill 2002

106 Philip Mirvis, Karen Ayas und George Roth, To the Desert and Back. The Story of One of the Most Dramatic Business Transformations on Record, San Francisco: Jossey-Bass 2003, S. 3 f.

107 Es gibt eine Methodik, die wir hier nutzen. Sie heißt Appreciative Inquiry und wurde ursprünglich von David Cooperider entwickelt und von Diana Whitney maßgeblich geprägt. Matthias zur Bonsen, Carole Maleh, Appreciative Inquiry: Der Weg zu Spitzenleistungen, Weinheim: Beltz 2001

108 Holger Fuchs, Wege der Veränderung - Wie tief muss Wandel gehen?, in: ZOE Zeitschrift für Organisationsentwicklung, 2/2008, S. 70-73, siehe auch www.holger-fuchs-consulting.com

[109] Andreas Terhoeven, Rhythm a System - rhytmische Interventionen in Veränderungsprozessen, in: Hans Wielens und Paul J. Kothes (Hrsg.), Raus aus der Führungskrise, Bielefeld: J. Kamphausen Verlag 2006, S. 310-321

[110] Hans-Georg Gadamer, Die Aktualität des Schönen: Kunst als Spiel, Symbol und Fest, Ditzingen: Reclam 1977

[111] Wie man eine Vision kommuniziert, haben wir ausführlich in Kapitel 9 des Buchs „Führen mit Visionen" beschrieben: Matthias zur Bonsen, Führen mit Visionen. Der Weg zum ganzheitlichen Management, Wiesbaden: Gabler 1994

[112] Joseph Campbell, Der Heros in tausend Gestalten, Frankfurt am Main: Insel 1999

[113] Robert McKee, Storytelling that Moves People. A Conversation with Screenwriting Coach Robert McKee, in: Harvard Business Review, June 2003, S. 5-8

[114] Margot Morrell und Stephanie Capparell, Shackletons Führungskunst. Was Manager von dem großen Polarforscher lernen können, Reinbek: Rowohlt 2003, S. 282 ff.

[115] Die Methode Rat der Weisen oder Wisdom Council wurde von Jim Rough entwickelt. Beschrieben ist sie in Jim Rough, Society's Breakthrough! Releasing Essential Wisdom and Virtue in all People, 1st Books Library 2002, S. 95 ff.

[116] Bill George, Authentic Leadership. Rediscovering the Secrets to Creating Lasting Value, San Francisco: Jossey-Bass 2003, S. 88

[117] Philip Mirvis, Karen Ayas und George Roth, To the Desert and Back. The Story of One of the Most Dramatic Business Transformations on Record, San Francisco: Jossey-Bass 2003

[118] Sam Walton mit John Huey, Sam Walton. Made in America, New York: Bantam Books, 1993, S. 199 ff.

[119] Gute Ideen dafür finden sich in Luke Hohmann, Innovation Games. Creating Breakthrough Products Through Collaborative Play, Upper Saddle River, New Jersey: Addison-Wesley 2007

[120] Cathy DeForest, The Art of Conscious Celebration: A New Concept for Today's Leaders, in: John D. Adams (Hrsg.), Transforming Leadership. From Vision to Results, Alexandria VA: Miles River Press 1986, S. 215-231

[121] Die nachfolgend genannten Elemente gehen ebenfalls auf die Arbeit von Cathy DeForest zurück.

[122] Maßgeschneiderte Musicals (und noch einiges mehr) kreiert Axel Gundlach von Kahouse, www.kahouse.de

[123] Hans Jecklin und Martina Köhler, Wirtschaft wozu? Abschied vom Mangel, Winterthur: Edition Spuren 2003, S. 116 f.

124 Jim Channon, Creating Esprit de Corps, in: John Renesch (Hrsg.), New Traditions in Business. Spirit and Leadership in the 21st Century, San Francisco: Berrett-Koehler 1992, S. 53-66

125 Harrison Owen, Open Space Technology, Stuttgart: Klett-Cotta 2001

126 Mike Szymanczyk, Infrastrukturen für Kommunikation, in: Juanita Brown und David Isaacs, Das World Cafe. Kreative Zukunftsgestaltung in Organisationen und Gesellschaft, Heidelberg: Carl-Auer-Systeme 2007, S. 159 f.

127 ibid.

128 Birgitt Williams, eine kanadisch-amerikanische Beraterin, von der wir viel gelernt haben, lernte die Methode Open Space kennen, als sie Geschäftsführerin einer Non-Profit-Organisation war. Die Ergebnisse eines ersten Open Space-Meetings mit allen ca. 100 Mitarbeitern überzeugten sie so sehr, dass sie sich danach daran machte, die Prinzipien von Open Space Technology auch auf den Alltag ihrer Organisation zu übertragen. Ein Aspekt dabei war, den Mitarbeitern die tatsächliche Größe ihres „Spielfelds" zu verdeutlichen, indem sie präzise Rahmenbedingungen („Givens") dazu formulierte, was nicht veränderbar ist. Es stellte sich heraus, dass die Mitarbeiter, die Größe des Spielfelds zunächst viel kleiner einschätzten, als sie tatsächlich war. Birgitt Williams hat ihre Geschichte mit den Urban Wesley Ministries niedergeschrieben und im Internet veröffentlicht: My Story of the Open Space Organization, www.dalarinternational.com/articles/mystory.html

129 Dee Hock, Die Chaordische Organisation, Stuttgart: Klett-Cotta 1999, S. 197 f. (Übersetzung zum Teil von uns angepasst.)

130 Jim Rough, Society's Breakthrough! Releasing Essential Wisdom and Virtue in all People, 1st Books Library 2002, S. 184 ff.

131 Matthias zur Bonsen, Dynamic Facilitation, in: ZOE Zeitschrift für Organisationsentwicklung 3/2007, S. 91-95 (Download unter www.all-in-one-spirit.de/pdf/DynFac_ZOE.pdf, deutschsprachige Erfahrungsberichte zu Dynamic Facilitation unter www.all-in-one-spirit.de/sem/stimmenzudf.htm)

132 www.dalarinternational.com

133 Christina Baldwin, Calling the Circle. The First and Future Culture. New York: Bantam Books 1998

134 David Bohm, Der Dialog: Das offene Gespräch am Ende der Diskussionen, Stuttgart: Klett-Cotta 2002

135 Hans Jecklin und Martina Köhler, Wirtschaft wozu? Abschied vom Mangel, Winterthur: Edition Spuren 2003, S. 117 f.

136 ibid., S. 119

137 Persönliche Kommunikation im August 2008

138 Die Kombination dieser beiden Fragen stammt von Roger Dannenhauer.

139 Jim Rough, Society's Breakthrough! Releasing Essential Wisdom and Virtue in all People, 1st Books Library 2002, S. 194 f.

140 Aus einem Interview mit Götz Werner in: Karl-Martin Dietz und Thomas Kracht, Dialogische Führung, Frankfurt am Main: Campus 2002, S. 37

141 Götz W. Werner, Einkommen für alle, Köln: Kiepenheuer & Witsch 2007, S. 115 ff.

142 ibid., S. 125

143 Thomas J. Peters, Mastering the Language of Management Systems, in: McKinsey Quarterly, Spring 1981, S. 41-68

144 Jan Wallander, Decentralisation. Why and How to Make it Work. The Handelsbanken Way, Stockholm: SNS Förlag 2003

145 siehe www.bbrt.org

146 Lars Kolind, The Second Cycle. Winning the War Against Bureaucracy, Upper Saddle River: Wharton School Publishing 2006

147 ibid., S. 81 ff. und S. 208

148 siehe www.openspace-online.com

149 Samuel J. Palmisano (im Interview), Leading Change When Business is Good, in: Harvard Business Review, December 2004

150 Angeles Arrien, Der vierfache Weg. Den inneren Krieger, Heiler, Seher und Lehrer entwickeln, Freiburg: Verlag Hermann Bauer 1996

151 Harrison Owen, Open Space Technology. Ein Leitfaden für die Praxis, Stuttgart: Klett-Cotta 2001, S. 157 ff.

152 Birgitt Williams, The Genuine Contact Program, in: Peggy Holman, Tom Devane und Steven Cady (Hrsg.) The Change Handbook. The Definitive Resource on Today's Best Methods for Engaging Whole Systems, San Francisco: Berrett-Koehler 2007, S. 227-233. Dieser Artikel kann in deutscher Übersetzung heruntergeladen werden bei www.all-in-one-spirit.de/pdf/GenuineContact_deutsch.pdf

153 Eine wachsende, internationale Gruppe von Beratern, die sich im von Birgitt Williams inspirierten Genuine Contact™-Netzwerk zusammengeschlossen hat, arbeitet mit dem Organisationskompass oder medicine wheel tool. Diese Berater nutzen auch die meisten der Werkzeuge, die in diesem Buch vorgestellt wurden. Siehe dazu www.genuinecontact.de und www.genuinecontact.net. Weitere Literatur: Isabella Klien, Der Organisationskompass als holistisches Führungsinstrument – Erfahrungen am Beispiel eines Visionsprozesses, in: Hans Wielens und Paul J. Kothes (Hrsg.), Heraus aus der Führungskrise. Innovative Konzepte integraler Führung, Bielefeld: J. Kamphausen Verlag 2006, S. 298-307. Des Weiteren: Birgit Rocholl, Der Organisationskompass, in: managerSeminare, erscheint 2009

Quellenangaben zu den Zitaten von Antoine de Saint-Exupéry

Zitate aus *Die Stadt in der Wüste „Citadelle“*, Frankfurt am Main/Berlin: Ullstein 1989 (Die deutsche Originalausgabe ist im Karl Rauch Verlag, Düsseldorf, 1956 und 2002, erschienen.)

„Im Laufe meiner langen Wanderungen habe ...“ S. 33

„Ersinne dir nur kein Reich ...“ S. 45

„Denn wenn meine Logiker mit mir ...“ S. 113

„Wenn ich in die Vergangenheit ...“ S. 78f

„So gewahrte ich, dass es gefährlich ...“ S. 85 f.

„Aber die Bäume, die ich am aufrechtesten ...“ S. 285

„Und deine Feinde arbeiten ...“ S. 129

„Ich begründe die Liebe zum Landgut ...“ S. 66

„Ich sage dir: Jedes starke ... S. 175

„In ihrer hartnäckigen Dummheit kamen ...“ S. 65

„Deshalb sage ich dir, dass ...“ S. 257

„In ihrer hartnäckigen Dummheit fragten ...“ S. 56

„... die Zeder ist nicht Hass ...“ S. 264 f.

„Wenn ich hingegen meinen Leuten ...“ S. 182 f.

„Und wenn ich euch auffordere ...“ S. 54

„Der aber täuscht sich ...“ S. 183

„Ich weiß freilich von meinem Dorfschmied ...“ S. 50

„Du lässt das entstehen ...“ S. 349

„Ebenso ist die Liturgie ...“ S. 270 f.

„Wenn ich den Drang zum Meer ...“ S. 428

„Mein Vater sagte: Du musst ...“ S. 174 f.

„Ich werde eine Hymne ...“ S. 117

„Die Flüchtlinge aus der Berberei ...“ S. 254 f.

„... allein die starken Reiche köpfen ...“ S. 235

Zitat aus *Wind, Sand und Sterne*, Düsseldorf: Karl Rauch Verlag, 21. Auflage, 1995, S. 33 ff.

„Drei Besatzungen der Aéropostale ...“

Literaturverzeichnis

ADAMS, JOHN D. (HRSG.), Transforming Leadership. From Vision to Results, Alexandria VA: Miles River Press 1986

ARRIEN, ANGELES, Der vierfache Weg. Den inneren Krieger, Heiler, Seher und Lehrer entwickeln, Freiburg: Verlag Hermann Bauer 1996

BALDWIN, CHRISTINA, Calling the Circle. The First and Future Culture. New York: Bantam Books 1998

BALDWIN, CHRISTINA, Storycatcher. Making Sense of Our Lives through the Power and Practice of Story, Novato CA: New World Library 2005

BARRETT, RICHARD, Liberating the Corporate Soul. Building a Visionary Organization, Boston: Butterworth-Heinemann 1998

BARRETT, RICHARD, Building a Values-Driven Organization, Boston: Butterworth-Heinemann 2006

BAUER, JOACHIM, Prinzip Menschlichkeit. Warum wir von Natur aus kooperieren, Hamburg: Hoffmann und Campe Verlag 2007

BECK, DON EWARD UND COWAN, CHRISTOPHER C., Spiral Dynamics. Leadership, Werte und Wandel, Bielefeld: J. Kamphausen 2007

BELASCO, JAMES A. UND STAYER, RALPH C., Flight of the Buffalo. Soaring to Excellence, Learning to Let Employees Lead, New York: Warner Books 1993

BOHM, DAVID, Der Dialog: Das offene Gespräch am Ende der Diskussionen, Stuttgart: Klett-Cotta 2002

ZUR BONSEN, MATTHIAS, Führen mit Visionen. Der Weg zum ganzheitlichen Management, Wiesbaden: Gabler 1994

ZUR BONSEN, MATTHIAS UND MALEH, CAROLE, Appreciative Inquiry: Der Weg zu Spitzenleistungen, Weinheim: Beltz 2001

ZUR BONSEN, MATTHIAS, Real Time Strategic Change. Schneller Wandel mit großen Gruppen, Stuttgart: Klett-Cotta 2003

ZUR BONSEN, MATTHIAS, Dynamic Facilitation, in: ZOE Zeitschrift für Organisationsentwicklung 3/2007, S. 91-95

ZUR BONSEN, MATTHIAS, ein Verzeichnis von mehr als 30 weiteren Artikeln findet sich unter www.all-in-one-spirit.de/publikationen/artikel.htm

BROWN, JUANITA, Corporation as Community: A New Image for a New Era, in: Renesch, John (Hrsg.), New Traditions in Business. Spirit and Leadership in the 21st Century, San Francisco: Berrett-Koehler 1992, S. 123-139

BROWN, JUANITA UND ISAACS, DAVID, Das World Café. Kreative Zukunftsgestaltung in Organisationen und Gesellschaft, Heidelberg: Carl-Auer-Systeme 2007

BÖTTCHER, DIRK, Lass 1000 Blumen blühen, in: Brand Eins 05/2007, S. 81-85

BRUCH, HEIKE UND VOGEL, BERND, Organisationale Energie. Wie Sie das Potenzial Ihres Unternehmens ausschöpfen, Wiesbaden: Gabler 2005

CAMPBELL, JOSEPH, Der Heros in tausend Gestalten, Frankfurt am Main: Insel 1999

CAPRA, FRITJOF, Wendezeit. Bausteine für ein neues Weltbild, München: Droemersche Verlagsanstalt Th. Knaur 1988

CHANNON, JIM, Creating Esprit de Corps, in: Renesch, John (Hrsg.), New Traditions in Business. Spirit and Leadership in the 21st Century, San Francisco: Berrett-Koehler 1992, S. 53-66

DANNEMILLER TYSON ASSOCIATES, Whole-Scale Change. Unleashing the Magic in Organizations, San Francisco, CA: 2000

DEBOLD, EILSABETH, Das Unternehmen, die Welt zu retten, in: What is Enlightenment?, Sommer 2005, S. 34-69

DEFOREST, CATHY, The Art of Conscious Celebration: A New Concept for Today's Leaders, in: ADAMS, JOHN D. (Hrsg.), Transforming Leadership. From Vision to Results, Alexandria VA: Miles River Press 1986, S. 215-231

DIETZ, KARL-MARTIN UND KRACHT, THOMAS, Dialogische Führung, Frankfurt am Main: Campus 2002

DÜRR, HANS-PETER UND ÖSTERREICHER, MARIANNE, Wir erleben mehr als wir begreifen. Quantenphysik und Lebensfragen, Freiburg: Herder 2001

EDSTROM, SUE, Circle Tale: Reigniting the Spirit of Caring, im Newsletter von PeerSpirit, Mai 2007, (Download unter www.peerspirit.com/htmlpages/newsletter200705.html)

FRITZ, ROBERT, The Path of Least Resistance, New York: Fawcett Columbine 1984

FUCHS, HOLGER, Wege der Veränderung - Wie tief muss Wandel gehen?, in: ZOE Zeitschrift für Organisationsentwicklung, 2/2008, S. 70-73

GADAMER, HANS-GEORG, Die Aktualität des Schönen: Kunst als Spiel, Symbol und Fest, Ditzingen: Reclam 1977

GEORGE, BILL, Authentic Leadership. Rediscovering the Secrets to Creating Lasting Value, San Francisco: Jossey-Bass 2003

GLADWELL, MALCOLM, In the Air. Who Says Big Ideas Are Rare?, in: The New Yorker, 12. Mai 2008

HAMEL, GARY und PRAHALAD, C. K., Strategic Intent, in: Harvard Business Review, May-June 1989, S. 63-76

HAWKEN, PAUL, Growing a Business, New York: Fireside 1988

HAWKINS, DAVID R., Die Ebenen des Bewusstseins. Von der Kraft, die wir ausstrahlen, Kirchzarten: VAK Verlag 2002

HAWLEY, JACK, Reawakening the Spirit in Work. The Power of Dharmic Management, San Francisco CA: Berrett-Koehler 1993

HELGESEN, SALLY, The Web of Inclusion. Architecture for Building Great Organizations, New York: Doubleday 1995

HOCK, DEE, Die Chaordische Organisation, Stuttgart: Klett-Cotta 1999

HOHMANN, LUKE, Innovation Games. Creating Breakthrough Products Through Collaborative Play, Upper Saddle River, New Jersey: Addison-Wesley 2007

HOLMAN, PEGGY, DEVANE, TOM UND CADY, STEVEN (HRSG.), The Change Handbook. The Definitive Resource on Today's Best Methods for Engaging Whole Systems, San Francisco CA: Berrett-Koehler 2007

HUXLEY, ALDOUS, Die ewige Philosophie, München: Piper 1987

JACOBS, ROBERT W., Real Time Strategic Change. How to Involve an Entire Organization in Fast and Far-Reaching Change, San Francisco, CA: 1994

JANTSCH, ERICH, Die Selbstorganisation des Universums. Vom Urknall zum menschlichen Geist, München: Carl Hanser 1979

JAWORSKI, JOSEPH, Synchronicity. The Inner Path of Leadership, San Francisco CA: Berrett-Koehler 1996

JECKLIN, HANS UND KÖHLER, MARTINA, Wirtschaft Wozu? Abschied vom Mangel, Winterthur: Edition Spuren 2003

JENEWEIN, WOLFGANG UND MORHART, FELICITAS, Wie Jürgen Dormann ABB rettete, in: Harvard Business manager, September 2007, S. 22-32

KAKU, RYUZABURO, The Path of Kyosei, in: Harvard Business Review, July-August 1997, S. 55-63

KANTER, ROSABETH MOSS, Transforming Giants. What Kind of Company Makes it its Business to Make the World a Better Place, in: Harvard Business Review, January 2008, S. 43-52

KAUFFMAN, STUART, Der Öltropfen im Wasser. Chaos, Komplexität, Selbstorganisation in Natur und Gesellschaft, München: Piper 1998

KLIEN, ISABELLA, Der Organisationskompass als holistisches Führungsinstrument - Erfahrungen am Beispiel eines Visionsprozesses, in: Wielens, Hans und Kothes, Paul J. (Hrsg.), Heraus aus der Führungskrise. Innovative Konzepte integraler Führung, Bielefeld: J. Kamphausen 2006, S. 298-307

KOLIND, LARS, The Second Cycle. Winning the War Against Bureaucracy, Upper Saddle River: Wharton School Publishing 2006

KOTTER, JOHN P., Matsushita Leadership. Lessons from the 20th Century's Most Remarkable Entrepreneur, New York: The Free Press 1997

KRUSE, PETER, Erfolgreiches Management von Instabilität. Veränderung durch Vernetzung, Offenbach: Gabal 2004

LABARRE, POLLY, This Organization is Dis-Organization. How Denmark's Oticon Thrives on Chaos., in: Fast Company, June/July 1996, S. 77

LEVI, RENEE A., Group Magic: An Inquiry into Experiences of Collective Resonance, Dissertation an der Saybrook Graduate School and Research Center, San Francisco 2003 (Download der Zusammenfassung unter www.resonanceproject.org/execsum.cfm?pt=0)

LEWIN, ROGER UND REGINE, BIRUTE, Weaving Complexity and Business. Engaging the Soul at Work, New York: Texere 2000

MANITONQUAT MEDICINE STORY, Ending Violent Crime, Greenville NH: Story Stone Publishing, zu beziehen über www.circleway.org

MCKEE, ROBERT, Storytelling that Moves People. A Conversation with Screenwriting Coach Robert McKee, in: Harvard Business Review, June 2003, S. 5-8

MCKINSEY & COMPANY, Women Matter. Gender Diversity, a Corporate Performance Driver, 2007, S. 14-16

MINDELL, ARNOLD, The Leader as Martial Artist. Techniques and Strategies for Resolving Conflict and Creating Community, Portland, Oregon: LaoTse Press 1992

MINDELL, ARNOLD, Mitten im Feuer. Gruppenkonflikte kreativ nutzen, München: Sphinx Heinrich Hugendubel Verlag 1997

MIRVIS, PHILIP H., Community Building in Business, in: SoL Reflections, Volume 3, Number 3, 2002, S. 46-52

MIRVIS, PHILIP H., AYAS, KAREN UND ROTH, GEORGE, To the Desert and Back. The Story of One of the Most Dramatic Business Transformations on Record, San Francisco: Jossey-Bass 2003

MIRVIS, PHILIP H. UND AYAS, KAREN, Reflective Dialogue, Life Stories, and Leadership Development, in: SoL Reflections, Volume 4, Number 4, 2003, S. 39-48 (Download unter http://www.ripplesgroup.com/pdfs/sol_reflective_dialogue.pdf)

MORRELL, MARGOT UND CAPPARELL, STEPHANIE, Shackletons Führungskunst. Was Manager von dem großen Polarforscher lernen können, Reinbek: Rowohlt 2003

OWEN, HARRISON, Spirit. Transformation and Development in Organizations, Potomac, MA: Abbott Publishing, 1987

OWEN, HARRISON, The Power of Spirit. How Organizations Transform, San Francisco, CA: Berrett-Koehler 2000

OWEN, HARRISON, Open Space Technology, Stuttgart: Klett-Cotta 2001

PAGE, SCOTT E., The Difference. How the Power of Diversity Creates Better Groups, Firms, Schools and Societies, Princeton, New Jersey: Princeton University Press 2007

PALMISANO, SAMUEL J., (im Interview), Leading Change When Business is Good, in: Harvard Business Review, December 2004, S. 60-70

PASCALE, RICHARD T., MILLEMANN, MARK UND GIOJA, LINDA, Surfing the Edge of Chaos. The Laws of Nature and the New Laws of Business, New York: Three Rivers Press 2000

PECK, M. SCOTT, Gemeinschaftsbildung: Der Weg zu authentischer Gemeinschaft, Brandau: eurotopia-Verlag 2007

PETERS, THOMAS J., Mastering the Language of Management Systems, in: McKinsey Quarterly, Spring 1981, S. 41-68

PETZINGER JR., THOMAS, The New Pioneers, New York: Simon & Schuster 1999

RENESCH, JOHN (HRSG.), New Traditions in Business. Spirit and Leadership in the 21st Century, San Francisco: Berrett-Koehler 1992

ROCHOLL, BIRGIT, Der Organisationskompass, in: managerSeminare, erscheint 2009

ROUGH, JIM, Society's Breakthrough! Releasing Essential Wisdom and Virtue in all People, 1st Books Library 2002

SCHLÄPFER, ROBERT J., Das Unternehmen zur kreativen Gemeinschaft ausrüsten. Gedanken und Wünsche für eine gesunde Wirtschaft, in: io Management Zeitschrift 57/1988 Nr. 4, S. 169-173

SCHMITZ, HERIBERT, Raus aus der Demotivationsfalle, Wiesbaden: Gabler 2005

SCHUPBACH, MAX, Worldwork - Transformation von Organisationen, Kollektiven, Unternehmen und der Öffentlichkeit, Portland OR 2006 (Download unter http://www.maxfxx.net/wwdeutsch.pdf)

SECRETAN, LANCE, Inspirieren statt motivieren, Bielefeld: J. Kamphausen 2006

SECRETAN, LANCE, Ganz oder gar nicht, Bielefeld: J. Kamphausen 2008

SECRETAN, LANCE, Reclaiming Higher Ground. Building Organizations that Inspire Excellence, New York: McGraw-Hill 1997

SENGE, PETER, SCHARMER, OTTO C., JAWORSKI, JOSEPH UND FLOWERS, BETTY SUE, Presence. Exploring Profound Change in People, Organizations and Society, London: Nicholas Brealey 2005

SPIEGEL, PETER, Muhammad Yunus - Banker der Armen, Freiburg: Herder 2006

STAYER, RALPH, How I Learned to Let my Workers Lead, in: Harvard Business Review, November-December 1990, S. 66-83

SWIMME, BRIAN UND BERRY, THOMAS, Die Autobiographie des Universums, München: Eugen Diederichs 1999

SZYMANCZYK, MIKE, Infrastrukturen für Kommunikation, in: Brown, Juanita und Isaacs, David, Das World Cafe. Kreative Zukunftsgestaltung in Organisationen und Gesellschaft, Heidelberg: Carl-Auer-Systeme 2007, S. 159 f.

TERHOEVEN, ANDREAS, Rhythm a System - Rhytmische Interventionen in Veränderungsprozessen, in: Wielens, Hans und Kothes, Paul J. (Hrsg.), Raus aus der Führungskrise, Bielefeld: J. Kamphausen 2006, S. 310-321

TICHY, NOEL M. UND SHERMAN, STRATFORD, Control Your Destiny or Someone Else Will, New York: HarperBusiness 2001

TRIST, ERIC UND BAMFORTH, KEN, Some Social and Psychological Consequences of the Long Wall Method of Coal Getting, in: Human Relations, 4/1951, S. 3-38

ULRICH, DAVE, KERR, STEVE UND ASHKENAS, RON, GE Work-Out. How to Implement GE's Revolutionary Method for Busting Bureaucracy and Attacking Organizational Problems - Fast, New York: McGraw-Hill 2002

VAILL, PETER B., Toward a Behavioural Description of High-Performing Systems, in: McCall, Morgan W. und Lombardo, Michael (Hrsg.), Leadership. Where Else Can We Go?, Durham NC: Duke University Press 1978, S. 103-125

VAILL, PETER B., Spirited Leading and Learning. Process Wisdom for a New Age, San Francisco, CA: Jossey-Bass 1998

WALDROP, M. MITCHELL, Inseln im Chaos. Die Erforschung komplexer Systeme, Hamburg: Rowohlt 1993

WALLANDER, JAN, Decentralisation. Why and How to Make it Work. The Handelsbanken Way, Stockholm: SNS Förlag 2003

WALTON, SAM MIT HUEY, JOHN, Sam Walton. Made in America, New York: Bantam Books, 1993

WATANABE, KATSUAKI (im Interview), Lessons from Toyota's Long Drive, in: Harvard Business Review, July-August 2007, S. 74-83

WEISBORD, MARVIN UND JANOFF, SANDRA, Future Search. Die Zukunftskonferenz. Wie Organisationen zu Zielsetzungen und gemeinsamem Handeln finden, Stuttgart: Klett-Cotta 2000

WEISBORD, MARVIN UND JANOFF, SANDRA, Don't Just Do Something, Stand There! Ten Principles for Leading Meetings That Matter, San Francisco: Berrett-Koehler 2007

WENGER, ETIENNE C. UND SNYDER, WILLIAM M., Communities of Practice: The Organizational Frontier, in: Harvard Business Review, January-February 2000, S. 139-145

WERNER, GÖTZ W., Führung für Mündige. Subsidiarität und Marke als Herausforderungen einer modernen Führung, Karlsruhe: Universitätsverlag Karlsruhe 2006

WERNER, GÖTZ W., Einkommen für alle, Köln: Kiepenheuer & Witsch 2007

WHEATLEY, MARGARET J. UND KELLNER-ROGERS, MYRON, A Simpler Way, San Francisco: Berrett-Koehler 1996

WHEATLEY, MARGARET J., Leadership and the New Science. Discovering Order in a Chaotic World, San Francisco: Berrett-Koehler 1999

WHITNEY, DIANA UND TROSTEN-BLOOM, AMANDA, The Power of Appreciative Inquiry. A Practical Guide to Positive Change, San Francisco, CA: Berrett-Koehler 2003

WHYTE, DAVID, The Heart Aroused. Poetry and the Preservation of the Soul in Corporate America, New York: Currency 1994

WHYTE, FRANK, Der Overview Effekt, München: Goldmann 1993

WIELENS, HANS UND KOTHES, PAUL J. (HRSG.), Raus aus der Führungskrise, Bielefeld: J. Kamphausen 2006

WILLIAMS, BIRGITT, My Story of the Open Space Organization, (Download unter www.dalarinternational.com/articles/mystory.html)

WILLIAMS, BIRGITT, The Genuine Contact™ Program, in: Holman, Peggy, Devane, Tom und Cady, Steven (Hrsg.) The Change Handbook. The Definitive Resource on Today's Best Methods for Engaging Whole Systems, San Francisco: Berrett-Koehler Publishers 2007, S. 227-233. (Download in deutscher Übersetzung bei www.all-in-one-spirit.de/pdf/GenuineContact_deutsch.pdf)

WÜTHRICH, HANS. A., OSMETZ, DIRK UND KADUK, STEFAN, Musterbrecher. Führung neu leben, Wiesbaden: Gabler 2006

ZOHAR, DANAH, Am Rande des Chaos, St. Gallen: Midas 2000

Die Autoren

Dr. Matthias zur Bonsen

Matthias zur Bonsen (Jg. 1958) entdeckte Mitte der 1980er Jahre die Vision, die ihn seitdem nicht mehr losließ und die mehr als 20 Jahre später zu diesem Buch führte: die Energie und Dynamik des Lebens in Unternehmen freisetzen, so dass herausragende Leistungen und Begeisterung bei den Beteiligten entstehen. Diese 20 Jahre waren eine Reise des Lernens, Forschens, Entdeckens und Ausprobierens, eine Reise des langsamen inneren Wachstums und der oft überraschend verlaufenen äußeren Entfaltung. Sie führte ihn nach einigen Jahren der Tätigkeit in Beratungsunternehmen 1992 in die Selbständigkeit und 1999 zur Gründung von *all in one spirit*, einer Beratergruppe, deren Anliegen durch ihren Namen ausgedrückt wird. Sein Weg führte Matthias zur Bonsen immer wieder zu Pionieren aus den USA und Kanada, um von diesen wegweisende Methoden des Change-Managements und des Arbeitens mit großen, mittleren und kleinen Gruppen zu erlernen. Für die meisten dieser Methoden, die auch in diesem Buch erwähnt werden, war er der Wegbereiter im deutschsprachigen Raum. Er hat sie in vielen Veränderungs- und Transformationsprozessen eingesetzt.

Matthias zur Bonsen ist Autor von mehreren Büchern und drei Dutzend Fachartikeln. Er hat mehr als tausend Berater-Kolleginnen und -Kollegen weitergebildet. Er lehrt an Hochschulen in Deutschland und der Schweiz. Er ist Initiator eines seit 1997 jährlich stattfindenden Forums, zu dem regelmäßig etwa 150 interne und externe Berater zusammenkommen, die an der Weiterentwicklung des Know-hows zur Veränderung ganzer Systeme interessiert sind. Im Laufe der Jahre hat er für knapp die Hälfte der 30 größten deutschen Unternehmen sowie für eine Reihe mittelständischer Unternehmen gearbeitet.

Matthias zur Bonsen studierte Betriebswirtschaftslehre an der Universität St. Gallen und an der Business School der University of Chicago. Heute lebt er in Oberursel im Taunus.

zur.bonsen@all-in-one-spirit.de, www.all-in-one-spirit.de

Jutta I. Herzog

Schon als Kind zog es Jutta I. Herzog (Jg. 1955) immer zur Quelle der Inspiration. Auch später als Journalistin forschte sie immer nach der Quelle, aus der der einzigartige Ausdruck ihrer Interviewpartner genährt wurde. Ob sie eine bekannte Persönlichkeit oder einen unbekannten Bürger traf, es ging ihr jedes Mal um die „Geschichte dahinter". Ihre Zeit als Journalistin - unter anderem bei der Westdeutschen Allgemeinen Zeitung und beim Süddeutschen Rundfunk - wurde durch die Geburt zweier Kinder und eine Familienpause abgelöst. In dieser Zeit begann sie, ihrem starken Wunsch innerlich zu wachsen folgend, mit intensiven Weiterbildungen im Bereich der Persönlichkeitsentwicklung.

Mitte der 1990er Jahre kam Jutta I. Herzog mit der Arbeit von Matthias zur Bonsen in Kontakt. 1999 beteiligte sie sich an der Gründung von *all in one spirit.* Neben der Beratungsarbeit bildete sie sich ständig in den Methoden weiter, die in diesem Buch dargestellt sind. Es ist ihr zentrales Anliegen, Bewusstheit in Unternehmen/Organisationen und in den in ihnen arbeitenden Menschen wachsen zu lassen. Sie lebt in Heidelberg.

j.i.herzog@all-in-one-spirit.de, www.all-in-one-spirit.de

Myriam Mathys

Mit ihrer ersten Führungsaufgabe in einem Unternehmen wurde Myriam Mathys (Jg. 1960) betraut, als sie noch keine 20 Jahre alt war. Ihre berufliche Laufbahn führte sie dann über verschiedene Stationen als Führungskraft und Beraterin in den Vorstand der Basler Medien Gruppe. Von Beginn an interessierte sich Myriam Mathys auch für die menschliche Seite von Unternehmen und suchte nach Wegen, um das oft brachliegende Potenzial der Mitarbeitenden fruchtbar zu machen. Immer klarer wurde ihr, wie entscheidend die persönliche Haltung und Reife einer Führungskraft für die Qualität der Führung, für die Unternehmenskultur und damit für die Leistungsfähigkeit eines Unternehmens sind.

Nach sieben Jahren Erfahrung in der Unternehmensberatung gründete sie 2005 mit *all dimensions* ein Beratungs-Unternehmen, das Führungskräfte und Organisationen bei Entwicklungs- und Veränderungsprozessen aus einem holistischen Ansatz heraus begleitet. Sie hat sich intensiv in den Methoden des Change-Managements und der Moderation kleiner wie großer Gruppen weitergebildet, die in diesem Buch vorgestellt werden.

Myriam Mathys hat in Zürich Publizistik, europäische Ethnologie und Soziologie studiert und den Executive MBA in General Management der Universität St. Gallen abgeschlossen. Sie lebt in Zürich und Berlin.

myriam.mathys@all-dimensions.com, www.all-dimensions.com

Dr. Matthias zur Bonsen, Jutta I. Herzog und Myriam Mathys haben ihre komplementären Fähigkeiten und Talente nicht nur für dieses Buch, sondern auch für gemeinsame Beratungsprojekte gebündelt. Parallel zu diesem Buch entwickeln sie gemeinsam das Seminar-Programm *Leading with Life.* Alle drei sind Mitglieder und zertifizierte Trainer im weltweiten Genuine Contact™-Netzwerk. Dieses wachsende Netzwerk vereint Berater, die sich dem Ansatz und vielen der Vorgehensweisen, die in diesem Buch beschrieben werden, verbunden fühlen. Es wurde ursprünglich von der kanadisch-amerikanischen Beraterin Birgitt Williams ins Leben gerufen.

Die Internetseite zum Buch

www.leadingwithlife.de

Auf dieser Seite können Sie sich für einen Newsletter registrieren, der Sie über weitere Entwicklungen zur Thematik dieses Buches informiert. Des Weiteren finden Sie dort Informationen zu den Leading with Life-Seminaren.

Leading with Life